대한민국 자동차 명장
박병일의 자동차 백과

◇ 당신은 언제나 옳습니다. 그대의 삶을 응원합니다. - 라의눈 출판그룹

대한민국 자동차 명장
박병일의 자동차 백과

초판 1쇄 | 2017년 11월 15일
  6쇄 | 2025년 5월 12일

지은이 | 박병일   일러스트 | 김원만
펴낸이 | 설응도   편집주간 | 안은주
디자인 | Kewpiedoll Design

펴낸곳 | 라의눈

출판등록 | 2014년 1월 13일(제2019-000228호)
주소 | 서울시 강남구 테헤란로78길 14-12(대치동) 동영빌딩 4층
전화번호 | 02-466-1283   팩스번호 | 02-466-1301

문의   편집 | editor@eyeofra.co.kr
       영업마케팅 | marketing@eyeofra.co.kr
       경영지원 | management@eyeofra.co.kr

ISBN : 979-11-88726-00-4 13550

이 책의 저작권은 저자와 출판사에 있습니다.
저작권법에 따라 보호를 받는 저작물이므로 무단전재와 복제를 금합니다.
이 책 내용의 일부 또는 전부를 이용하려면 반드시 저작권자와 출판사의 서면 허락을 받아야 합니다.
잘못 만들어진 책은 구입처에서 교환해드립니다.

대한민국 자동차 명장

박병일의 자동차 백과

박병일 · 박대세 지음

Korean Master Hand of Car

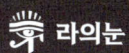
라의눈

머리말

자동차도 아는 것이 힘이다!

자동차 메이커들이 알려주지 않는 진실,
그리고 자동차 운전자라면 꼭 알아야 할 모든 것

우리는 지금 세계 5위의 자동차 생산국이자 자동차 2천만 대가 굴러다니는 대한민국에서 살고 있다. 자동차는 교통수단이라기보다 생활필수품이 되어 현대인의 삶과 사회의 구조를 송두리째 바꾸어 놓았다. 자동차가 없는 세상은 상상하기도 힘들다.

그런데 우리가 자동차에 대해 알고 있는 것은 자동차가 우리의 생활에 침투해 있는 넓이와 깊이에 훨씬 못 미친다. 혹자는 냉장고나 스마트폰처럼 문명의 이기는 즐기면 되는 것이지 굳이 알아야 할 필요가 있냐고 반문할 것이다. 자동차란 기계 역시 마찬가지라서 문제가 생기면 전문가에게 찾아가면 그만이라는 입장이다.

하지만 자동차는 절대 냉장고나 스마트폰과 비교될 수 없다. 우리의 생명, 안전과 직결되어 있기 때문이다. 필자가 정비사나 전문가가 아닌 대중들을 위한 자동차 책을 출간하겠다고 마음먹은 이유도 바로 그것이다.

필자는 반 백 년 가까운 세월을 자동차와 함께 살아 왔다. 우리나라 자동차의 역사를 지켜봤고 경이로운 기술 발전을 체험했다. 어려운 가정 형편으로 학업을 포기하고 자동차 정비공장의 조수가 되었던 열다섯 소년은 모든 기능인들이 최고의 명예로 여기는 명장이 되었고, 방송 프로그램에 출연하게 되었고, 대학 강단에도 서게 됐다.

그렇게 소년이 명장이 되는 동안, 자동차는 정말이지 천지가 개벽하는 발전을 거듭했다. 썩 좋아하는 표현은 아니지만 흔히들 자동차 정비사를 향해 '기름밥을 먹는다'는 표현을 쓴다. 그렇다. 자동차는 '기름'을 먹고 도로를 달리는 '기계'였다. 적어도 과거에는 그랬다.

하지만 지금 세계 각국은 첨단기술을 동원해 하이브리드 자동차, 전기자동차, 수소자동차 개발에 사활을 건 전쟁을 하고 있다. 또한 현재의 자동차는 수많은 전자제어 장치들의 집합체이다. 최첨단 컴퓨터로 작동되는 정밀기계가 된 것이다.

많은 언론들이 다윗과 골리앗의 싸움이라 보도한 사건이 있었다. 바로 필자와 국내 최고의 자동차 메이커 간의 소송전이었다. 사실 따지고 보면 자동차의 고객 모두가 다윗의 위치에 있다는 생각이 든다. 대한민국 경제를 좌지우지할 정도의 힘을 가진 자동차 메이커들에 비해 고객의 목소리는 미약하고, 가진 정보들도 극히 작기 때문이다. 이런 기술과 정보의 극편향으로 인해 돌출된 문제의 정점에 '급발진'이란 이슈가 있다. 필자는 급발진이 전자제어 장치의 결함임을 여러 차례의 실험을 통해 증명한 바 있으며, 이것은 세계 최초의 기록으로 남아 있다.

이렇게 기술이 집약되고 점점 복잡해지고 있는 자동차를 타는 소비자로서 어느 정도의 지식과 정보를 갖고 있어야 할까? 얼마나 알고 있어야 자동차 메이커들에 대항해 소비자로서 최소한의 권리를 지키고, 아울러 자신과 가족의 안전을 지킬 수 있을까?

이런 고민들이 이 책의 단초가 되었으며, 50년간 현장을 지키면서 경험했던 다양한 사례들과 국내에 들어오지 않은 외국 서적을 번역해 가며 공부했던 지식들이 이 책의 토대가 되었다. 그간 신문, 잡지, 방송 등을 통해 단편적으로 제시했던 내용들을 체계적으로 정리했다고 이해하면 된다.

1부에서는 풍부한 시각 자료들을 동원해 자동차의 구조에 대해 설명했고, 2부에서는 자신의 차를 최상의 상태로 관리할 수 있는 요령을 알려준다. 그리고 이 책의 핵심이라 할 수 있는 3부는 고장이나 트러블이 생겼을 때 어떻게 해결해야 할지를 Q&A 형태로 일목요연하게 정리했다. 차 안에 두었다가 문제가 생겼을 때 바로 처치할 수 있도록 한 것이다. 마지막으로 4부는 최근 관심이 높아지고 있는 중고차 매매 노하우를 다뤘다.

이 책이 다루고 있는 내용들을 100% 이해하고 알 필요는 없지만, 책에서 강조하고 있는 중요한 포인트들은 반드시 기억해주길 바란다. 자신이 타고 있는 차에 문제가 생겼을 때, 그것이 문제인지 알아차릴 수 있는 능력은 너무나 중요하다. 매일 시동을 걸 때마다 계기판을 유심히 봐야 하고, 부품들을 정기적으로 교체해야 하고, 냄새나 소리로 차가 어떤 시그널을 보낼 때 바로 캐치해야 한다.

이 책에 수록된 내용들을 숙지하고 생활 속에서 실천한다면 보다 안전하고 쾌적한 자동차 생활을 즐기고, 자동차의 수명도 2배 정도 늘릴 수 있을 것이다. 현장에서 겪고 무수히 질문 받았던 내용을 중심으로 쉽고 친절하게 쓰려고 노력했지만 부족한 부분도 분명 있을 것이다. 이 또한 앞으로 더 보완하고, 재미있고 유익한 이야기들을 책으로 엮을 계획을 갖고 있다.

  독자 여러분들의 많은 응원을 부탁드리며, 여러분 모두의 꿈이 멋지고 화려한 결실을 맺게 되기를 기원한다. 마지막으로 책이 출간되기까지 큰 도움을 준 라의눈 출판사 관계자 여러분에게 감사드린다.

대한민국 자동차 명장 박병일

머리말 • 4

PART 01
자동차 구조와 정비 기초 지식

01 한눈에 보는 자동차 구조

1 자동차의 종류 • 22
2 친환경 자동차의 종류 • 24
3 자동차 외관 명칭 • 27
4 자동차 패널 명칭 • 28
5 자동차 바디 구조 • 29
6 자동차 현가 · 조향장치 구조 • 30
7 자동차 도어 구조 • 31
8 도어 조립 라인 • 32
9 자동차 바디 • 33
10 자동차 구동 방식 • 36
11 프로펠러샤프트(후륜구동) 구조 • 38
12 자동차 인테리어 명칭 • 38
13 자동차 인테리어 의장품 • 39

02 한 번에 이해하는 엔진

1 엔진룸 들여다보기 • 40
2 엔진 본체 구조 • 42
3 출력 • 43
4 최고출력 • 44
5 토크 • 44
6 배기량 • 45
7 연료소비율 • 46
8 성능곡선도 • 47
9 출력과 토크, 연료소비율 자세히 알기 • 48
10 4사이클 엔진 • 49
11 직접점화 점화코일 • 50
12 점화 플러그 구조 • 51
13 스타터 모터의 역할 • 51
14 시동·충전장치 구성 • 52
15 배터리 구조 • 52
16 흡기장치의 구성 • 53
17 배기장치의 구성 • 54
18 SOHC, DOHC 방식 비교 • 55
19 터보차저 • 56
20 전기 엔진과 가솔린 엔진의 구조 비교 • 57

03 변속기 완전정복

1 변속기란? • 58
2 변속기의 필요성 • 59
3 수동변속기 형태 • 60
4 수동변속기의 구조 • 60
5 클러치의 구성과 역할, 단속 원리 • 61
6 자동변속기 • 63
7 연속가변(무단) 변속기 • 65
8 반자동 변속기 • 66

04 브레이크 완벽 해부

1 브레이크란? • 67
2 브레이크 형식 • 68
3 디스크식 브레이크 • 69
4 디스크식 브레이크의 소음 문제 • 70
5 드럼식 브레이크 • 71
6 드럼 브레이크의 구성과 작동 원리 • 71
7 드럼 브레이크 구조 • 72
8 배력장치 • 73
9 파킹 브레이크 종류 • 74
10 파킹 브레이크 구조 • 75
11 파킹 브레이크 작동 원리 • 76
12 회생 브레이크 원리 • 77

05 현가장치, 조향장치의 모든 것

1 현가장치란? • 78
2 차축에 따른 현가장치 • 80
3 전자제어 현가장치 • 82
4 현가장치의 3가지 종류 • 83
5 쇽업소버란? • 85
6 스프링과 쇽업소버의 기능 • 86
7 조정식 쇽업소버 • 87
8 조향장치란? • 88
9 동력조향장치 • 89

06 타이어, 휠, 에어백 제대로 알기

1 타이어의 표시와 DOT 기호 • 91
2 타이어 편평비 • 93
3 편평 타이어의 특성 • 94
4 타이어 구조 • 94
5 튜브리스와 튜브 타입 타이어, 런 플랫 타이어 • 95
6 공기압과 노면의 접촉 관계 • 96
7 휠의 종류 • 96
8 휠의 구조 • 97
9 휠 사이즈 표기 • 98
10 공기 저항계수와 양력 • 100
11 에어백 작동 흐름 • 101

PART 02
내 차 오래 타는 점검 노하우

01 일상 점검 요령
1 시동 전 점검사항 • 105
2 시동 후 점검사항 • 107
3 이런 상황은 자동변속기 문제 • 108
4 이런 상황은 엔진이 문제 • 108

02 자동차 관리 요령

03 봄, 여름, 가을, 겨울 차량 점검 요령
1 봄철 차량관리 체크리스트 • 113
2 여름철 차량관리 체크리스트 • 114
3 가을 및 겨울철 차량관리 체크리스트 • 114

04 비상시 응급조치 요령
1 시동이 걸리지 않을 때 • 116
2 엔진이 과열되었을 때 • 118
3 주행 중 엔진오일 경고등이 들어올 때 • 119
4 빗길 주행 시 와이퍼가 작동하지 않을 때 • 120
5 야간 주행 중 헤드램프가 들어오지 않을 때 • 121
6 주행 중 엔진점검 지시등이 들어올 때 • 122
7 주행 중 에어백 경고등이 들어올 때 • 123

05 자동차 계기판 경고등 일람
1 주요 경고등 설명 • 124
2 한눈으로 보는 계기판 경고등 • 129

PART 03
자동차 문제 해결 A to Z

01 차의 심장, 엔진 건강

1 엔진의 정체와 관리

001 엔진, 고장 없이 오래 타려면 청소를 해라 • 132
002 공회전 상태에서 RPM 게이지를 보면 엔진 건강이 보인다 • 133
003 엔진 컨디션이 좋은지 나쁜지 아는 방법 • 134
004 엔진오일 캡만 봐도 엔진 상태를 알 수 있다 • 135
005 엔진 출력 쉽게 확인하는 법 • 135
006 엔진 워밍업, 꼭 해야 할까? • 136
007 디젤차의 커먼레일 엔진, 고장 안 나게 오래 타는 법 • 136
008 터보 엔진에서 '터보'는 어떤 장치인가? • 137
009 터보차저란 무엇인가? • 138

2 엔진 부속품 관리

010 엔진 점화 플러그의 교환 시기 • 140
011 엔진 타이밍벨트와 구동 벨트의 교환 시기 • 141
012 엔진 타이밍체인의 불편한 진실 • 142
013 디젤 차량은 연료필터 교환으로 고장을 줄일 수 있다 • 143

02 부드러운 드라이빙의 비밀, 각종 오일

1 엔진을 지키는 힘, 엔진오일

014 엔진오일이 하는 일 • 144
015 엔진오일은 엔진 성능 및 내구성과 밀접한 관계가 있다 • 145
016 엔진오일 점검 방법 • 145
017 엔진오일 교환 시기는? • 146
018 엔진오일 공기필터(에어 클리너)에 건식이 많은 이유는 연비 때문 • 147
019 엔진오일 필터 교환 시기 • 148
020 엔진오일이 줄어드는 차의 불편한 진실 • 148
021 엔진오일은 계절에 따라 점도가 달라져야 한다 • 149
022 합성 엔진오일은 보약일까, 독일까? • 150
023 엔진오일에 첨가제를 넣는 것이 좋을까? • 151

2 변속기부터 스티어링까지, 다양한 오일들

024 자동변속기 오일을 순정 부품으로 넣어야 하는 이유 • 152
025 자동변속기 고장을 막아주는 오일쿨러 • 153
026 자동변속기 오일 점검하는 법 • 154
027 자동변속기 오일 교환 시기의 불편한 진실 • 155
028 차동 기어가 필요한 이유 • 155
029 전륜구동 차량 자동변속기가 빨리 고장나는 이유 • 156
030 브레이크 오일이 하는 일 • 156
031 브레이크 오일과 베이퍼록 현상 • 157
032 브레이크 오일 등급 확인하기 • 157
033 브레이크 오일의 불편한 진실 • 158
034 브레이크 오일 수준이 줄었을 때 • 158
035 파워 스티어링 오일의 교환 시기 • 159
036 수동변속기 오일의 교환 시기 • 160

03 자동차 평생 고장 없이 탄다!

1 고장은 진단이 중요하다

037 냄새로 자동차 고장 진단하는 법 8가지 • 161
038 주행 중 핸들이 쏠릴 때는 어떻게 할까? • 163
039 자동변속기 작동 고장 여부 점검 방법(타임 래그측정) • 164
040 승차감의 핵심, 쇽업소버 점검 방법 • 164
041 자동차 퓨즈, 이 정도는 알아야 응급조치할 수 있다 • 166
042 매연이 시커멓게 나오는 이유 • 166
043 전조등(헤드램프)이 흐려진 경우 • 167
044 미등, 브레이크등, 안개등, 방향지시등이 자주 끊어지는 이유 • 168
045 창문 작동 시 '드드득' '삐' 소리가 나면서 느리게 움직이는 이유 • 168

2 잡소리 대처하기

046 핸들 꺾을 때만 '뚝뚝뚝' 소리 나는 차 • 169
047 요철, 둔 턱에서 잡소리 나는 차 • 169
048 주행할 때만 '웅웅' 우는 소리 나는 차 • 170
049 클러치 밟을 때 잡소리가 없어지는 이유 • 171
050 1년에 1회로 차량 잡소리 잡는 방법 • 171

04 시동부터 브레이크까지 퍼펙트!

1 엔진 건강, 시동을 걸어보면 안다

051 첫 시동 후 워밍업 되기까지 엔진 떨림이 있는 차 • 172
052 정차 시 엔진의 시동이 꺼지는 차 • 173
053 아침 시동 시, 자동차 머플러에서 회색 연기가 난다면? • 174
054 배기가스가 검은색, 흰색, 청색이라면? • 175
055 엔진 시동을 껐는데 안 꺼지는 이유 • 176
056 아침에 시동을 걸면 '삐리릭 삑삑' 소리 나는 차 • 176
057 디젤차 시동이 잘 안 걸리는 이유 • 177

2 안전의 바로미터, 브레이크

058 브레이크 밟을 때 소리가 나거나 떠는 이유 • 178
059 브레이크가 딱딱하고 잘 듣지 않는 이유 • 179

3 차의 건강 상태를 알려주는 계기판 경고등

060 계기판 경고등 색깔엔 의미가 있다 • 179
061 ABS 경고등은 왜 들어오나? • 180
062 운전석 계기판으로 차 건강 상태를 알 수 있다 • 181

05 최강 연비의 비밀

1 알면 이익인 자동차 연비의 세계

063 신호 대기 시 기어를 N이나 P에 놓으면 연비가 좋아질까? • 183
064 연료절감기 달면 연비가 정말 좋아질까? • 184
065 자동차 연비가 좋은지 나쁜지 아는 방법 • 184
066 카탈로그의 연비, 어디까지 믿어야 하나? • 185
067 자동차 색상과 연비의 관계 • 186
068 LPG 자동차 연비의 진실 • 186
069 알뜰한 경제운전 요령 10가지 • 187

2 연료는 효율적으로, 주유는 경제적으로!

070 자동차 연료는 밤이나 새벽에 넣는 것이 유리하다 • 188
071 주유소나 카샵에서 판매하는 연료첨가제를 꼭 넣어야 할까? • 189
072 LPG 자동차 연료의 특성 • 189
073 주유소 연료 혼유 사고를 막으려면? • 190

06 꼭 알아야 할 운전 파트너 4총사

1 냉각 라인의 필수품
074 부동액은 어떤 기능을 하나? • 191
075 부동액의 종류 • 192
076 부동액이 녹색이면 안심해도 될까? • 192
077 엔진이 오버히팅 하면 냉각수부터 보충해야 하나? • 193
078 냉각수 보충하는 방법과 주의점 • 194
079 서모스탯이 하는 일 • 195

2 배터리 종류와 트러블 해결
080 배터리 용량은 계절에 따라 달라진다 • 197
081 자동차 배터리 교환 시기 • 199
082 MF 배터리 충전지 시계 보는 법 • 199
083 배터리 제조일자 확인하기 • 200

3 타이어 제대로 알기
084 타이어는 언제 교환해야 하나? • 201
085 타이어 교환 시기를 알려주는 슬립 사인 • 203
086 타이어 발열 사고를 막으려면 • 204
087 타이어 위치 교환하는 방법 • 205
088 타이어 제조일자 확인하는 방법 • 206
089 타이어 속도기호 읽는 방법 • 206
090 타이어의 수명을 늘리는 8가지 비결 • 207
091 타이어 휠에 대한 불편한 진실 • 207

4 에어컨과 히터, 유비무환 점검법
092 에어컨 공기필터(실내 항균필터)가 건강을 좌우한다 • 209
093 자동차 에어컨과 히터 작동 시 악취 안 나게 하려면? • 210
094 에어컨이 시원하지 않고, 히터가 따뜻하지 않은 이유 • 210
095 에어컨이나 히터를 저단으로 작동했을 때 소리 나는 차 • 211
096 히터 관리 방법 • 211

07 유비무환 안전 매뉴얼

1 생명을 지켜주는 안전장비 점검

097 안전벨트가 정상 작동하는지 점검하기 • 212
098 첫 시동 시 계기판을 보면, 급발진을 예방할 수 있다 • 213
099 자동차 각종 안전장치 점검하기 • 214
100 안전운전 습관 10가지 • 215
101 운전용 선글라스는 황색이 좋다 • 216

2 눈길, 안개길도 OK

102 체인 없이 눈길 주행하기 • 216
103 체인의 종류와 안전 상식 • 217
104 눈길 내리막길과 오르막길 안전하게 운행하려면? • 218
105 안개 도로를 안전하게 운행하는 방법 • 218

08 차 사기 전에 꼭 알아야 할 것

1 새 차, 똑똑하게 구입해라

106 새 차를 싸게 살 수 있는 방법은 없을까? • 219
107 2륜차와 4륜차, 내겐 어떤 것이 유리할까? • 220
108 새 차를 구입했을 때 꼭 해야 하는 것 2가지 • 221
109 새 차 구입 후 엔진오일 교환해야 할까? • 222
110 국산차와 수입차 장점과 단점 분석 • 223
111 하이브리드 자동차와 전기자동차의 불편한 진실 • 223
112 새 차 길들이기 • 224
113 자동차 제어장치 스위치 기능을 알아두자 • 225

2 중고차에 속지 않는 방법

114 중고차 살 때는 꼭 리콜 이력을 확인하라 • 226
115 자동차 색상에 따라 중고차 가격이 다르다 • 226
116 중고차 사고 이력 확인하기 • 227
117 사고차 쉽게 식별하는 방법 • 228
118 문짝, 펜더, 보닛, 휠하우스 교환한 차 식별하기 • 228
119 침수차 확인하는 방법 • 229
120 중고차 고를 때 가장 먼저 해야 할 일 • 230
121 중고차 구입 시 꼭 해야 할 일 • 231
122 중고차 성능기록부 너무 믿지 마라 • 232

09 자동차 관리와 사고 대처법

1 자동차 사계절 관리와 정비
123 자동 세차를 자주 해도 괜찮을까? • 233
124 셀프 세차가 좋은 이유 • 234
125 세차를 해도 깨끗해지지 않는 차 • 235
126 자동차 광택 작업이란? • 236
127 가죽 시트 세척 방법 • 236
128 앞 유리가 뿌옇게 잘 안 닦이는 이유 • 237
129 유리 부식을 해결하는 방법 • 238
130 워셔액 대신 물을 써도 될까? • 239
131 워셔액도 여름용과 겨울용이 있다 • 239
132 워셔액을 뿌렸을 때 방향이 안 맞으면? • 240
133 차창에 서린 김을 제거하려면 • 240
134 봄철 차량관리 매뉴얼 • 241
135 여름철 차량관리 매뉴얼 • 242
136 겨울철 차량관리 매뉴얼 • 242
137 자동차 정비 견적의 불편한 진실 • 243

2 튜닝, 안전하게 하려면
138 자동차 튜닝 시 주의해야 할 핵심 포인트 • 244
139 전기장치 튜닝과 차 성능과의 관계 • 245

3 사고 대처 및 보험 활용
140 교통사고 처리 방법 • 246
141 사고 났을 때 주의해야 할 사항 • 247
142 접촉사고를 당했을 때 • 247
143 고속도로 견인차의 불편한 진실 • 248
144 종합보험은 어떻게 구성되나? • 249
145 자동차 보험료 아끼는 각종 특약 알아두기 • 250
146 차량을 바꾼 후 사고가 발생하면 어떻게 하나? • 250
147 보험 가입 시 꼭 짚고 넘어가야 할 포인트 • 251
148 가해자가 종합보험 대물배상에 가입하지 않았을 때 • 251
149 사고 후 뒤늦게 보험처리를 하려면 • 252

PART 04
중고차 매매의 모든 것

01 신차와 중고차 사이에서
1 나에게 맞는 자동차 찾기 • 254
2 새 차나 중고차나 가격 하락 폭은 같다 • 255
3 주인이 한 번 바뀌면 세금이 확 떨어진다 • 256
4 신차와 중고차 선택 기준 • 261

02 중고차 매매의 달인이 되는 법
1 중고차 대차 가격의 진실 • 262
2 중고차는 2~3년 된 것 중에서 골라라 • 264
3 가격대별 중고차 구입 요령 • 266
4 리콜 이력을 꼼꼼히 살펴라 • 267
5 보증 내용과 정비기록부를 놓치지 말라 • 268
6 만져보고 젖혀보고 타보는 7단계 점검 방법 • 270

03 어떤 판매점에서 사야 유리할까?
1 종업원의 태도와 표정을 읽어라 • 271
2 이런 판매점에서는 절대 사지 말라 • 272
3 대기업 간판을 건 대리점은 무엇이 좋을까? • 274
4 중고차 판매의 얼렁뚱땅 속임수 기법 • 275
5 사고차 속아 사지 않는 감별 노하우 • 276
6 수입 중고차 전문점 100% 활용하기 • 278

04 중고차 구입 고객의 자세
1 대기업 대리점에서는 작정하고 깎아라 • 279
2 째려봐도 괜찮으니 몇 번이라도 둘러봐라 • 280
3 '노 땡큐'인 고객이 되면 손해다 • 281
4 중고차는 외관부터 둘러봐라 • 283
5 자동차도 다리부터 노화된다 • 285
6 중고차 성능 점검은 계통 별로 하라 • 286
7 실내 상태도 깐깐하게 점검하자 • 288
8 닥치는 대로 작동시켜봐라 • 290

05 중고차 매매의 함정 피해가기

1 광고를 조심하라 • 292
2 개인 간의 매매에서 조심해야 할 것들 • 293
3 친구와 매매할 때 가격은 어떻게 결정하나? • 294
4 자동차 평론가의 기사는 신뢰할 수 있을까? • 296
5 무재고 점포에서 중고차를 살 날이 올 것이다 • 297
6 어디까지를 사고차로 부를 것일까? • 298
7 중고차 사정가격은 왜 그렇게 낮을까? • 299
8 어떤 업자에게 파는 것이 이득일까? • 299
9 중고차 사이트에서 제값 받는 방법 • 301
10 인기 없는 차종 제값 받기 • 302

06 알면 돈 되는 중고차 상식

1 올드카 풍의 중고차 가격이 그저 그런 이유 • 303
2 4~5년 후에 비싸게 팔 수 있는 자동차 • 304
3 카탈로그 사진보다 제원표를 봐라 • 306
4 좋은 말만 하는 영업사원을 멀리하라 • 307
5 잘못 길든 차, 선천적으로 문제 있는 차 • 308

07 중고차 핵심 점검사항

1 엔진룸 점검하기 • 310
2 하체 확인하기 • 312
3 외부 패널 및 실내 살펴보기 • 312
4 도로에서 주행 테스트하기 • 314
5 차량 매입 시 문진하며 확인하기 • 315
6 중고차 구입 시 체크리스트 • 316

부록1 용어 설명 • 322
부록2 자동차 전개도 • 330

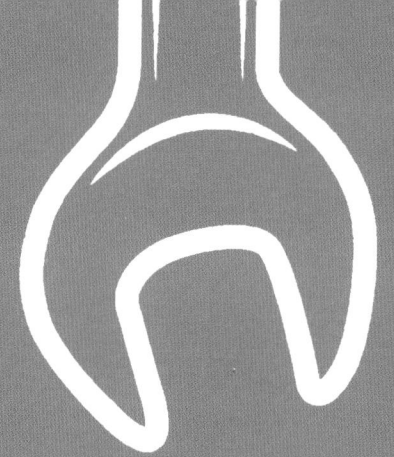

PART
01
×
자동차 구조와
정비 기초 지식

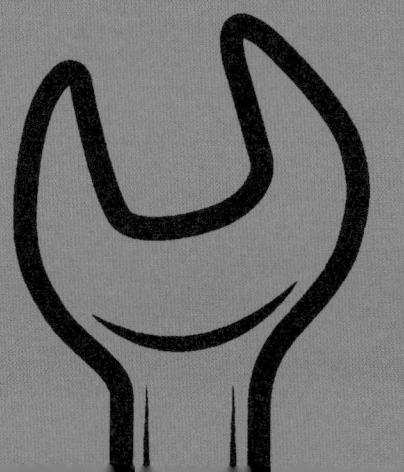

01

자동차 구조와 정비 기초 지식

한눈에 보는 자동차구조

① 자동차의 종류

세단 Sedan
지붕이 있고 4개의 도어와 2열 좌석을 가진 가장 일반적 형태의 차량으로 자동차 뒷부분에 독립된 트렁크가 있다.

SUV Sports Utility Vehicle
대부분 사륜구동 방식으로 야외활동에 적합하다. 차체가 높아 시야가 좋고 많은 짐을 실을 수 있다는 장점이 있다.

해치백 Hatchback
뒷좌석과 트렁크가 붙어 있는 형태로, 실내공간을 효율적으로 사용할 수 있으며 차체를 작게 만들 수 있다는 장점이 있다.

왜건 Wagon
세단의 지붕을 트렁크 위까지 연결해 실내공간과 화물 적재 공간을 넓게 쓸 수 있다. 미국에서는 자녀 픽업과 쇼핑에 적절하다는 이유로 여성들이 선호한다.

쿠페 Coupe
보통 2개의 도어와 낮은 지붕, 날렵하고 스포티한 디자인이 적용된 차를 말한다.

컨버터블 Convertible
지붕을 개폐할 수 있는 형태로 하드탑_{금속제 지붕}과 소프트탑_{천 재질 지붕}으로 나눠진다. 지붕을 열면 오픈카, 지붕을 닫으면 쿠페 형태이다.

하드탑 Hard top
컨버터블에 금속제 지붕을 씌운 자동차에서 발전한 형태로, 창의 프레임이 없는 자동차를 말한다.

리무진 Limousine
세단보다 차체가 길어 뒷좌석 공간이 넓은 대형차를 말한다.

로드스터 Roadster
지붕과 유리창의 유무에 관계없이 2인승 컨버터블을 로드스터라고 부르기도 한다.

RV Recreational Vehicle
레저용 차로 만들어졌으나, 최근에는 다목적으로 활용되고 있다.

컨버터블

세단

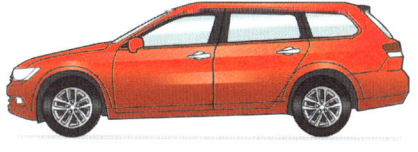

왜건

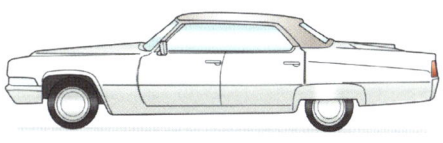

세단 하드탑

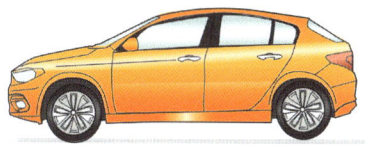

해치백

리무진

② 친환경 자동차의 종류

기존의 내연기관 자동차보다 대기오염 물질의 배출이 적고 연비가 우수한 차를 친환경 자동차라 한다. 하이브리드차, 플러그인 하이브리드차, 전기자동차, 수소자동차, 태양광자동차 등이 여기에 해당된다. 최근 탄소 배출량과 관련된 환경 규제로 친환경 자동차로 패러다임 자체가 바뀌고 있는데, 전문가들은 2035년경 신규 차량 전량이 친환경 자동차로 대체될 것이라 예상하고 있다. 이밖에도 미세먼지 등 오염물질이 저감된다는 차원에서 LPG 자동차, CNG 자동차 등을 친환경 자동차의 범주에 포함시키기도 한다.

1. 하이브리드 자동차 Hybrid Electric Vehicle

말 그대로 엔진과 모터 동력을 조합해 구동하는 자동차를 말한다. 고속주행 시에는 엔진의 힘으로, 출발과 저속주행 시에는 엔진 가동 없이 모터 동력만으로 주행한다. 감속 시 브레이크를 작동하면 모터가 발전기로 전환되어 전기를 생성하고 배터리에 충전하는 방식, 즉 '회생제동'이 이루어진다.

자동차가 스스로 충전하므로 기존 내연기관 자동차에 비해 연비가 40% 이상 높고 배기가스도 저감되는 효과가 있다. 또한 엔진의 출력에 모터의 출력이 추가되므로 오르막길에서 가속 성능이 좋고 승차감 또한 우수하다.

2. 플러그인 하이브리드 자동차 Plug-in Hybrid Electric Vehicle

엔진과 모터 동력을 조합한다는 점에서는 하이브리드 자동차와 동일하다. 하지만 하이브리드는 자체 엔진과 발전기에서 생산한 전기만을 저장할 수 있는 반면, 플러그인 하이브리드는 외부 전원으로부터 에너지를 끌어올 수 있다. 즉 충전소에서 충전이 가능한 대형 배터리를 내장하고 있다.

하이브리드 모드로도 주행할 수 있지만, 100% 전기차 모드로도 주행이 가능하다. 짧은 주행거리라는 전기차의 최대 단점을 극복한 형태이다. 일반적인 도심 출퇴근(30~40km 거리)이라면 전기차 모드로만 주행이 가능하다.

3. 전기자동차 Electric Vehicle

화석연료를 전혀 사용하지 않고 100% 전기의 힘만으로 구동되는 완전한 무공해 자동차다. 고전압 배터리에서 전기모터로 에너지를 공급해 구동력을 발생시키므로 배출가스와 온실가스로부터 자유로울 뿐 아니라, 엔진이 가동됨으로써 생기는 소음이 없어 정숙성이 뛰어나다. 단점이라면 아직까지 충전 시간에 비해 충전 용량이 적어 주행거리에 제한이 있다는 점이다.

② 친환경 자동차의 종류

4. 수소자동차 Fuel Cell Electric Vehicle

수소자동차는 수소를 에너지원으로 사용하는데 수소연료전지자동차라 불리기도 한다. 수소엔진이 일반 자동차의 내연기관과 같은 역할을 하는 것이다. 수소탱크의 수소와, 공기공급기에서 전달된 산소를 반응시킴으로써 전기를 발생시키는 원리다.

수소자동차의 장점은 물 이외에 배출하는 물질이 없어 가장 친환경적이며 무한에 가까운 수소를 에너지로 사용한다는 점이다. 이뿐 아니라 약 5분 충전으로 400km를 주행할 수 있다는 편의성 또한 탁월하다. 하지만 기술 대중화가 되지 않았고 엄청난 부품 비용으로 인해 상용화되지 못하고 있는 실정이다.

5. LPG 자동차

LPG란 액화석유가스 Liquefied Petroleum Gas를 말한다. LPG 자동차는 가솔린 엔진 자동차와 비교해 연료 가격이 아주 저렴하고 엔진 수명이 길 뿐 아니라 유해가스를 적게 배출한다는 장점을 갖고 있다. 특히 미세먼지 배출이 거의 없고, 초미세먼지의 원인물질인 질소산화물 배출량은 경유 차량의 수십 분의 1에 불과하다. 단점이라면 LPG 전용 주유소가 많지 않아 불편하다는 것이다.

국내 일부 차종의 경우는 저공해 자동차 3종에 해당되어 서울의 경우 혼잡통행료가 면제되고, 주차장 요금 할인 등 각종 혜택도 받을 수 있다.

6. CNG 자동차

최근 미국 내 천연가스 가격이 큰 폭으로 하락하면서 압축천연가스, 즉 CNG Compressed Natural Gas 자동차에 대한 소비자의 관심이 증가하고 있다. CNG는 공기보다 가볍고 누출되어도 대기 중으로 쉽게 확산되므로 휘발유, 경유, LPG보다 안전한 연료라 평가받고 있다.

LPG와 마찬가지로 연료비가 저렴하고 휘발유나 경유에 비해 상대적으로 온실가스 배출이 적다는 점이 장점이다. 실제로 천연가스를 사용한 자동차는 이산화탄소 배출량은 물론 기타 오염물질도 획기적으로 저감한다는 실험 결과가 많이 나와 있다.

③ 자동차 외관 명칭

4
자동차 패널 명칭

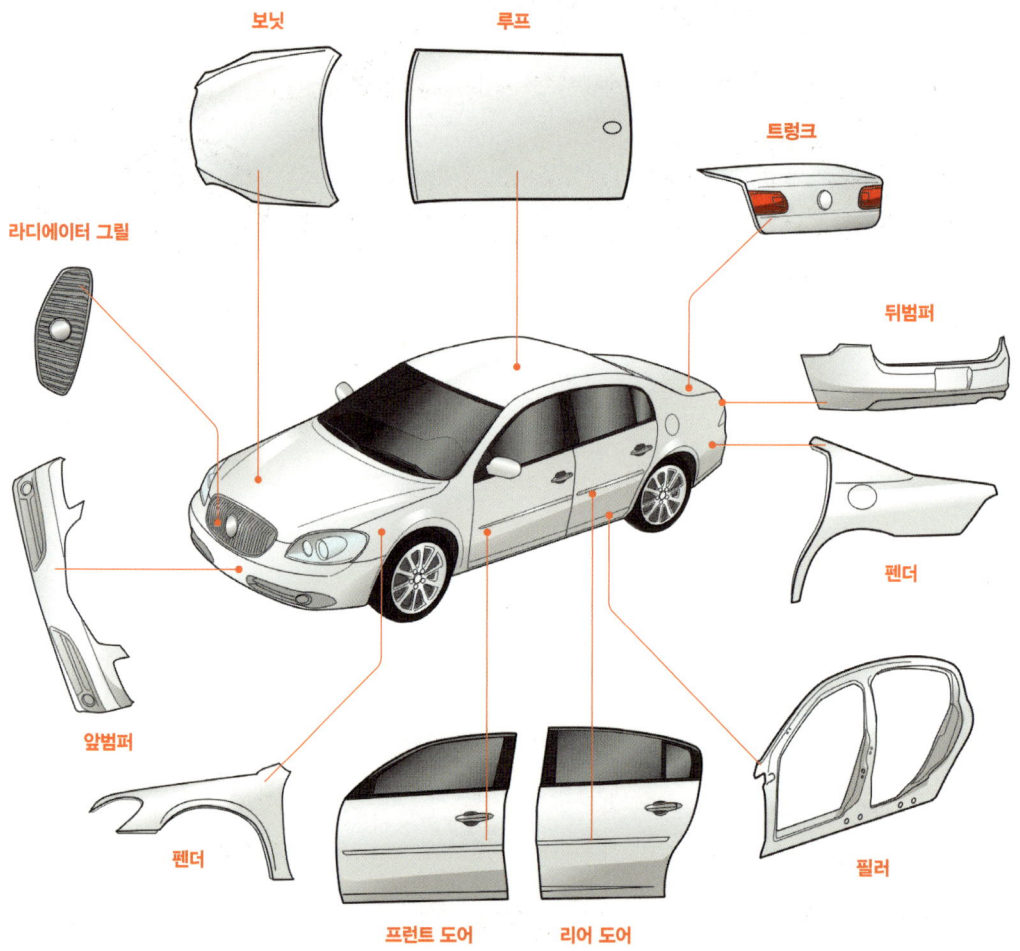

자동차 바디 구조

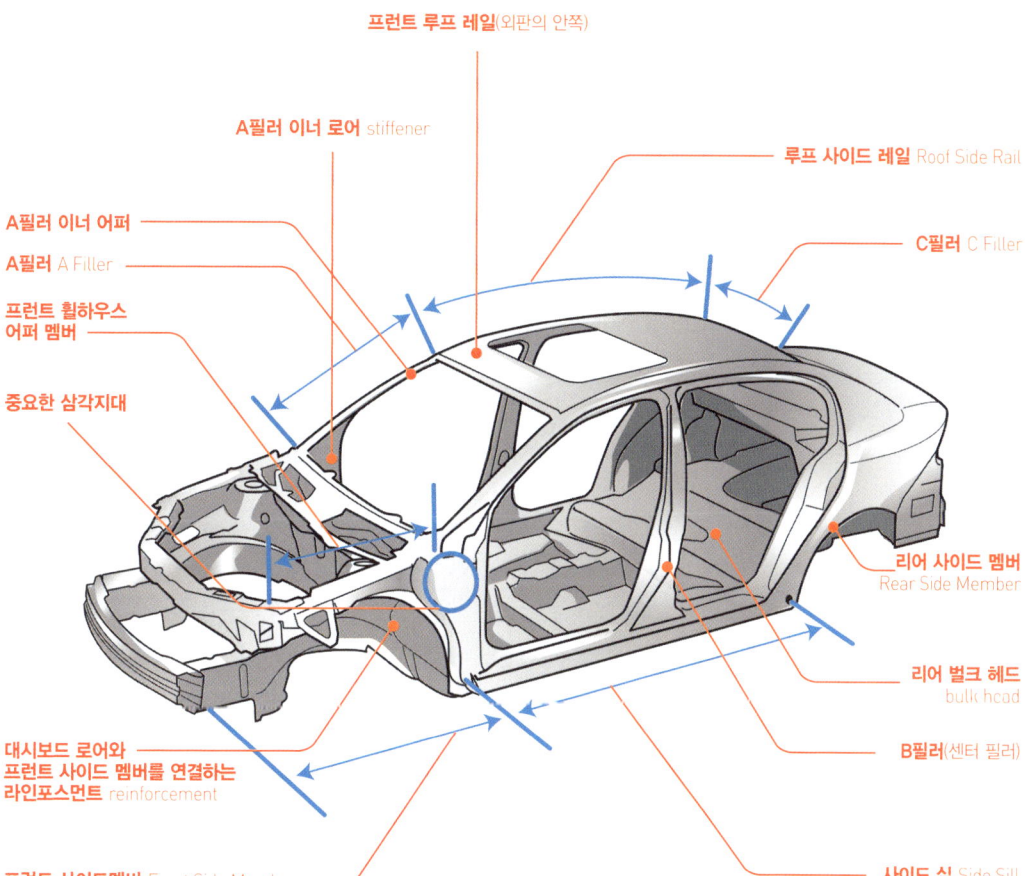

6 자동차 현가 · 조향장치 구조

⑦ 자동차 도어 구조

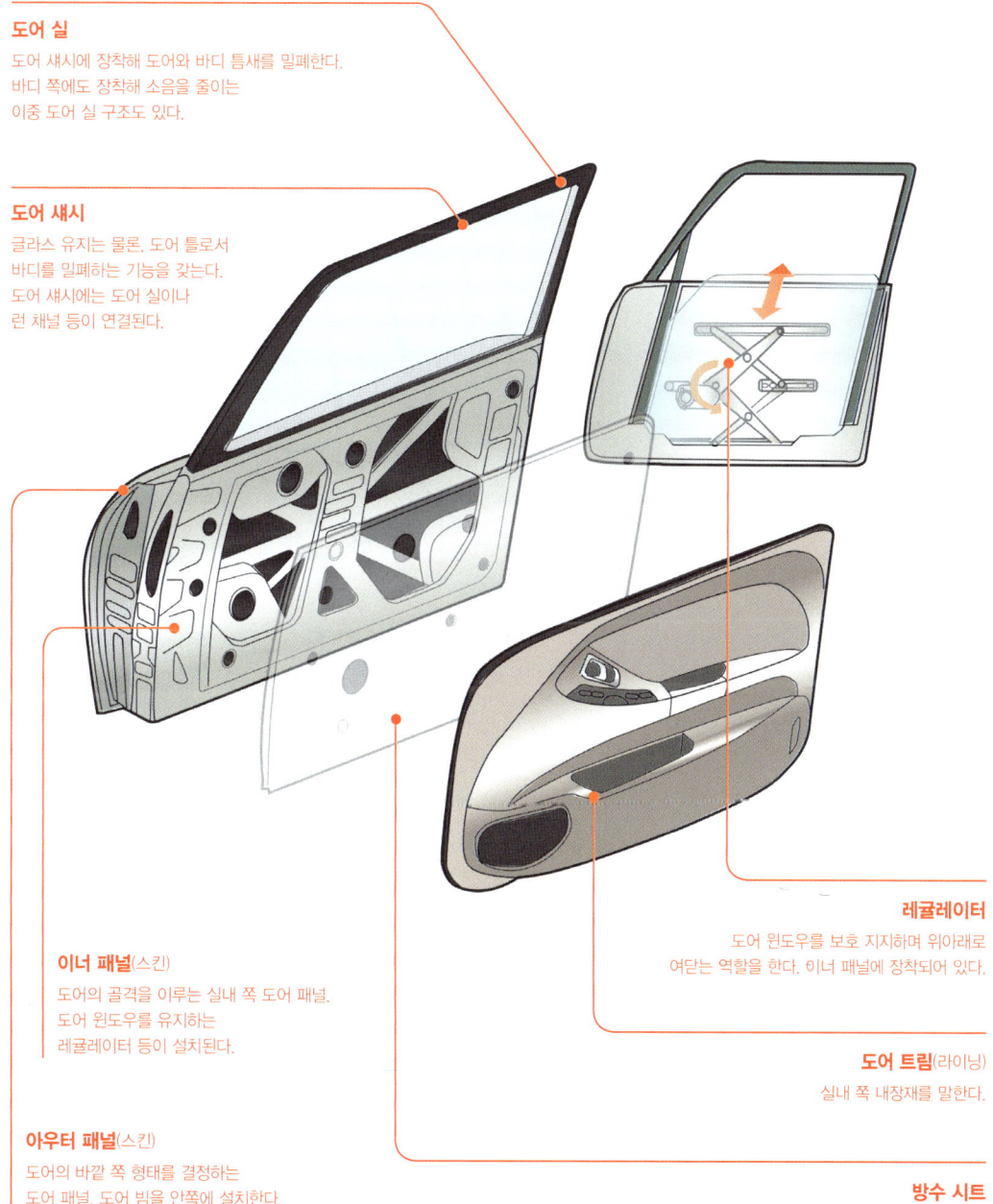

도어 실
도어 섀시에 장착해 도어와 바디 틈새를 밀폐한다.
바디 쪽에도 장착해 소음을 줄이는
이중 도어 실 구조도 있다.

도어 섀시
글라스 유지는 물론, 도어 틀로서
바디를 밀폐하는 기능을 갖는다.
도어 섀시에는 도어 실이나
런 채널 등이 연결된다.

이너 패널(스킨)
도어의 골격을 이루는 실내 쪽 도어 패널.
도어 윈도우를 유지하는
레귤레이터 등이 설치된다.

아우터 패널(스킨)
도어의 바깥 쪽 형태를 결정하는
도어 패널. 도어 빔을 안쪽에 설치한다.

레귤레이터
도어 윈도우를 보호 지지하며 위아래로
여닫는 역할을 한다. 이너 패널에 장착되어 있다.

도어 트림(라이닝)
실내 쪽 내장재를 말한다.

방수 시트
물이 들어오는 것을 방지한다.

8 도어 조립라인

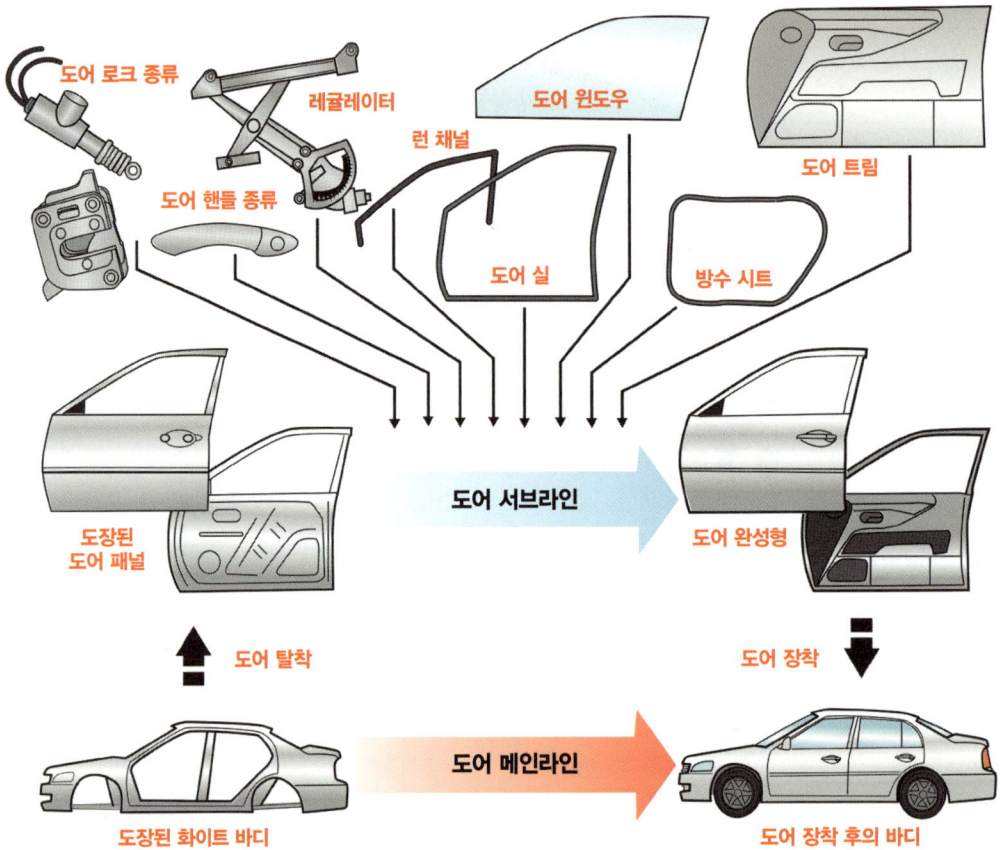

9 자동차 바디

자동차의 바디 구조는 바디 전체에서 차량의 강도를 유지하는 모노코크 바디, 차체 하부에 프레임이라는 골격을 지닌 프레임 바디로 크게 나눌 수 있다.

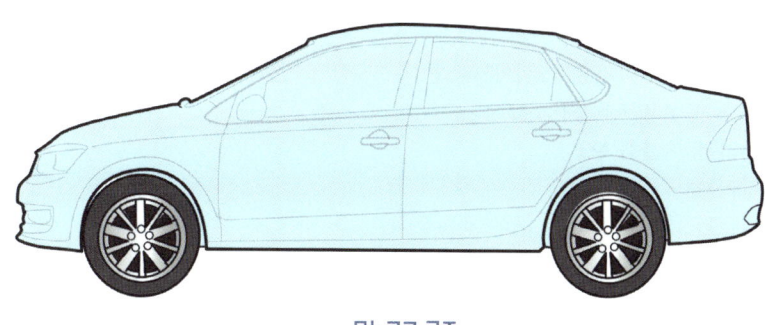

모노코크 구조

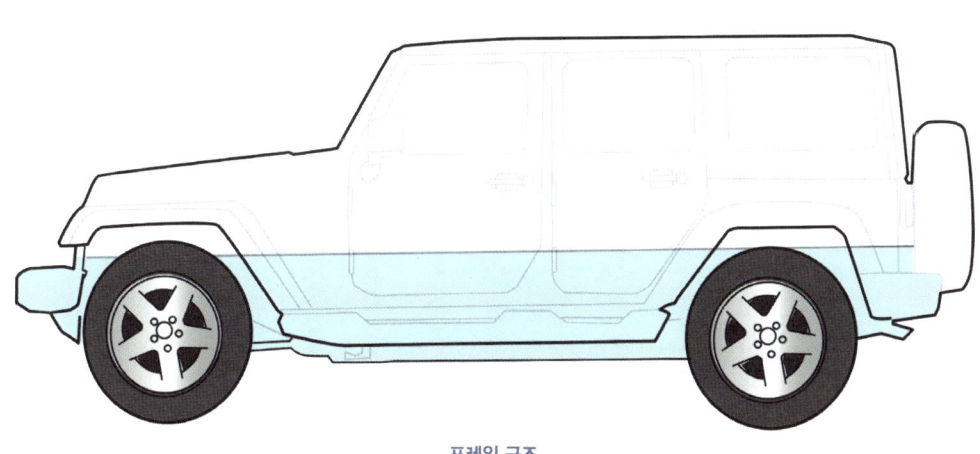

프레임 구조

9 자동차 바디

모노코크 바디

대부분의 승용차에 해당된다. 가벼운 소재로 바디를 만들고 바디 전체로 차를 지지하는 것이다. 차 내에 다른 골격은 없으므로 가볍다는 것이 특징이다. 충격을 바디 전체로 받기 때문에 너무 과한 충격에는 견디지 못한다. 만약 모노코크 형식의 바디가 강한 충격에 견디도록 하려면 탱크처럼 무겁게 만드는 방법밖에 없다.

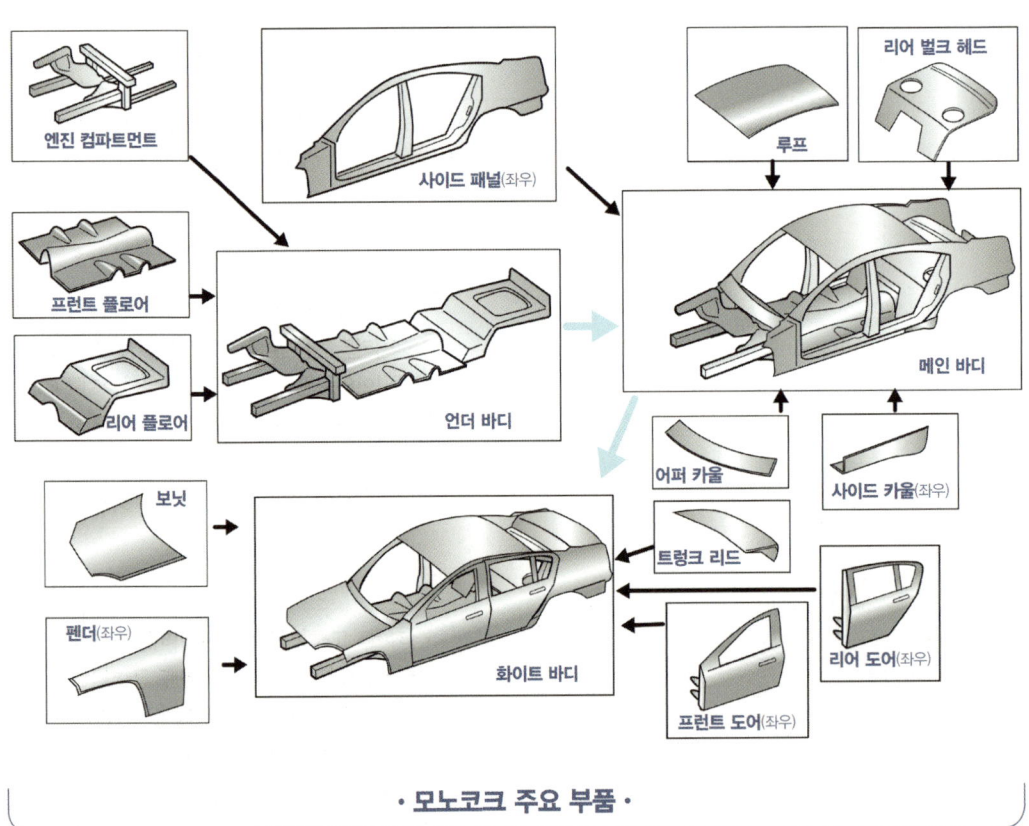

· 모노코크 주요 부품 ·

프레임 바디

차체 하부에 프레임이라 부르는 골격을 지닌 구조를 말한다. 엔진 등의 중량이 모두 프레임과 접속되어 있어, 이 골격 위에 바디를 씌우는 형식이다. 모노크크 바디보다 무겁지만 훨씬 견고하다는 특징을 갖고 있다.

또한 바디를 강도의 요소로 사용하지 않기 때문에 바디를 크게 만드는 데에도 부담이 없다. 덤프트럭 등의 대형차가 모두 프레임 구조를 갖는 것이 그런 이유 때문이다. 마치 인간을 비롯한 포유류가 골격을 지님으로써 개체의 크기가 커진 것과 같은 원리다.

10 자동차 구동 방식

1. FF: 프런트 엔진 Front Engine 프런트 드라이브 Front Drive

엔진과 변속기를 차체의 앞부분에 장착해 실내의 공간을 넓게 하는 방식으로 앞바퀴로 구동한다. 앞바퀴는 자동차의 구동과 조향의 역할을 모두 수행한다. 그 때문에 액셀러레이터 페달을 밟은 상태에서 핸들을 돌렸을 때와 페달을 놓은 상태에서 핸들을 돌렸을 때는 핸들링에 차이가 있다. 그러나 최근에는 기술의 발달로 그 차이를 거의 느낄 수 없게 되었다.

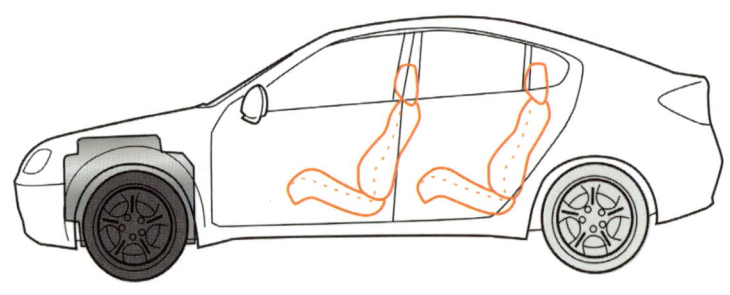

2. FR: 프런트 엔진 Front Engine 리어 드라이브 Rear Drive

앞부분에 장착된 엔진의 동력이 추진축을 경유해 뒷바퀴에 전달되는 방식이다. 앞, 뒷바퀴가 자동차의 구동과 조향을 나누어 실행함으로써 핸들링의 밸런스가 좋다. 엔진룸에 여유가 있으므로 앞바퀴에 설치되는 현가장치의 설계가 자유롭다. 즉 복잡한 구조의 현가장치를 탑재할 수 있으며 큰 엔진의 탑재도 가능하다.

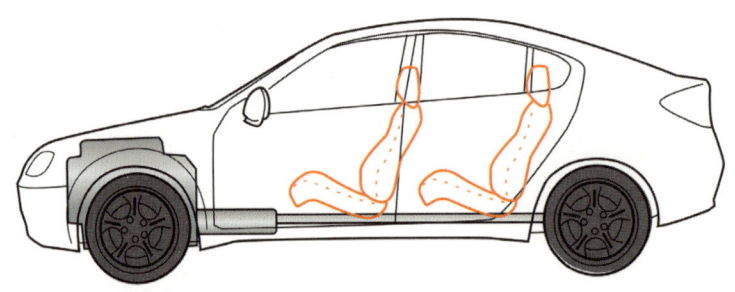

3. RR: 리어 엔진 Rear Engine 리어 드라이브 Rear Drive

엔진을 뒷바퀴의 뒤쪽에 탑재하는 방식으로 FF와 정반대로 구동된다. RR 방식은 핸들을 돌린 것 이상으로 자동차가 돌아가는 경향이 있어 운전이 어려울 수 있다. 반대로 FF 형식은 언더 스티어링이란 현상이 나타나지만, 이는 핸들을 돌린 방향으로 더 돌리면 되므로 오히려 안전한 특징이라 할 수 있다.

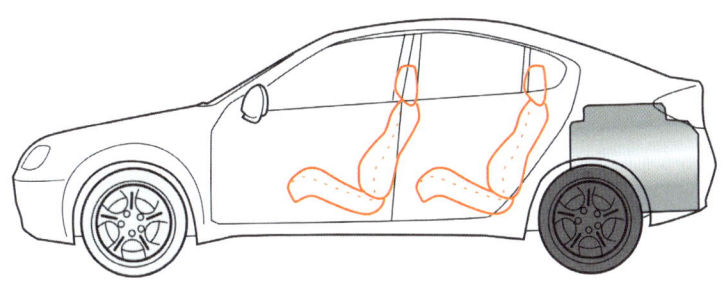

4. 4WD Four Wheel Drive

FF와 FR이 하나로 합쳐진 방식으로, 엔진의 동력이 4개의 바퀴 모두에 전달된다. 예전에는 노면의 마찰력을 기대할 수 없는 오프로드 전용이란 인식이 있었으나, 최근에는 엔진의 동력을 보다 유효하게 전달하기 위한 시스템으로 그 이용 범위가 점차 확대되고 있다.

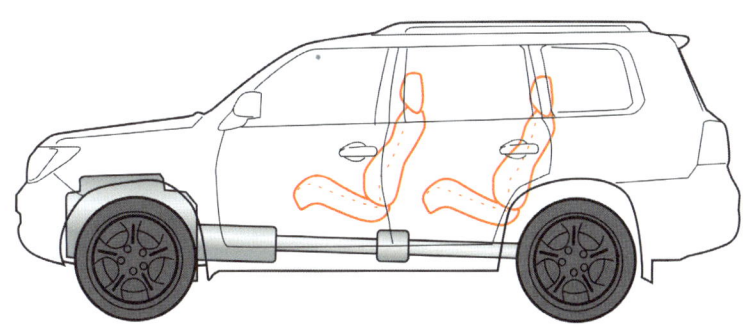

⑪ 프로펠러샤프트(후륜구동) 구조

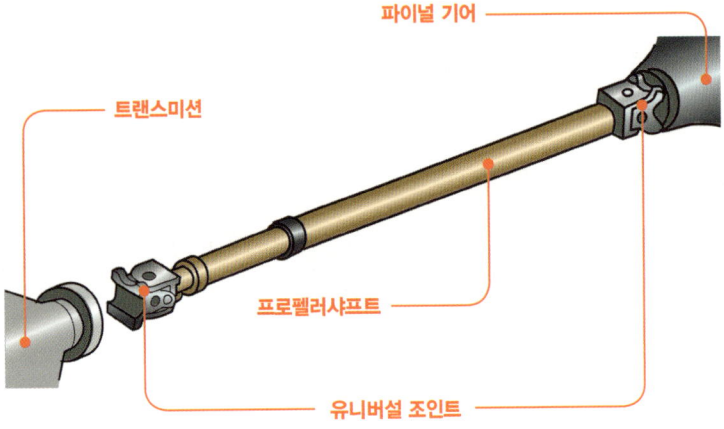

⑫ 자동차 인테리어 명칭

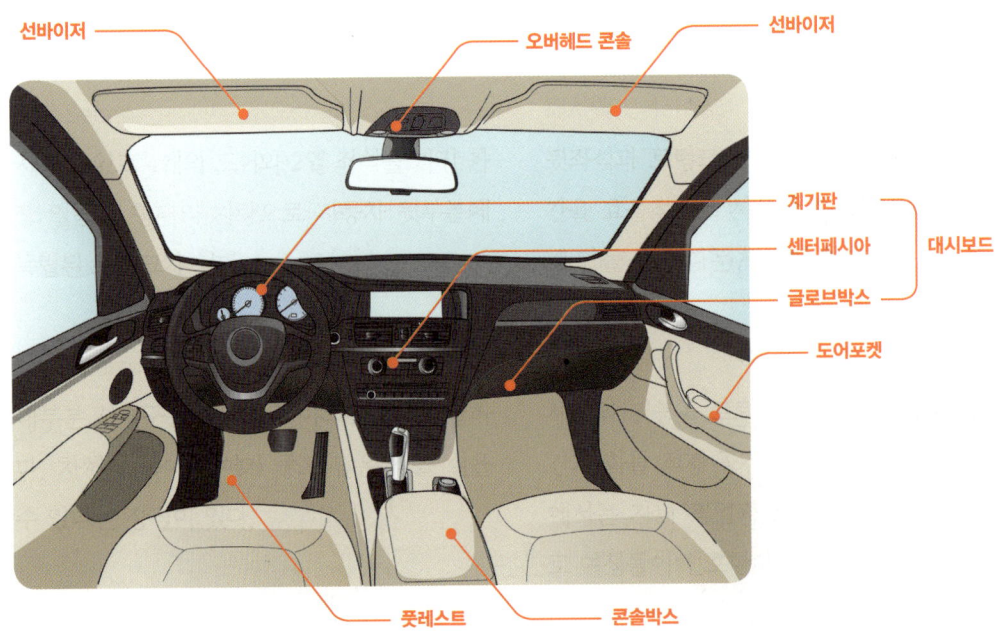

⑬ 자동차 인테리어 의장품

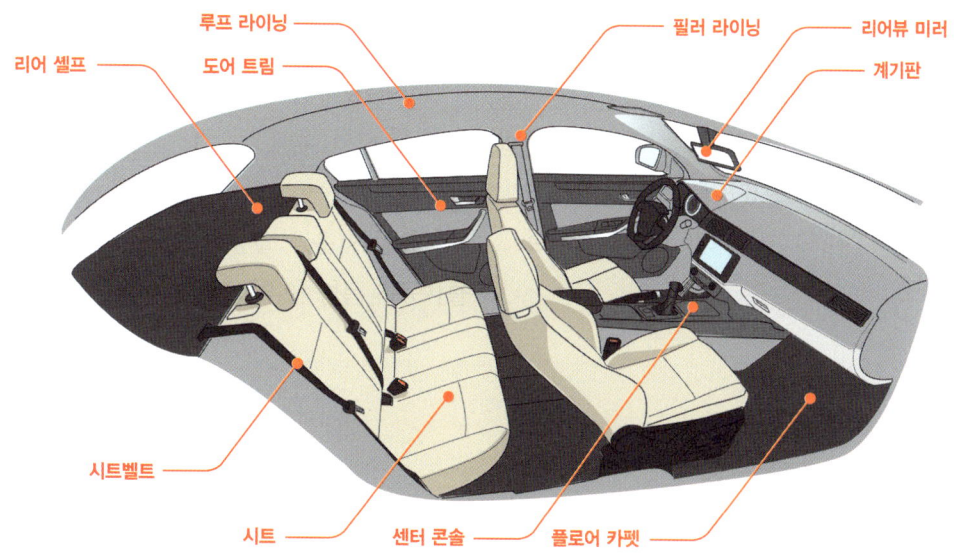

Part 1 자동차 구조와 정비 기초 지식

02

자 동 차　구 조 와　정 비　기 초　지 식

한 번에 이해하는 엔진

---
①

엔진룸 들여다보기

엔진룸 주요 부품

ⓐ 스티어링오일 리저브탱크
ⓑ 냉각수 보충탱크
ⓒ 쇽업소버 지지부
ⓓ 엔진
ⓔ 스로틀바디
ⓕ 엔진오일 주입구
ⓖ 와이퍼 모터
ⓗ 브레이크오일 리저브탱크

ⓘ 에어필터박스
ⓙ 퓨즈박스
ⓚ 워셔액 탱크
ⓛ 헤드램프
ⓜ ABS 장치
ⓝ 에어컨 배관
ⓞ 라디에이터 캡
ⓟ 엔진오일 체크레버

ⓠ 라디에이터(콘덴서)
ⓡ 엔진 헤드개스킷
ⓢ 후드 걸쇠
ⓣ 스트럿바
ⓤ 공기 흡입구
ⓥ 냉각수 고무호스
ⓦ 미션오일 체크레버
ⓧ 배터리

Part 1 자동차 구조와 정비 기초 지식 ● 41

② 엔진 본체 구조

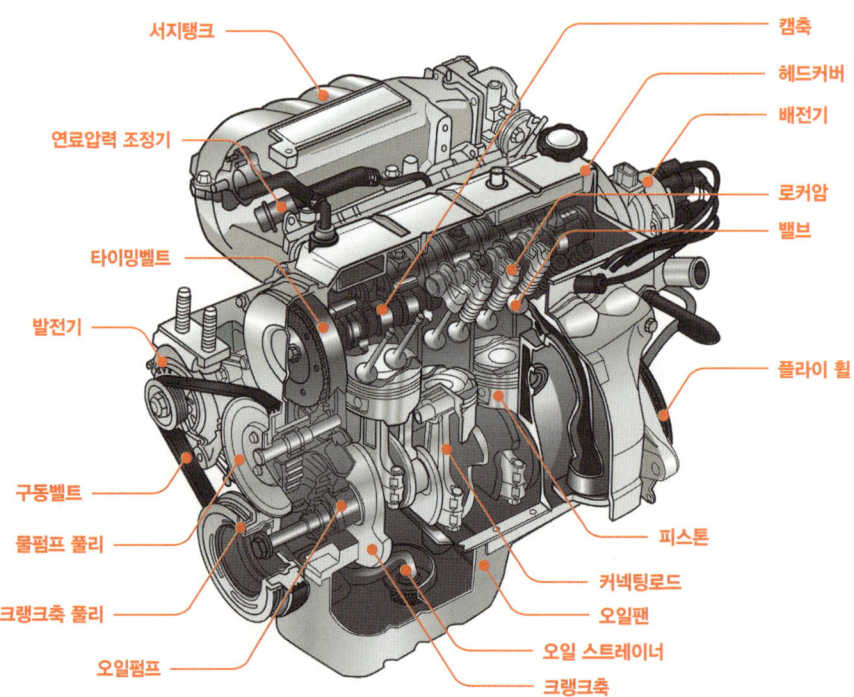

출력 PS/RPM

일반적으로 엔진의 성능 가운데 가장 중시되는 것이 출력Power이다. 신형 차에 새로운 엔진이 장착되었다고 하면 '몇 마력PS이냐?'고 묻는 경우가 많다. 마력이란 일의 효율, 즉 단위 시간에 행하는 일의 양을 표시하는 단위로 자동차 엔진에서는 동력動力, 또는 출력出力이라고 부르는 것이다.

최초로 '출력'이란 개념을 생각한 것은 증기기관을 발명한 영국의 와트. 증기기관의 성능을 비교하기 위해 탄광의 배수작업에 이용됐던 말의 동력을 기준으로 550ft · 1bf/s를 1마력으로 정했다. 이를 미터법으로 환산하면 75kgf · m/s인데, 75kgf의 무게를 1초에 1미터 비율로 끌어올리는 데 필요한 힘을 말한다. 마력은 영어 Horsepower를 줄인 HP와 독일어 Pferdestärke에서 따온 PS를 단위로 쓰는데, PS가 더 많이 쓰인다. 계량법에 따르면 PS를 사용해도 무방하지만, 정식으로는 국제단위계SI인 W와트로 표시해야 한다. 1PS는 735.4W다.

엔진의 출력, 혹은 마력은 PS/RPM으로 표시하는데 RPM은 1분간의 엔진 회전수를 뜻한다. 100PS/5,000RPM이란 엔진이 1분에 5,000회 회전할 때 100마력의 힘이 나온다는 뜻이다.

그런데 자동차 제원표를 자세히 보면 출력을 나타내는 PS/RPM 앞에 Net, 혹은 Gross라고 표시되어 있는 경우가 있다. 엔진 출력은 계측용 장치에 엔진을 세팅해 측정하는 것이기 때문에 측정 조건에 따라 변하는 것은 물론 계측할 때마다 오차가 발생한다. 엔진만으로 측정한 수치를 Gross, 엔진을 차량에 장착한 것과 가까운 상태의 측정치를 Net로 구분한다.

가솔린 엔진의 경우 Net가 Gross보다 약 15% 정도 적은 값을 나타내기 때문에 아무 단서가 없다면 수치가 큰 것이 Gross 값이다.

4 최고출력

엔진의 힘을 나타내는 가장 일반적 척도다. 엔진의 출력은 거의 엔진의 회전수에 비례해서 커지는데, 엔진의 회전수를 점점 상승시켜 가다 보면 더 이상 빠르게 회전하지 못하거나, 더 이상 빠르게 공기를 흡입하고 배출할 수 없는 한계에 도달한다.

이러한 상태의 엔진 회전수RPM에서 나오는 출력을 최고출력이라고 하고 PS/RPM 단위로 표시한다.

일반적으로 2,000~4,000RPM 구간이 가장 활용도가 높고 실용적이므로, 이 구간에서 최고출력을 내는 엔진이 좋은 엔진이라 할 수 있다.

5 토크 Torque

토크란 쉽게 말해 엔진의 회전력이다. 조금 더 정확하게 말하자면 엔진이 어떤 회전수로 회전하고 있을 때 얼마만큼의 힘으로 크랭크샤프트를 회전시키고 있는지를 표시한 것, 즉 축을 비트는 힘이라고 할 수 있다.

토크의 단위는 kgf · m으로 표시되는데, 힘의 단위인 kgf에 그 힘이 걸린 지점을 움직이는 거리m가 곱해진 값이다. 엔진 부품으로 바꿔 말해보자. 커넥팅 로드의 빅 엔드Big End가 크랭크샤프트를 눌렀을 때, 피스톤이 커넥팅 로드를 누르는 힘에 크랭크 핀의 중심과 크랭크 샤프트 중심까지의 거리를 곱한 것이다.

즉 엔진에서 토크의 크기는 피스톤이 커넥팅 로드를 누르는 힘, 즉 팽창력에 의해 결정된다. 성능곡선의 토크는 엔진이 일정한 회전수로 회전하고 있을 때 팽창행정에 있는 피스톤이 얼마만큼의 힘으로 크랭크샤프트를 회전시키고 있는가를 표시한 것이다. 이 힘은 그대로 타이어에 전달되는데 토크가 작으면 자동차를 앞으로 나아가게 하는 구동력이 작고, 토크가 크면 구동력도 크다. 타이어를 회전시키는 토크가 클 경우, 운전자는 가속력이 좋다고 느끼게 된다.

피스톤을 눌러 내리는 팽창력은 여러 가지 요인에 영향을 받지만 일반적으로 실린더에 흡입되는 공기의 양이 많을수록 커진다. 즉 많은 양의 공기로 가솔린을 연소시키면 발열량과 힘이 커진다는 의미다. 엔진에 흡입되는 공기량과 엔진 회전수의 관계를 생각해보자. 엔진의 회전수가 적으면 피스톤의 움직임이 느리고 흡입하는 공기의 양도 적다.

반대로 엔진의 회전수가 크면 피스톤의 움직임이 너무 빨라 공기가 모두 흡입되기 전에 흡기 밸브가 닫혀 이 또한 실린더에 흡입되는 공기량이 적다. 이런 원리에 의해 기본적으로 토크의 곡선은 엔진의 회전수에 대해 산 모양을 이룬다.

2대의 자동차를 예로 들어보자. 하나는 이 곡선의 피크점이 회전수가 낮은 2,500RPM인 엔진을 장착했고, 또 하나는 회전수가 높은 5,000RPM 엔진을 장착했다. 회전수가 낮은 곳에 피크점이 있는 엔진은 도심에서 엔진의 회전속도를 높이지 않고 주행하기 쉽지만, 고속도로 주행과 같이 엔진의 회전속도를 높여야 하는 경우에는 가속 페달을 밟아도 제대로 가속되는 느낌이 없다고 느끼게 된다.

반면 피크가 높은 곳에 있는 엔진은 고속 주행에서는 가속이 잘 이루어지지만, 일반도로의 저속 주행에서는 주행감이 좋지 않다. 저단 기어를 사용해 엔진의 회전수를 높게 유지해야 시원하게 주행할 수 있다는 뜻이다.

> 실제적으로 엔진은 '출력'보다 회전력으로 차를 끄는 힘과 순발력인 '토크'가 더 중요하다. 즉 낮은 회전부터 높은 회전까지 끄는 힘이 센 차, 즉 토크가 강한 차를 구입하는 것이 좋다.

6 배기량

배기량은 엔진의 크기를 나타내는 가장 일반적인 척도로 엔진이 혼합기를 빨아들이거나 뿜어내는 용적cc으로 표시된다.

연료소비율 g/PS · h

엔진의 연비 성능은 '연료소비율'로 표시되는데, 이는 운전 상태에 따라 크게 달라진다. 따라서 정확한 비교를 위해 엔진을 다이나모미터Dynamo Meter에 설치해 동력 성능과 필요한 연료량을 동시에 측정한다. 엔진의 연료소비율은 단위 출력당 연료소비량으로 표시되고 단위는 g/PS · h다.

예를 들어보자. 다이나모미터 상에서 엔진 회전수를 3,000RPM으로 유지할 때 55PS의 출력을 내는데, 이 상태에서 1시간을 운전할 때 11kg의 가솔린이 필요하다면 이때의 연료소비율은 200g/PS이다. 따라서 엔진 성능곡선에서 연료소비율 그래프를 볼 때는 그 양보다 엔진의 회전이 몇 RPM일 때 연료소비율이 가장 낮은가를 중점적으로 봐야 한다. 자동차 연비의 경우에는 실제 자동차에서 측정한 값으로 판단해야 한다. 보통 카탈로그 등에 기재된 수치는 10~15모드 연비 및 60km/h 정지定地 연비Fuel Economy at Constant Speed가 사용된다. 여기에서 말하는 연료소비율은 어디까지나 엔진 자체의 연비인 것이다.

연료소비율을 줄이기 위해서는 적은 연료를 효율적으로 연소시켜 많은 열을 발생시키고 발생된 열을 최대한 활용해 전체적인 효율을 높여야 한다. 즉 혼합기를 가능한 한 고압 · 고온에서 신속하게 완전 연소시켜 연소실 벽에 전달되는 열, 그리고 연소가스와 함께 배출되는 열을 가능한 한 적게 하고 엔진 내부의 기계적인 마찰 손실 등도 최소화하는 것이다.

엔진의 열효율, 즉 엔진이 가솔린으로부터 받은 열에너지가 어떤 방법으로 사용되는가를 요소별로 분류하여 계산하는 것을 열감정熱勘定이라 하고, 이를 그림으로 표시한 것이 '열감정선도'다. 보통의 가솔린 엔진 열감정을 대략적으로 나타내면 출력으로 활용되는 열, 연소가스와 함께 배출되는 열, 실린더 벽으로 손실되는 열 등이 약 30%씩이며, 기타가 10% 정도이다.

즉 가솔린 엔진의 에너지 중 엔진 출력으로 활용되는 것이 약 1/3, 엔진 작동에 사용되는 것이 1/3, 배출가스와 함께 배출되는 에너지가 나머지 1/3이란 얘기다. 현재 일반적인 가솔린 엔진의 경우, 열효율 35%면 최상의 수준이라 본다. 연료소비율로 환산하면 약 170g/PS · h다.

8 성능곡선도

엔진의 출력, 토크, 연료소비율과의 관계를 도표로 나타낸 것을 '성능곡선도'라고 한다. 가솔린 엔진의 성능곡선은 엔진 회전속도RPM가 중속일 때 연료소비율이 가장 적고, 토크가 가장 높다. 따라서 각 기관의 특성을 고려한 경제적 운전이 필요하다.

신차를 구입할 때 제일 먼저 고려해야 할 것이 '출력과 토크, 그리고 연비가 좋은 차'다. 후보군에 있는 자동차들의 엔진 성능곡선도를 비교해보면 같은 배기량에서도 좀 더 힘 좋고 연비가 좋은 차를 구입할 수 있다.

자동차 메이커들은 엔진 마력을 주로 홍보하는데, 이때 꼭 확인해야 할 것이 어떤 회전수RPM에서 최고 마력이 나오느냐는 것이다. 만약 5,500~6,000RPM에서 최대마력이 나온다면, 그 차는 별로 좋은 차가 아니다. 실제 도로에서 그 RPM으로 주행한다면 엔진 고장은 물론이고 미친놈 소리 듣기 십상이고, 이때의 연비는 최악이 될 수 있기 때문이다.

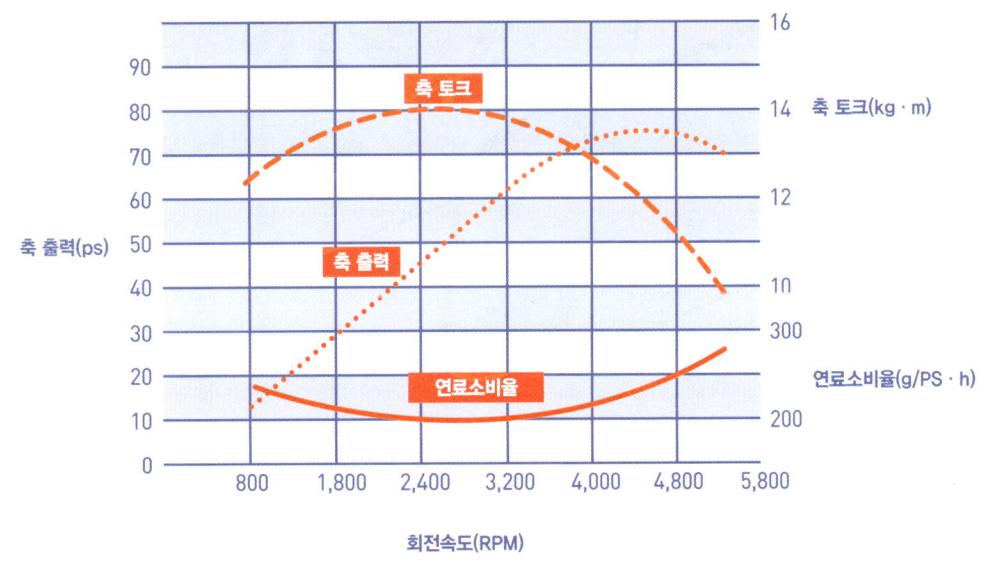

· 엔진의 성능곡선도(예) ·

예시한 성능곡선도를 분석해보면 2,400~2,500 RPM 구간에서 최대토크인 14kg·m가 나오고 연료소비율 역시 가장 좋다. 엔진 최고출력은 4,500RPM에서 75마력이 나온다. 이 도표로 봐도 낮은 RPM에서 토크와 연비가 좋은 차를 구입하는 것이 훨씬 좋다는 사실을 알 수 있다.

도표의 연료소비율 부분을 보자. 연료소비율이란 기관이 일정한 일을 했을 때 사용하는 연료량을 표시한 것인데, 1시간 동안 1마력의 힘을 내기 위해 소비한 연료량을 g으로 나타낸다 g/PS·h. 따라서 이 값이 적은 엔진일수록 성능과 경제성이 좋은 것이다.

자동차의 가솔린, 디젤 엔진은 4행정 사이클 형식을 사용한다. 4행정 사이클 엔진이란 엔진 피스톤이 흡입, 압축, 폭발, 배기 행정을 하면서 1사이클을 완료하는 것으로 이때 크랭크축은 2회전을 한다.

9

출력과 토크, 연료소비율 자세히 알기

엔진은 공기에 가솔린을 혼합하고 연소시켜 발생한 열을 힘으로 변환시키는 장치이므로 '연료의 소비량'과 이에 의해 얼마만큼의 힘이 생성되었는가 하는 '토크', 엔진이 단위 시간에 하는 일을 나타내는 '출력', 이 3가지가 가장 중요하다.

이중 연료소비량은 알기 쉽지만 출력과 토크는 어떤 것인지 알기 어렵다. 가솔린 엔진의 작동원리는, 가솔린이 연소되어 생기는 연소가스의 팽창력을 이용해 피스톤을 누르고 그 힘이 크랭크샤프트를 회전시키는 것이다.

우리는 오르막길 주행처럼 엔진에 큰 힘이 필요할 때 액셀러레이터 페달을 밟는다. 액셀러레이터 페달은 엔진에 흡입되는 공기량을 조절하는 스로틀 밸브에 연결되어 있다. 즉 페달을 세게 밟으면 밸브가 많이 열리면서 공기가 많이 공급되고, 살살 밟으면 공기의 양이 적게 공급된다.

그런데 가솔린차는 엔진에 흡입되는 공기의 양에 따라 연료가 공급된다. 공급된 공기가 완전히 연소될 수 있는 양의 연료만 자동적으로 공급되는 것이다. 즉 실린더로 들어가는 혼합기의 공기와 가솔린 비율은 거의 일정하다. 액셀레이터 페달을 세게 밟는다는 것은 공급되는 공기와 연료량이 증가해 팽창력이 좋아지고 엔진의 힘이 그만큼 강해진다는 의미다. 결국 엔진의 성능이란 이 힘이 클수록 좋은 것이라 할 수 있다.

힘은 kg으로 표시되지만 자동차에서는 타이어를 회전시키는 회전력(토크)이라 생각하는 것이 편리하기 때문에 힘의 크기에 회전의 중심에서 힘이 걸리는 지점까지의 길이를 곱한 값, 즉 kg×m를 단위로 한다. 토크가 엔진 성능의 판단 기준 중 하나인 셈이다.

다음으로 엔진의 성능이라 함은 큰 힘을 낼 수 있을 뿐 아니라, 그 힘에 의해 얼마만큼의 일을 할 수 있는지가 중요하다. 단위 시간에 하는 일을 측정하는 단위가 바로 마력(PS)이다.

⑩ 4사이클 엔진

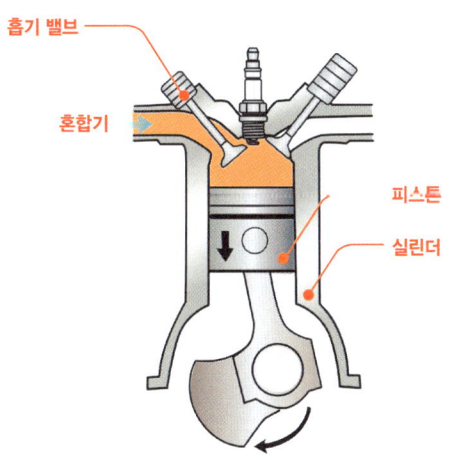

흡입 행정

피스톤이 상사점으로부터 하강을 시작하면 흡기 밸브가 열리고 공기(또는 혼합기)가 빨려 들어간다.

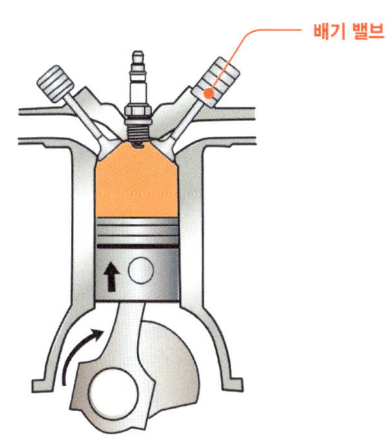

압축 행정

피스톤이 하사점으로부터 상승으로 변화되면 흡·배기 밸브도 닫혀져 공기(혼합기)가 압축된다. 직접 분사식의 경우 여기서 연료가 분사된다.

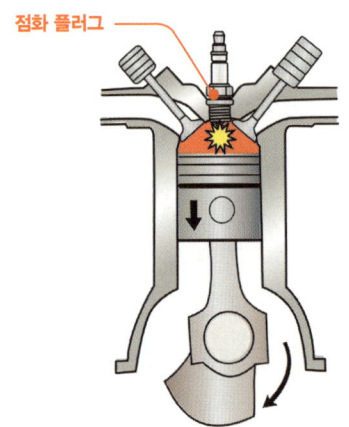

폭발팽창 행정

피스톤이 상사점에 이르면 점화 플러그에 의해 점화된다. 연소에 의해서 생성된 가스 온도가 올라가고 내부 압력도 높아져 피스톤을 눌러 하강시킴으로써 크랭크축을 회전시킨다.

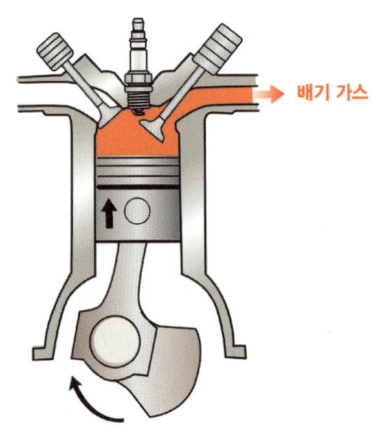

배기 행정

피스톤이 다시 상승을 시작하면 배기 밸브를 통해 연소 가스가 배출된다. 연소 가스는 촉매에 의해 정화되어 자동차 밖으로 방출된다.

직접점화 점화코일

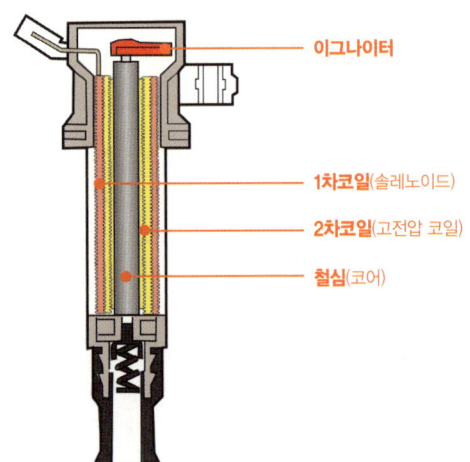

1차코일과 2차코일, 이그나이터 등으로 구성되어 있다. 이그나이터는 컴퓨터의 신호를 받아 1차코일에 흐르는 전류를 ON/OFF 한다. 끝에는 점화 플러그가 장착된다.

12 점화 플러그 구조

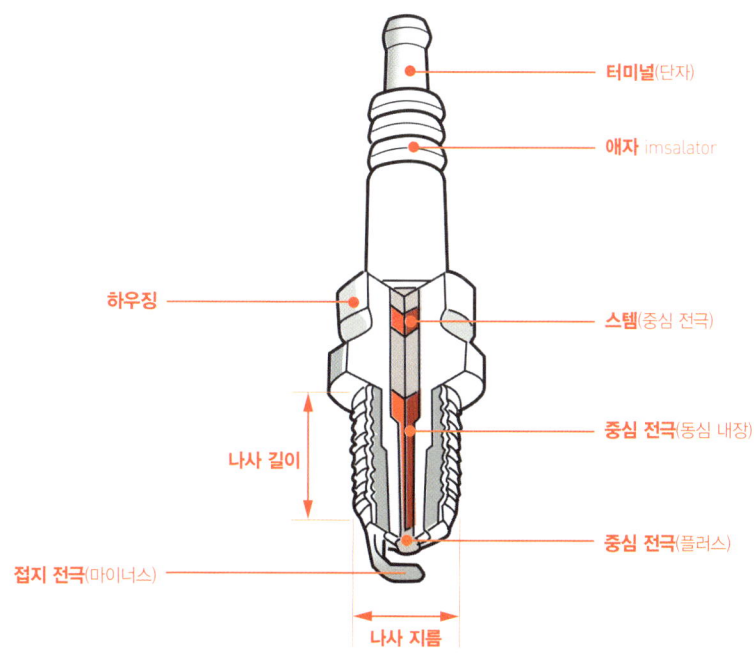

13 스타터 모터의 역할

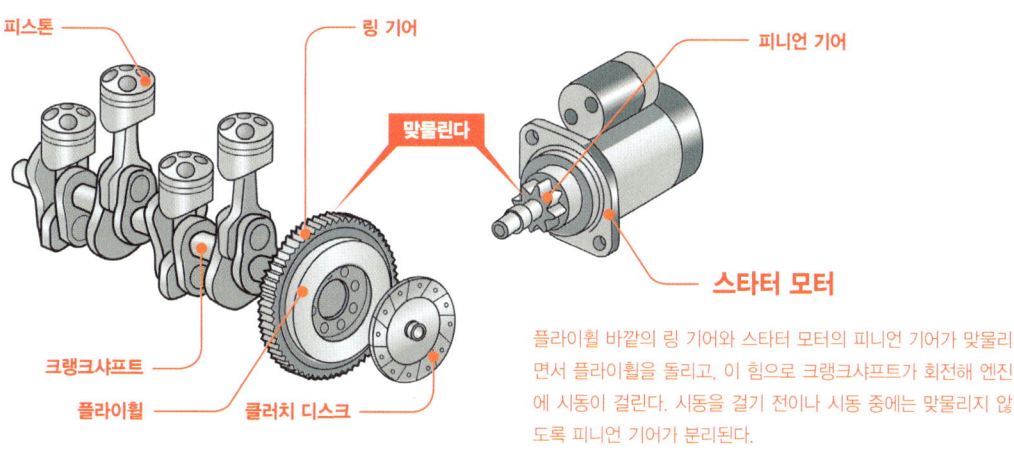

플라이휠 바깥의 링 기어와 스타터 모터의 피니언 기어가 맞물리면서 플라이휠을 돌리고, 이 힘으로 크랭크샤프트가 회전해 엔진에 시동이 걸린다. 시동을 걸기 전이나 시동 중에는 맞물리지 않도록 피니언 기어가 분리된다.

14
시동·충전장치 구성

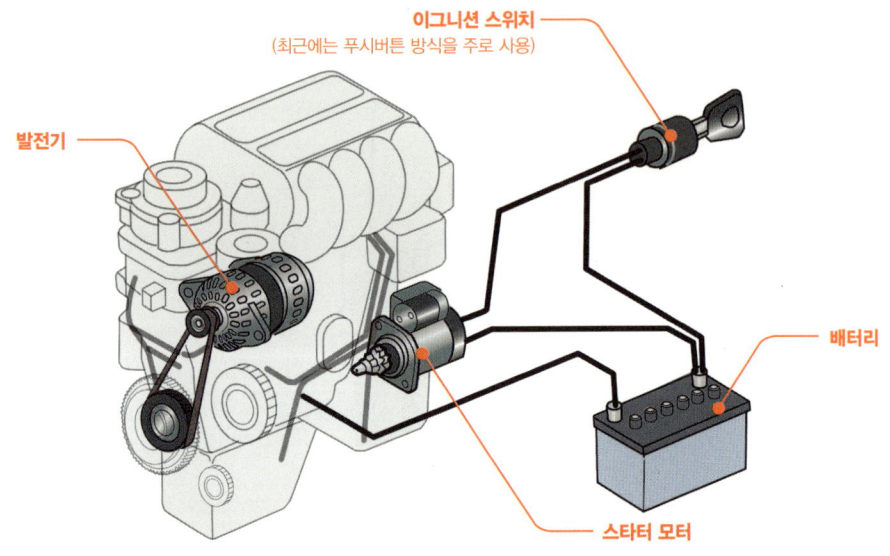

15
배터리 구조

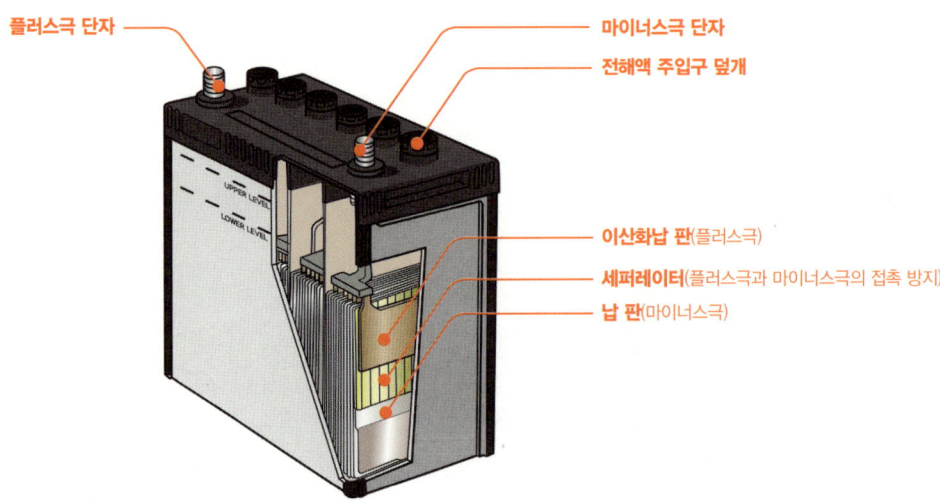

16. 흡기장치의 구성

흡기 다기관

각 실린더로 공기를 배분하는 분기관이다. 흡기 효율 향상을 위해 컨트롤 밸브를 장착함으로써 엔진이 고회전할 때는 굵고 짧게, 저회전할 때는 가늘고 길어지는 가변 흡기 시스템을 사용한다. '흡기 매니폴드'라고도 한다.

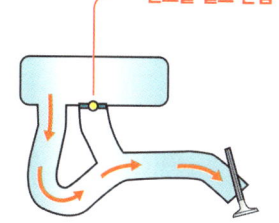

컨트롤 밸브 닫힘
저회전 시: 가늘고 긴 관 Branch

컨트롤 밸브 열림
고회전 시: 굵고 짧은 관

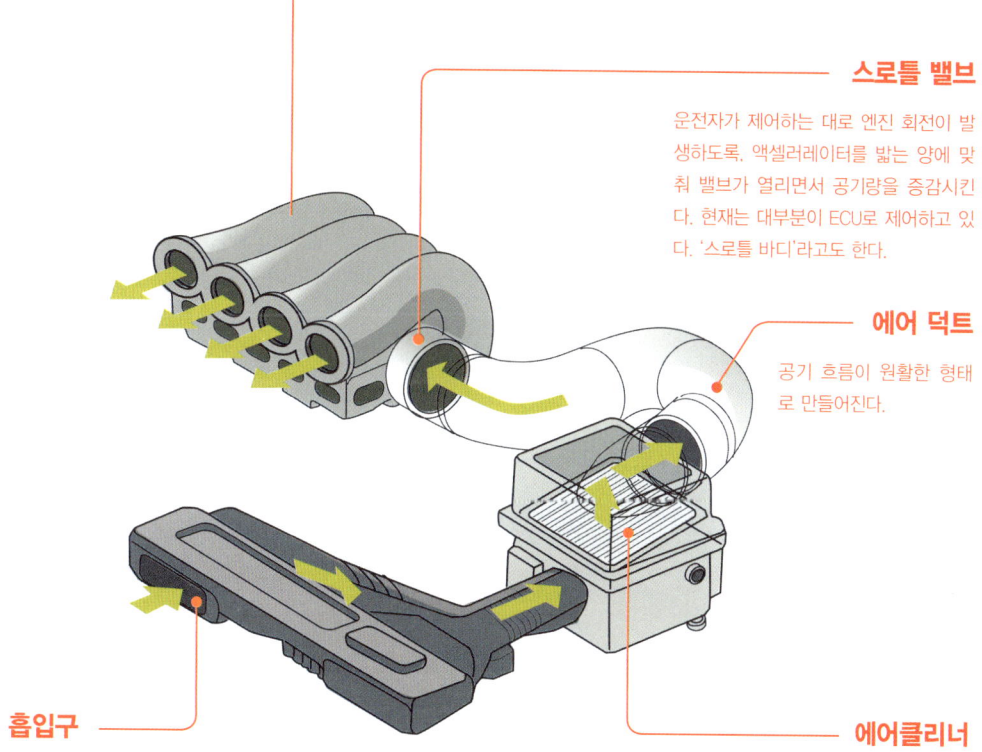

스로틀 밸브

운전자가 제어하는 대로 엔진 회전이 발생하도록, 액셀러레이터를 밟는 양에 맞춰 밸브가 열리면서 공기량을 증감시킨다. 현재는 대부분이 ECU로 제어하고 있다. '스로틀 바디'라고도 한다.

에어 덕트

공기 흐름이 원활한 형태로 만들어진다.

에어클리너

이물질을 걸러내 흡기를 깨끗하게 한다. 부직포 등의 여과재를 사용한다.

공기 흡입구

엔진룸 안에서도 비교적 온도가 낮으며, 어느 정도 물이 있는 곳을 주행해도 지장이 없는 위치에 장착된다.

17 배기장치의 구성

머플러

배기가스를 단계적으로 팽창시키거나(팽창식), 흡음재로 소음을 흡수하거나(흡음식), 소음을 반사해 음과 음을 서로 부딪치게 하는 방식(공명식) 등으로 압력과 온도를 낮춰 소음을 줄인다.

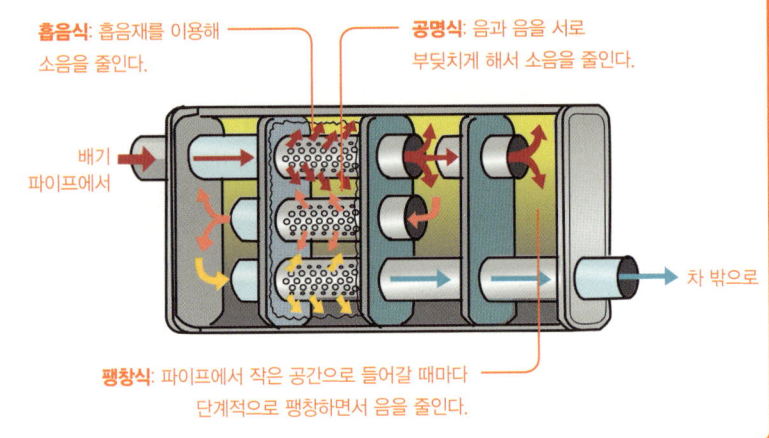

흡음식: 흡음재를 이용해 소음을 줄인다.

공명식: 음과 음을 서로 부딪치게 해서 소음을 줄인다.

배기 파이프에서 → 차 밖으로

팽창식: 파이프에서 작은 공간으로 들어갈 때마다 단계적으로 팽창하면서 음을 줄인다.

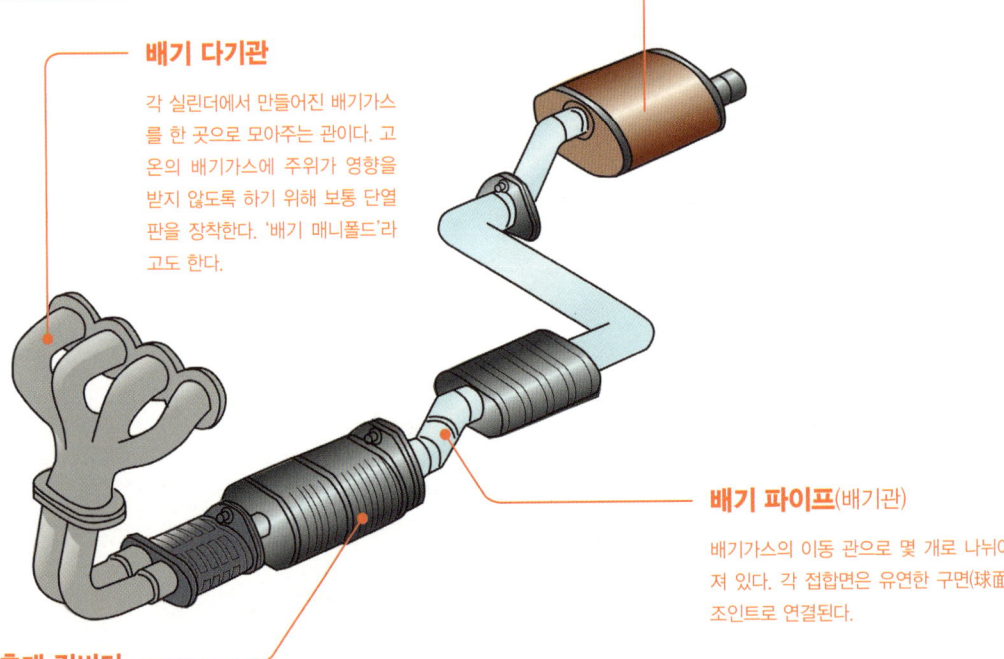

배기 다기관

각 실린더에서 만들어진 배기가스를 한 곳으로 모아주는 관이다. 고온의 배기가스에 주위가 영향을 받지 않도록 하기 위해 보통 단열판을 장착한다. '배기 매니폴드'라고도 한다.

배기 파이프(배기관)

배기가스의 이동 관으로 몇 개로 나누어져 있다. 각 접합면은 유연한 구면(球面) 조인트로 연결된다.

촉매 컨버터

배기가스에 함유된 유해한 일산화탄소와 탄화수소, 질소산화물을 산소와 화학반응시킴으로써, 무해한 물과 이산화탄소, 질소로 만든다. 촉매는 온도가 높은 쪽이 잘 반응하기 때문에 '이그조스트 매니폴드' 근처에 장착하는 경우가 많다.

18
SOHC, DOHC 방식 비교

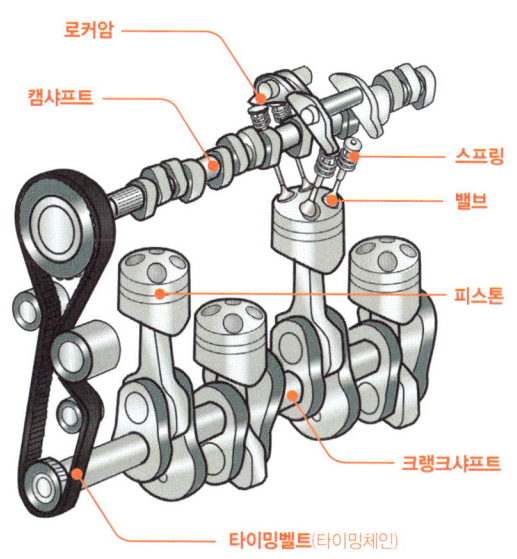

SOHC 방식 Single Overhead Camshaft

1개의 캠샤프트로 밸브의 흡·배기를 하는 방식. 구조가 간단하고 가격도 저렴하지만, 4밸브화 하면 구조가 복잡해지기 때문에 일반적으로 2~3밸브 엔진에 많이 사용된다.

DOHC 방식 Double Overhead Camshaft

흡·배기 각 밸브에 캠샤프트를 1개씩 두는 방식이다. 4밸브를 장착해 캠으로 직접 개폐시키는 방식이 많아 고회전이 가능하므로 고출력 엔진에 주로 사용된다.

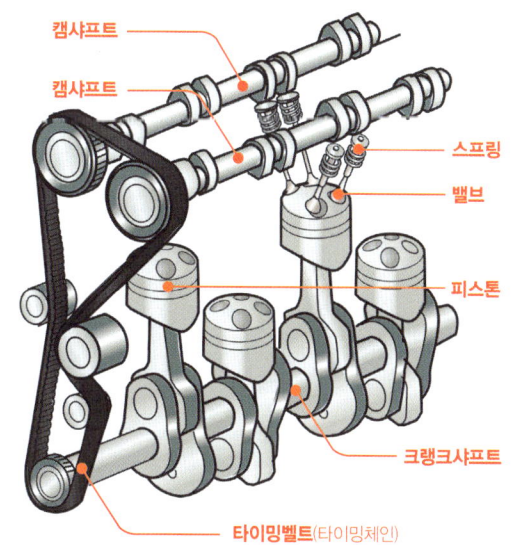

19 터보차저

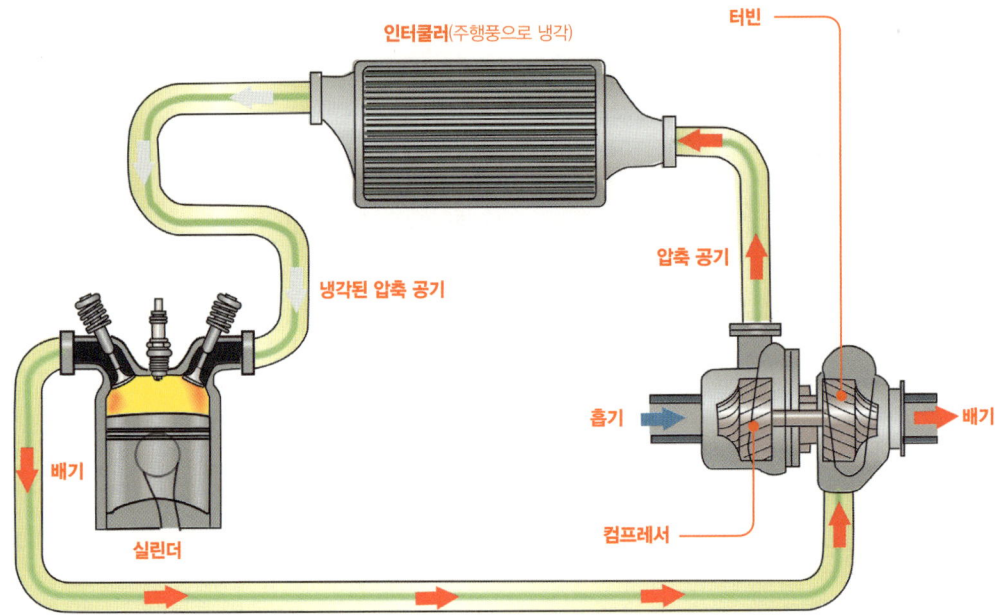

터보차저에는 하나의 축 양 끝에 터빈과 컴프레서를 장착한다. 엔진의 배기가스 압력으로 터빈이 돌아가는 동시에, 터빈 반대쪽 끝에 있는 컴프레서가 흡입 공기를 압축하고, 압축된 공기를 실린더로 보낸다. 배기가스를 이용하기 때문에 엔진 회전수가 낮아 배기가스가 적을 때는 효과를 충분히 발휘하지 못한다.

20 전기 엔진과 가솔린 엔진의 구조 비교

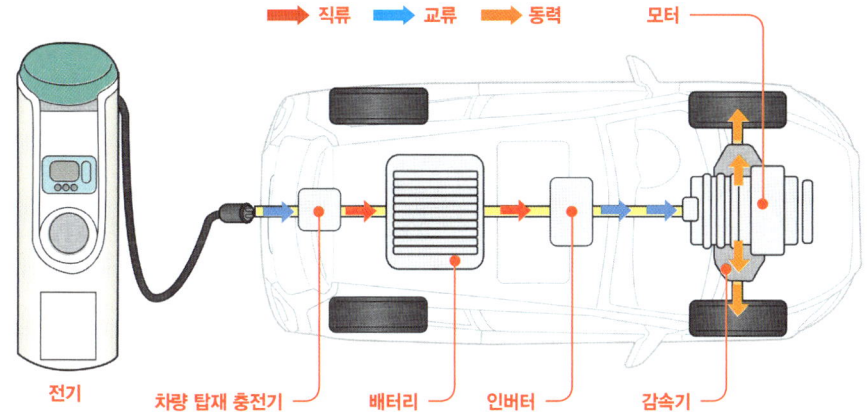

전기 엔진 EV

외부 전원으로부터 충전된 전기는 배터리에 직류로 축적된다. 배터리에서 인버터를 통해 교류로 변환된 다음, 모터로 보내진다. 배기가스가 나오지 않기 때문에 배기장치가 필요 없다.

가솔린 엔진

가솔린은 가솔린 탱크에 저장되었다가 엔진으로 보내지는데, 연소 폭발을 하기 때문에 공기를 빨아들이는 흡기장치나 배기가스를 처리하는 배기장치가 필요하다.

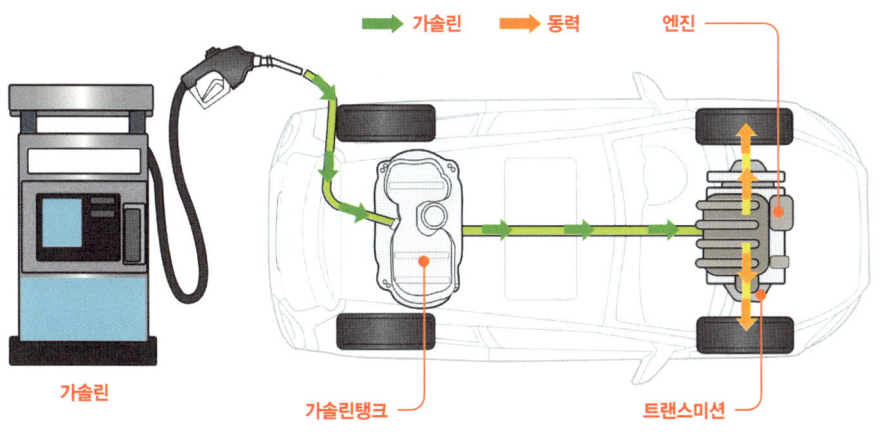

03

자 동 차 　 구 조 와 　 정 비 　 기 초 　 지 식

변속기 완전정복

① 변속기란?

차량이 주행할 때에는 노면, 차속, 하중, 경사도 등에 의해 주행 저항의 변동 범위가 넓다. 따라서 기관과 구동륜 사이에서, 임의 또는 자동으로 기관의 회전 속도에 대한 구동륜의 회전 속도를 변화시켜 기관의 회전력을 차륜의 구동력으로 바꾸는 장치가 필요하다. 이 장치를 변속기라 하고, 일반적으로 5~6단과 후진 시에 사용하는 역전Reverse 장치를 구비하고 있다.

❷ 변속기의 필요성

- 엔진의 공회전 상태 유지
- 후진 필요성
- 주행 저항 변수에 대한 적절한 대응
- 저속, 고속 주행 시 회전 토크 변화에 대응
- 발진 시 동력전달장치 각 부에 가해지는 응력의 완화와 마멸 최소화

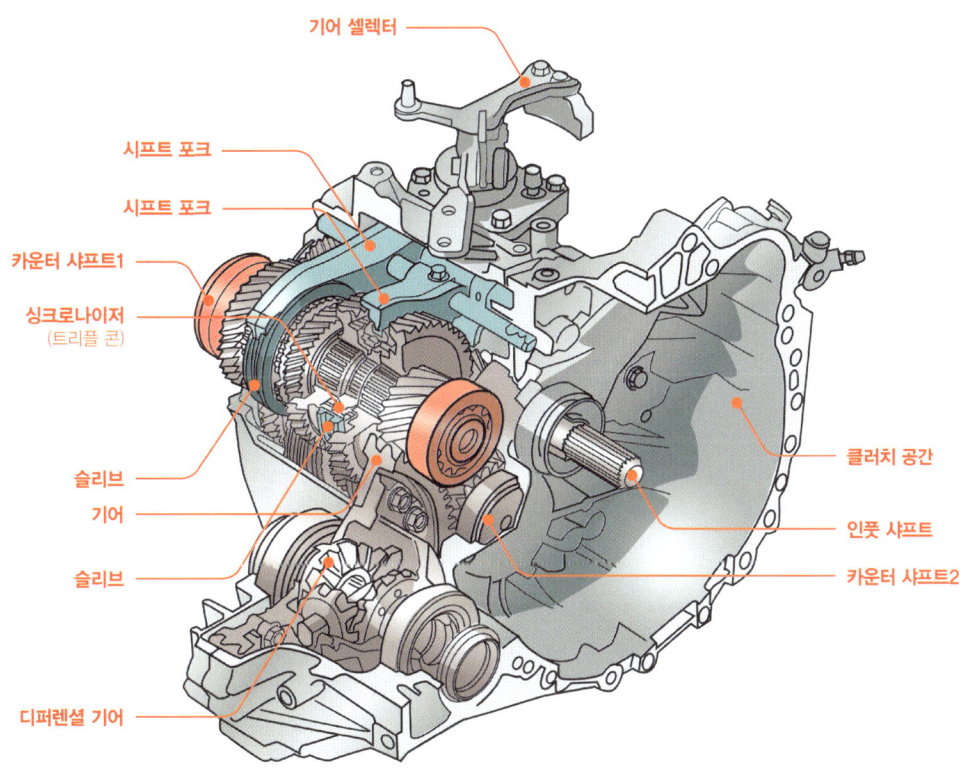

③ 수동변속기 형태

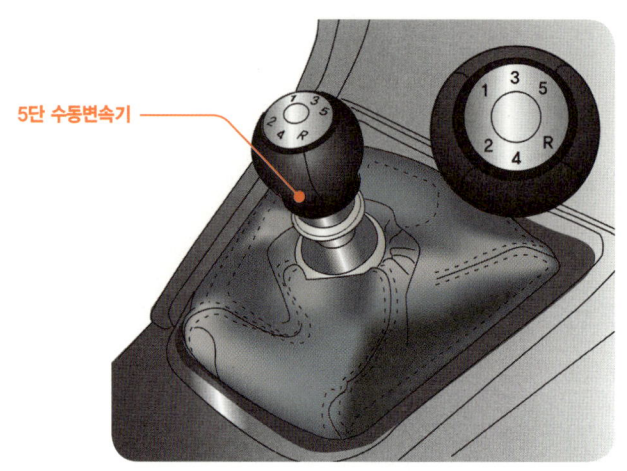

5단 수동변속기

④ 수동변속기의 구조

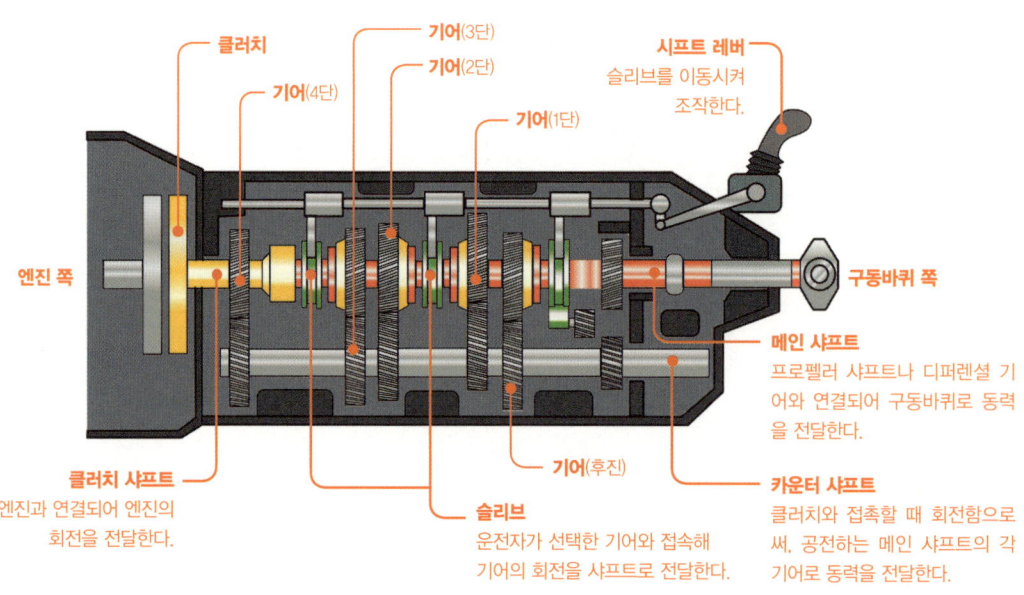

- 클러치
- 기어(4단)
- 기어(3단)
- 기어(2단)
- 기어(1단)
- 시프트 레버: 슬리브를 이동시켜 조작한다.
- 엔진 쪽
- 구동바퀴 쪽
- 메인 샤프트: 프로펠러 샤프트나 디퍼렌셜 기어와 연결되어 구동바퀴로 동력을 전달한다.
- 클러치 샤프트: 엔진과 연결되어 엔진의 회전을 전달한다.
- 슬리브: 운전자가 선택한 기어와 접속해 기어의 회전을 샤프트로 전달한다.
- 기어(후진)
- 카운터 샤프트: 클러치와 접촉할 때 회전함으로써, 공전하는 메인 샤프트의 각 기어로 동력을 전달한다.

클러치의 구성과 역할, 단속 원리

엔진 시동을 걸거나 변속 또는 후진 등을 할 때, 엔진으로부터 동력을 일시적으로 차단하는 장치가 필요하다. 클러치는 엔진의 플라이휠과 변속기 입력축 사이에 설치되어 엔진 동력을 변속기에 전달하거나 끊는 역할을 한다. 또한 동력이 연결된 경우에는 미끄럼 없이 확실하게 전달해준다. 클러치의 종류에는 유체 클러치, 마찰 클러치, 전기 클러치 등이 있는데 자동차에는 주로 마찰 클러치가 사용된다.

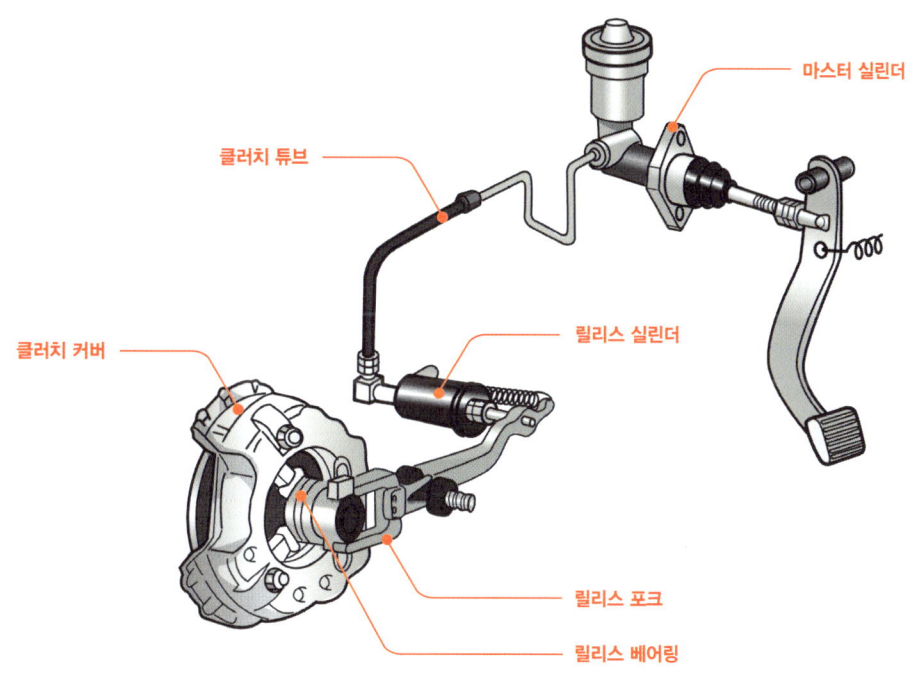

5
클러치의 구성과 역할, 단속 원리

클러치의 역할

- 엔진을 기동할 때 동력 차단
- 변속기로 연결되는 엔진 회전력을 필요에 따라 단속시킴
- 출발 시 엔진 동력을 서서히 연결

클러치의 단속(斷續)

클러치 페달을 밟으면 클러치 디스크와 플라이휠이 분리된다. 클러치 페달에서 발을 떼면 클러치 디스크와 플라이휠이 접속하면서 동력이 전달된다.

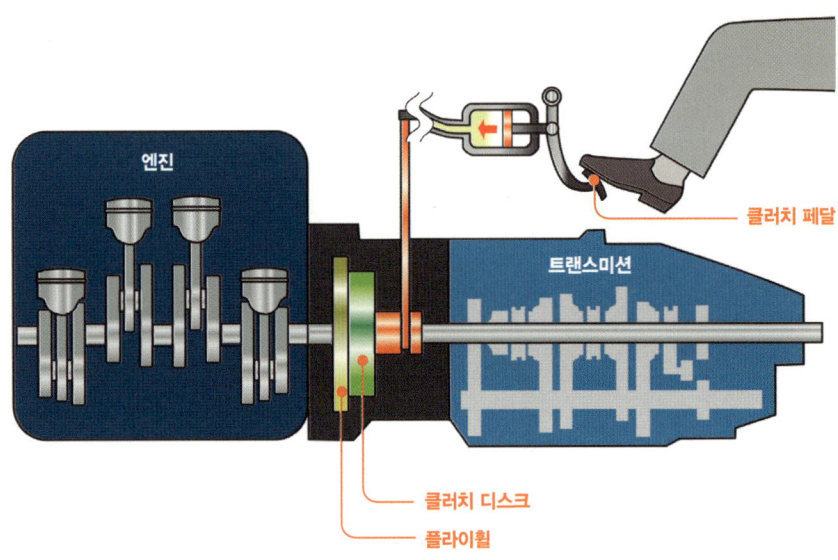

자동변속기

수동변속기 Manual Transmission, MT는 기관에서 발생되는 토크보다 구동축에 전달되는 토크를 증가시킬 목적으로 기어를 사용하기 때문에, 주행 시 소음이 발생하고 변속 시 충격이 있어 조작하기 위해 숙련이 필요하다.

자동변속기 Automatic Transmission, AT는 MT에 비해 내부 구조는 복잡하지만 운전 조작이 용이하다는 장점이 있다. 클러치 조작이 불필요한 자동 발진 기능과 가속과 감속 시 기어변속 조작의 자동화 기능을 갖춘 이지 드라이브 easy drive를 실현한 장치다.

AT는 마찰 클러치 대신에 유체를 이용해 동력을 전달하고 유성 기어 장치는 유압을 이용해 작용되기 때문에 동력 전달 효율의 저하와 지연으로 인한 기관 마력의 손실이 발생한다. 따라서 유압펌프 작동 시 소비되는 마력 손실을 보완하기 위해 일반적으로 기관 출력이 큰 차량에 사용하는 것이 바람직하다.

자동변속기의 장점
- 클러치 조작 없이 자동 발진되므로 운전 피로 경감
- 동력 전달 시 충격이 적으므로 차량 수명 연장
- 저속 시 구동력이 커서 등판 발진 성능이 좋고, 최대 등판 능력 우수
- 유체를 매개로 엔진 토크를 전달하므로 발진 가속과 감속이 원활해 승차감 우수

자동변속기의 단점
- 구조가 복잡하고 정비성이 나쁘며 가격이 비쌈
- 수동변속기에 비해 연료소비율이 약 10% 증가(저속 구간 및 교통체증 구간)
- 기관 공회전 시에도 크리프(creep) 현상으로 인한 운전 감응도 저하
- 유압을 이용해 변속하므로 작동 지연 발생
- 내리막길에서의 부하 감소로 체인지 업(change up) 현상 발생, 엔진 브레이크 효과 저하

6 자동변속기

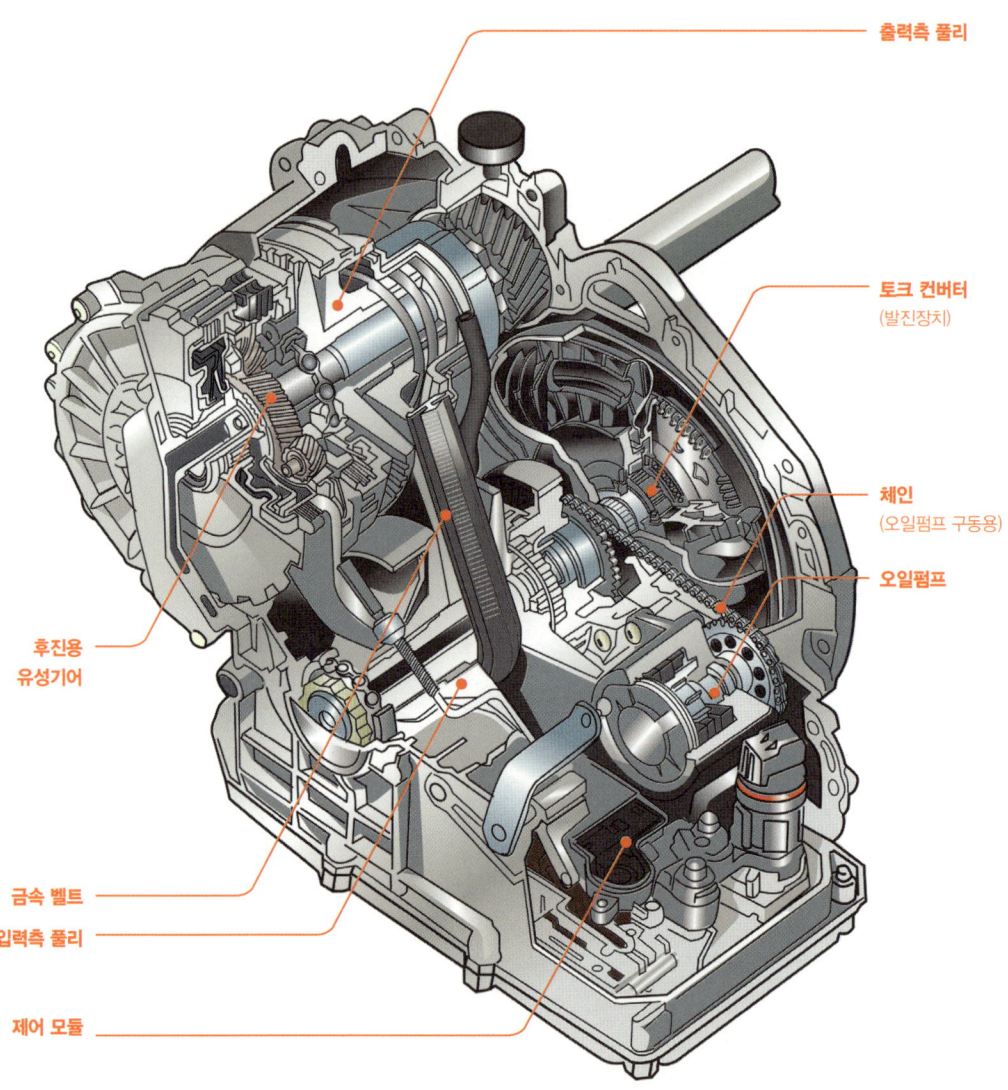

연속가변(무단) 변속기

CVTContinuously Variable Transmission라고 통칭된다. 변속비를 무단계로 선택해 연속적으로 바꿀 수 있으므로 엔진의 '매력적인 포인트'를 계속 사용할 수 있다. 단 전달 효율이 낮아 변속을 반복할수록 연료 소비가 증가한다.

8
반자동변속기

SMG Sequential Manual Gearbox 방식이라고 통칭된다.

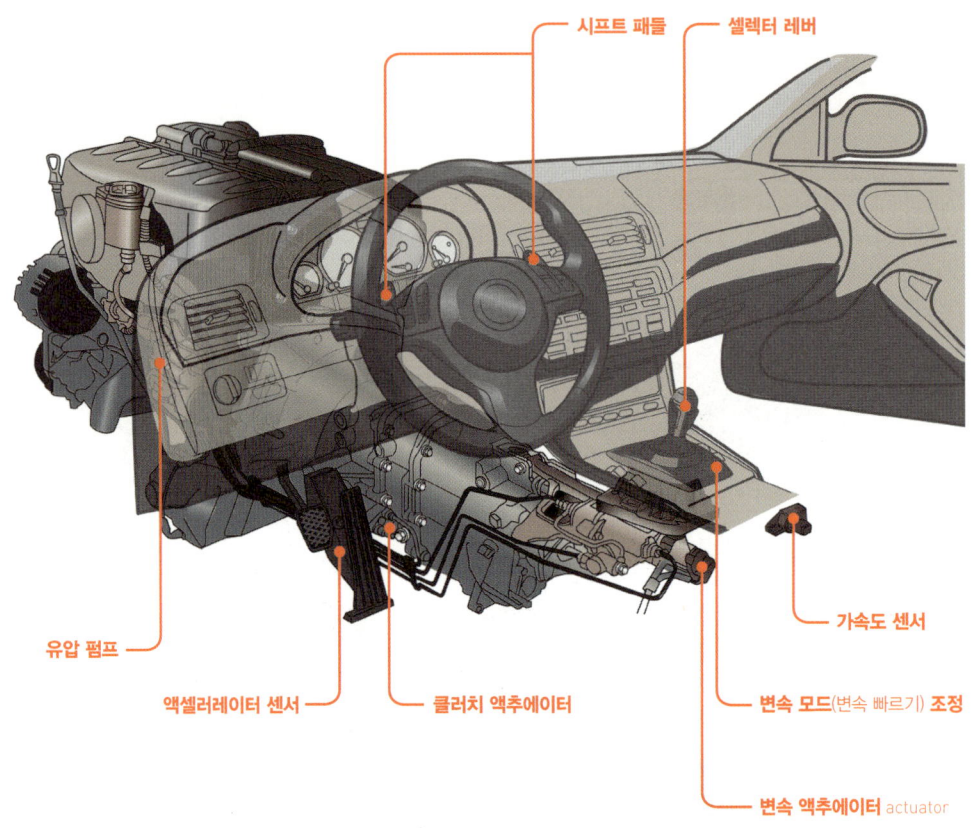

- 시프트 패들
- 셀렉터 레버
- 유압 펌프
- 액셀러레이터 센서
- 클러치 액추에이터
- 가속도 센서
- 변속 모드(변속 빠르기) 조정
- 변속 액추에이터 actuator

04

자 동 차 구 조 와 정 비 기 초 지 식

브레이크 완벽 해부

① 브레이크란?

브레이크는 모든 바퀴에 설치되어 있다. 마스터 실린더의 유압을 받아서 브레이크 슈패드를 드럼이나 디스크에 압차시켜 제동력을 발생시키는 것으로, 각 차축에 설치된 휠의 회전을 감속 또는 정지시킨다. 브레이크엔 드럼 브레이크와 디스크 브레이크가 있다.

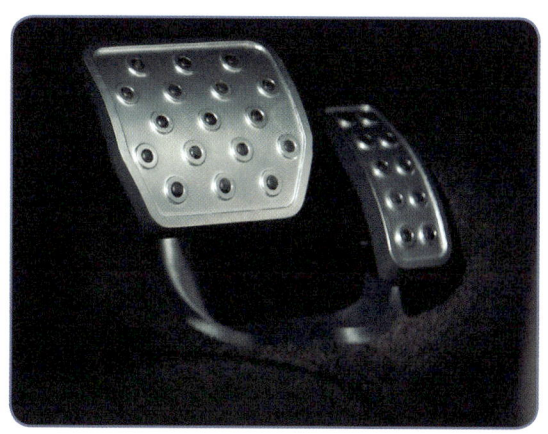

② 브레이크 형식

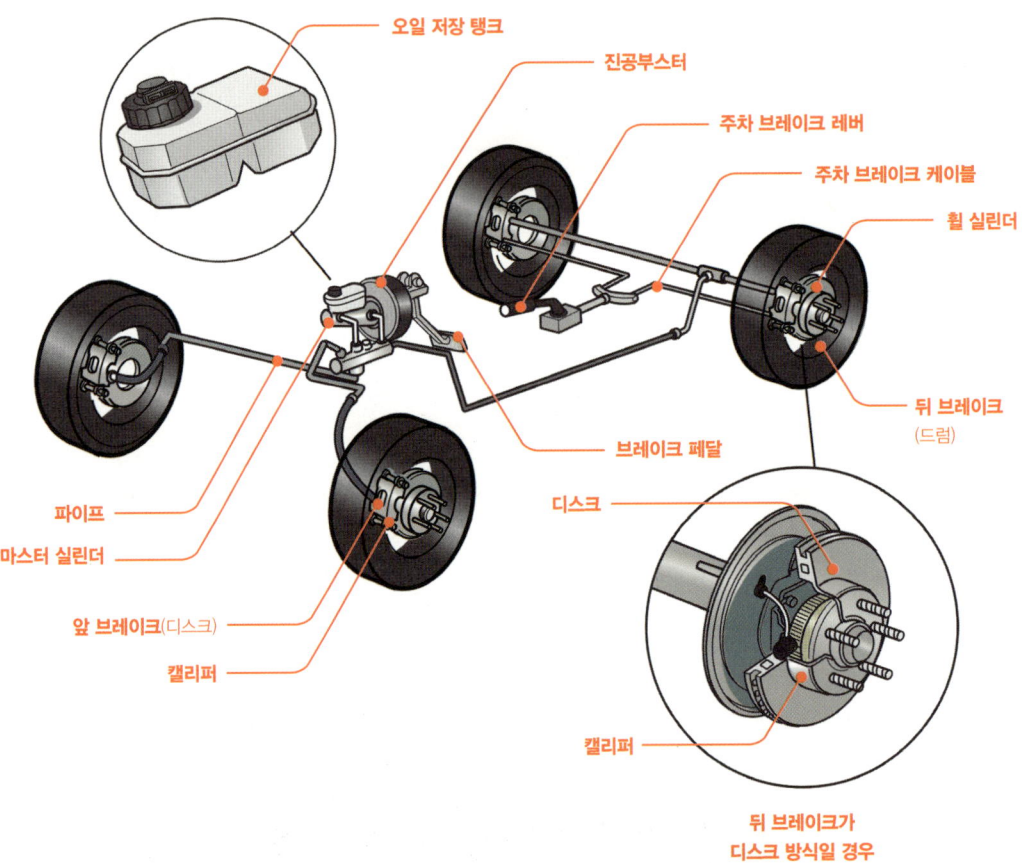

디스크식 브레이크

디스크식 브레이크disc brake는 마스터 실린더에서 발생한 유압을 캘리퍼로 보내어 바퀴와 함께 회전하는 디스크를 양쪽에서 패드pad. 혹은 슈로 압착시켜 제동시킨다. 디스크 브레이크는 자동 조정 브레이크 형식으로, 디스크가 대기 중에 노출되어 회전하므로 페이드 현상이 적다.

요즘 나오는 승용차들은 대부분 앞뒤 모두 디스크 브레이크 장치로 되어 있다. 1톤 이상 짐을 싣고 다니는 차들은 디스크 브레이크와 드럼 브레이크를 함께 사용하고, 큰 트럭이나 버스들은 드럼 브레이크 형식만 사용한다. 디스크브레이크의 마찰력이 드럼식 브레이크보다는 적기 때문이다.

4 디스크식 브레이크의 소음 문제

브레이크 조작에 의해 발생되는 소음은 슬라이딩 면과 마찰재의 접촉에 의해 발생되는 진동 때문이다. 직접적 마찰음뿐만 아니라 진동에 의한 '가진', '전달', '공진' 등의 물리 현상이 복합적으로 작용한다. 만약 이중 '전달'이 가장 큰 문제라면 패드의 베이스 플레이트에 고무나 금속 재질의 심을 끼워 진동을 감쇄시키는 방법을 사용한다.

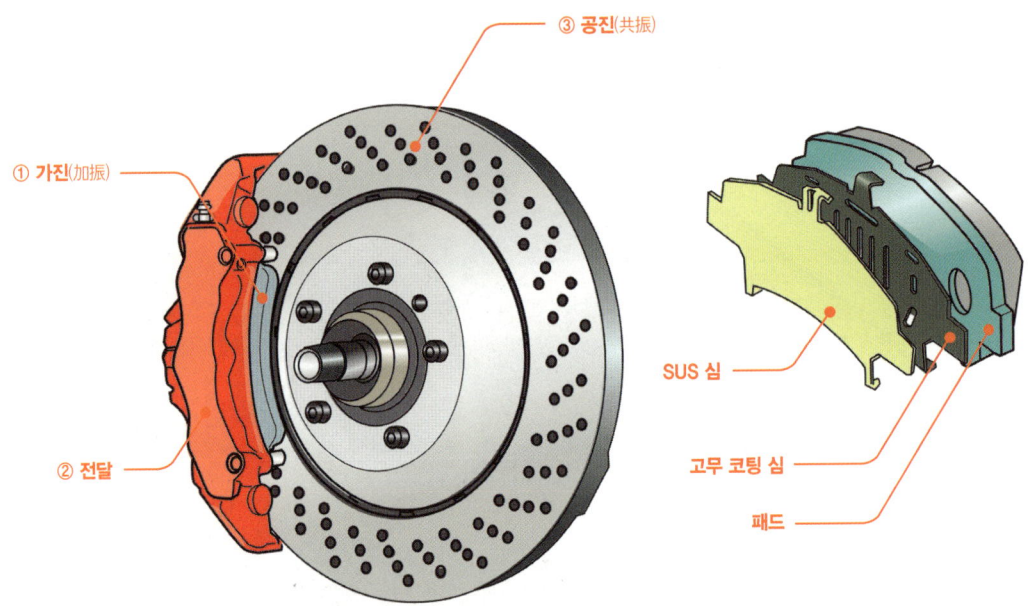

브레이크 장치 간단 점검법

① 엔진 시동을 끄고 브레이크 페달을 밟아보자. 처음엔 가볍게 쑥 들어가는 느낌으로 밟히다가 두 번 세 번 계속 페달을 밟으면 브레이크 페달이 딱딱해지면서 잘 들어가지 않는다.
② 이때 엔진 시동을 걸어서 브레이크 페달이 쑥 들어가면 브레이크 장치는 정상이다.
③ 브레이크 진공 부스터 기밀성 점검은 다음과 같다. 엔진 회전 중에 브레이크 페달을 밟고, 그 상태에서 엔진을 정지한 후 30초 정도 페달을 그대로 밟은 채 유지한다. 그때 페달의 높이가 변하지 않으면 부스터의 기밀성은 정상이다.

5. 드럼식 브레이크

드럼식 브레이크는 휠과 함께 구동축 또는 휠 스핀들에 설치된다. 따라서 휠이 회전하면 함께 회전하는 구조로 되어 있다. 브레이크 슈와 확장력을 발생시키는 부품들은 백 플레이트에 설치되고, 백 플레이트는 액슬 하우징axle housing에 설치 고정된다. 즉 슈는 확장될 수 있으나 회전할 수 없도록 되어 있다.

브레이크 페달을 밟으면 브레이크 슈는 확장 기구 즉, 휠 실린더캡, 작동핀 등에 의해 드럼 내측에 압착되고 슈에 장착된 라이닝Lining을 통해 제동에 필요한 마찰력을 발생시킨다. 주 제동 시에는 마스터 실린더에서 발생된 유압이 휠 실린더로 들어와 휠 실린더가 팽창하면 슈가 팽창하고 라이닝에서 마찰력을 발생시키는 방식으로 작동된다. 보조 제동 시에는 케이블이나 레버에 의해 슈가 팽창되어 라이닝이 마찰력을 발생시키는 방식, 즉 주차 브레이크가 작동된다.

6. 드럼 브레이크의 구성과 작동 원리

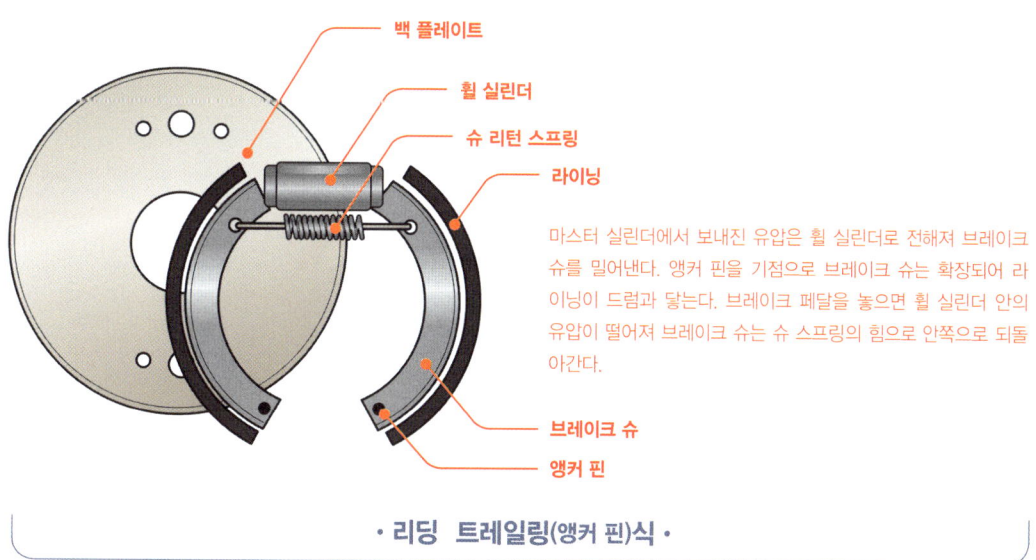

- 백 플레이트
- 휠 실린더
- 슈 리턴 스프링
- 라이닝
- 브레이크 슈
- 앵커 핀

마스터 실린더에서 보내진 유압은 휠 실린더로 전해져 브레이크 슈를 밀어낸다. 앵커 핀을 기점으로 브레이크 슈는 확장되어 라이닝이 드럼과 닿는다. 브레이크 페달을 놓으면 휠 실린더 안의 유압이 떨어져 브레이크 슈는 슈 스프링의 힘으로 안쪽으로 되돌아간다.

· 리딩 트레일링(앵커 핀)식 ·

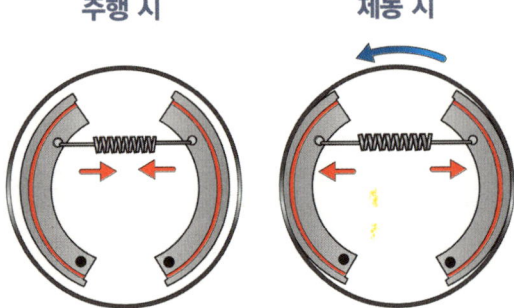

휠 실린더에 의해 눌려진 브레이크 슈는 드럼에 밀착된다. 슈는 라이닝 부분이 드럼과 접촉함으로써 회전 방향으로 끌려가려 하지만 앵커 핀에 의해 고정되어 있으므로 더욱 바깥쪽으로 열리게 되어 제동 효과를 얻는다. 이것이 드럼 브레이크의 자기 배력 작용이다.

7. 드럼 브레이크 구조

진행 방향 쪽의 브레이크 슈를 리딩 슈, 뒤쪽을 트레일링 슈라고 한다. 유압이 휠 실린더로 들어가면 안에 있는 피스톤이 브레이크 슈를 드럼 쪽으로 밀어붙여 마찰을 일으킴으로써 제동된다. 리딩 슈는 회전하는 드럼과 접촉했을 때 스스로 드럼에 밀착하는 방향으로 움직이기 때문에 입력 이상의 제동 효과를 일으킨다. 즉 자기 배력작용이 일어나, 별도의 배력장치가 필요 없다는 의미다.

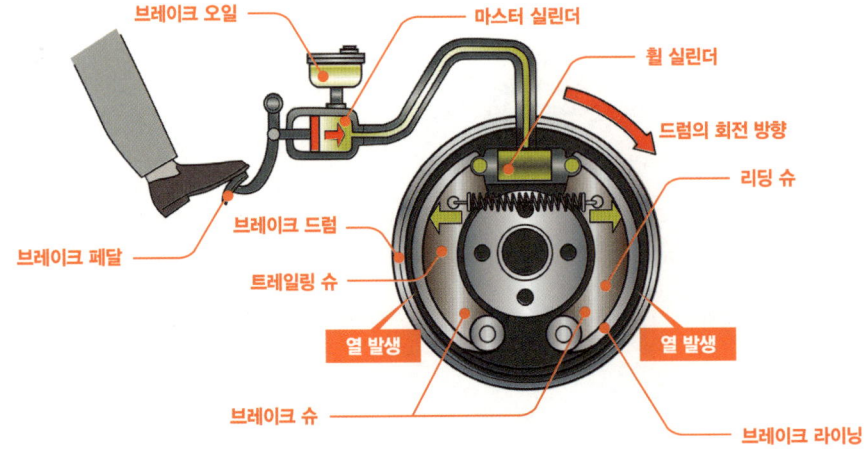

8 배력장치

배력작용이란 운전자가 브레이크 페달을 밟는 힘을 보조해 충분한 제동력을 발휘시킴을 의미한다. 브레이크 페달과 마스터 실린더 사이에 배치되며 파워 실린더와 그 안에 있는 파워 피스톤, 브레이크 페달과 연동되는 진공밸브 등으로 구성된다. 현재 대부분의 자동차에 장착되어 있으며 부압負壓과 대기압의 차이를 이용해 제동력을 증폭시키는 진공식이 가장 많이 사용된다.

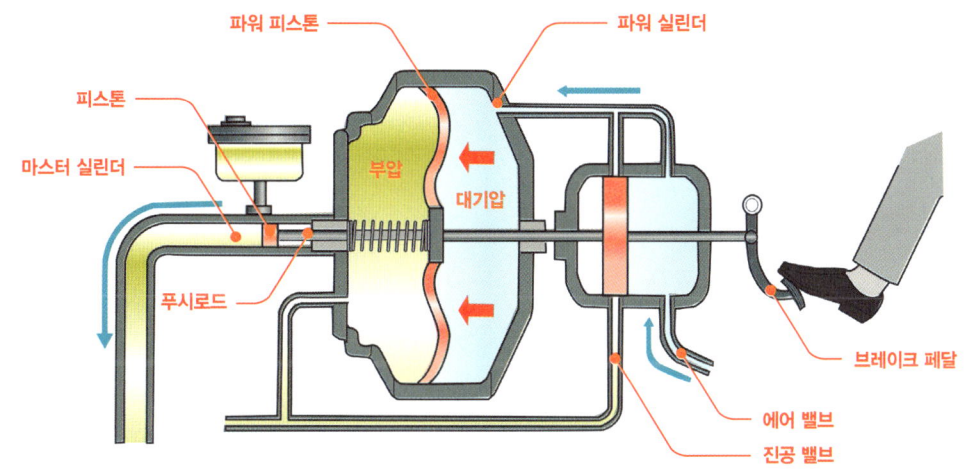

파워 실린더 공간은 파워 피스톤으로 나뉘어져 있다. 브레이크 페달을 밟기 전에는 엔진의 흡기 부압으로 인해 양쪽 모두 부압을 하고 있지만, 브레이크 페달을 밟으면 진공 밸브가 닫히면서 파워 피스톤 좌측에만 부압이 걸리고 브레이크 페달 쪽은 대기압이 된다. 이로 인해 마스터 실린더 쪽 부압과의 압력 차이가 발생해 마스터 실린더의 피스톤이 강하게 밀리면서 유압이 높아진다.

9 파킹 브레이크 종류

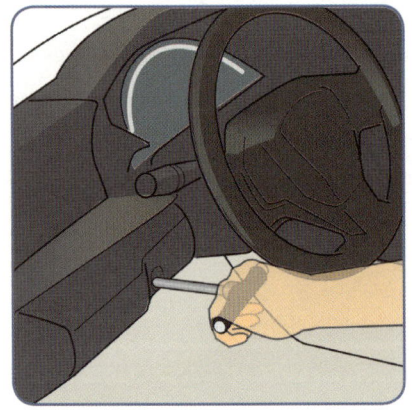

스틱 타입

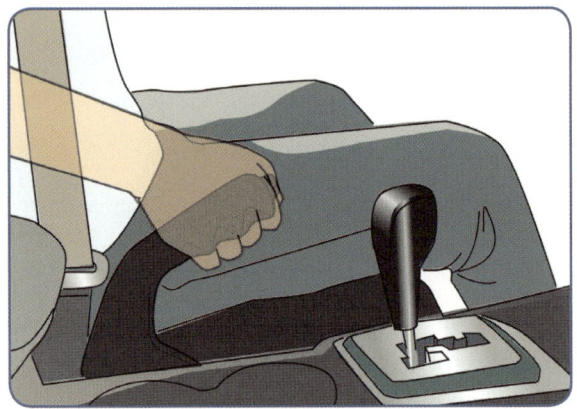

레버 타입

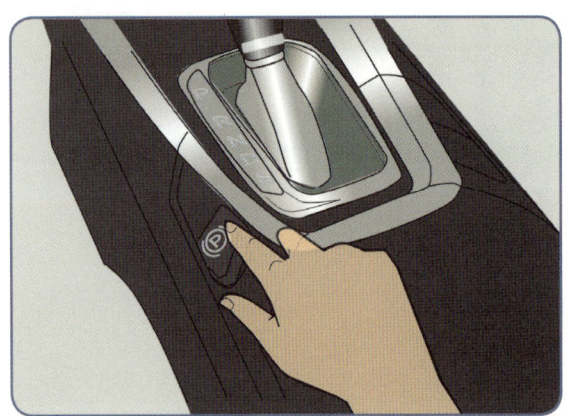

스위치 타입

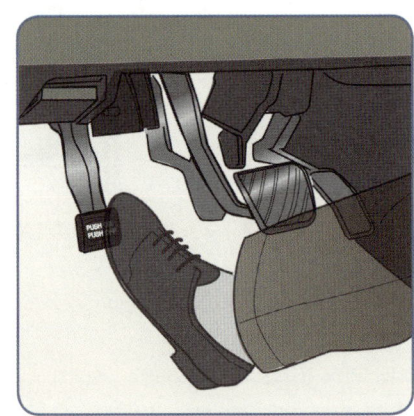

풋 타입

10 파킹 브레이크 구조

파킹 브레이크 레버 등으로 이루어진 핸들 부분과 연결 부위인 조인트 로드, 힘을 좌우로 균등하게 배분하는 이퀄라이저, 이와 연결되는 좌우 파킹 브레이크 케이블이 있고, 그 끝에 브레이크 본체가 연결된다. 디스크 브레이크의 경우는 본체의 제동력이 작기 때문에 별도로 소형 드럼 브레이크를 장착하는 경우가 많다.

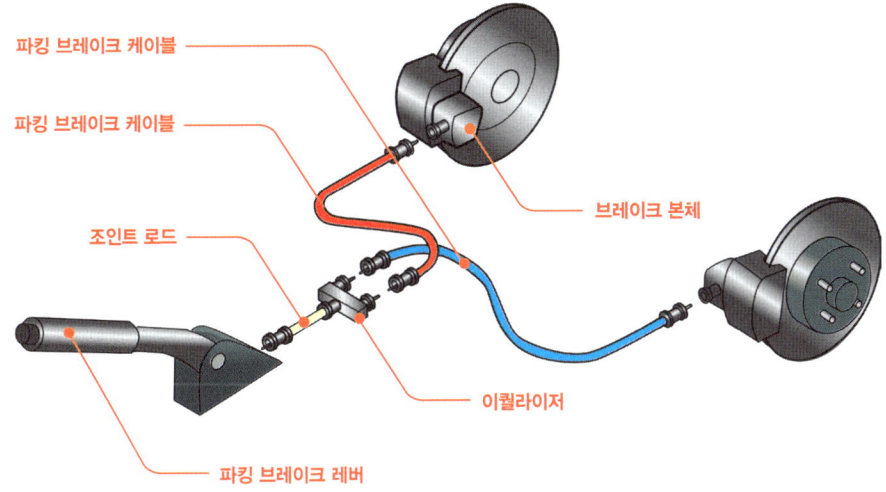

⑪ 파킹 브레이크 작동 원리

주차 중에는 파킹 브레이크를 걸어놓는 것이 좋다. 파킹 브레이크가 걸렸다는 것은 래칫에 의해 파킹 브레이크 케이블이 당겨져 있음을 의미한다. 출발할 때는 레버 타입은 버튼을 눌러서, 스틱 타입은 돌려서 해제한다. 풋 브레이크 타입은 페달을 한 번 더 밟는 방식과 장착된 해제 레버를 작동하는 방식, 출발하면 자동으로 해제되는 방식 등으로 다양하다.

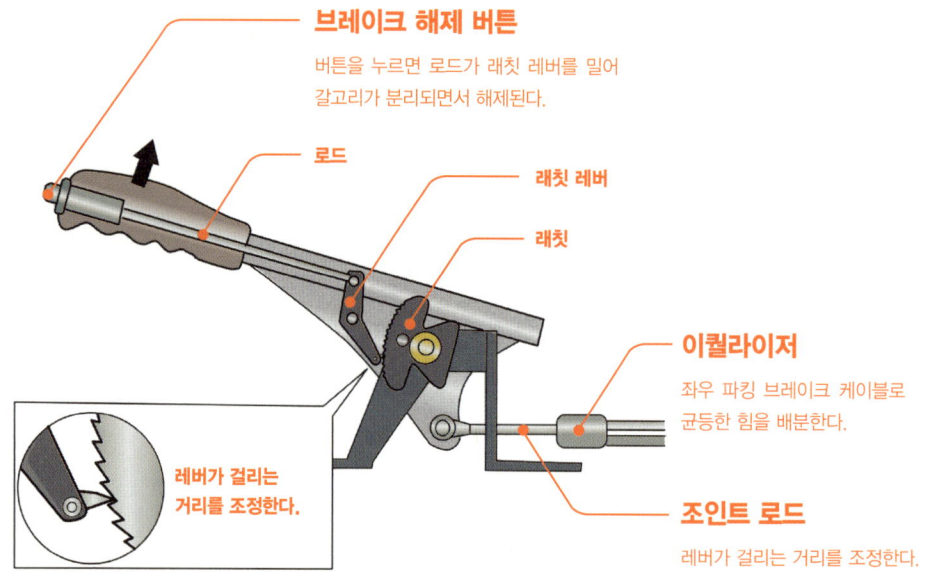

브레이크 해제 버튼
버튼을 누르면 로드가 래칫 레버를 밀어 갈고리가 분리되면서 해제된다.

로드

래칫 레버

래칫

이퀄라이저
좌우 파킹 브레이크 케이블로 균등한 힘을 배분한다.

조인트 로드
레버가 걸리는 거리를 조정한다.

레버가 걸리는 거리를 조정한다.

⑫ 회생 브레이크 원리

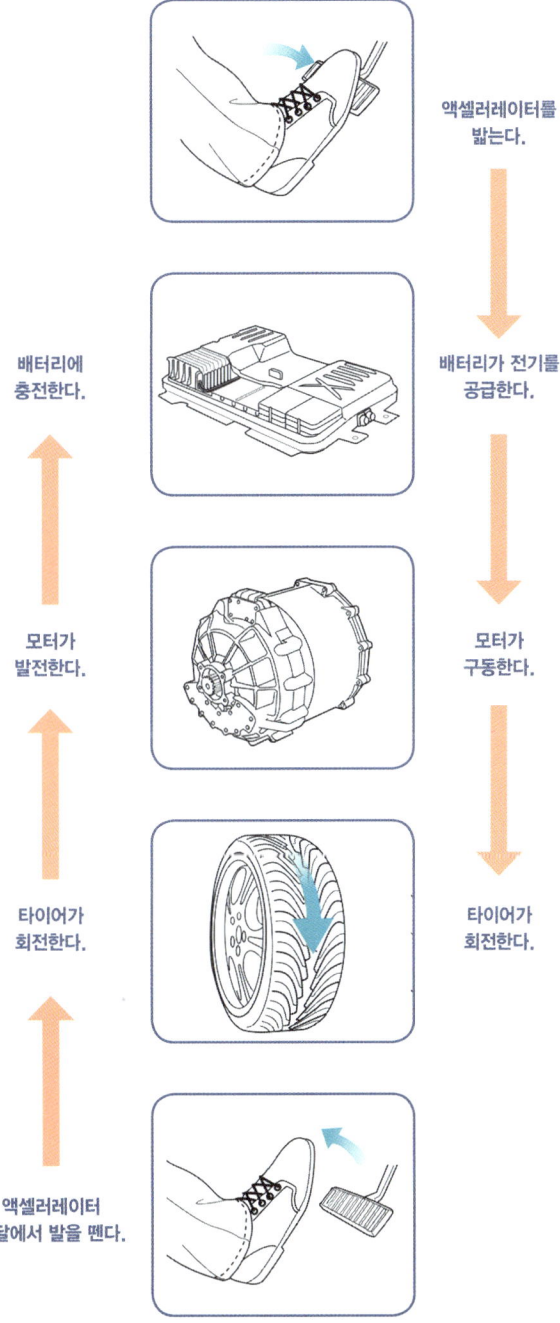

액셀러레이터를 밟는다.

배터리가 전기를 공급한다.

모터가 구동한다.

타이어가 회전한다.

액셀러레이터 페달에서 발을 뗀다.

타이어가 회전한다.

모터가 발전한다.

배터리에 충전한다.

05

자 동 차 구 조 와 정 비 기 초 지 식

현가장치, 조향장치의 모든 것

① 현가장치란?

굴곡이 심한 노면 주행 시에도 차량의 승차감을 높여주는 장치를 말한다. 많은 화물을 실었을 때도 주행에 따른 차고 보정이 가능하다.

주행에 따른 차고 보정

화물 적재 전

화물 적재 상태
(화물 데크부 처짐)

화물 적재 상태에서
2~3km 주행 후 (처짐량 복원)

차축에 따른 현가장치

현가장치는 차축 형식에 따라 차축 현가식과 독립 현가식으로 나뉜다. 일반적으로 승차감이나 조종성을 중시하는 승용차에는 독립 현가식을 사용하고, 버스나 트럭에는 차축 현가식을 사용한다.

독립 현가식 individual suspension
승용차에 가장 많이 사용하는 형식으로 사람의 관절운동과 비슷하여 '니 액션 타입knee action type'이라고도 한다. 휠을 한 개의 차축으로 연결한 것이 아니라 독립적으로 상하로 움직일 수 있도록 되어 있다. 위시본식과 맥퍼슨식이 대표적이다.

차축 현가식 rigid axle suspension
차축 현가식은 좌우의 바퀴가 한 개의 액슬로 연결되어 있으며 액슬을 스프링을 매개체로 하여 차체, 즉 프레임에 장착한 형식이다. 강도가 크고 구조가 간단하기 때문에 대형 트럭이나 버스에 많이 사용된다.

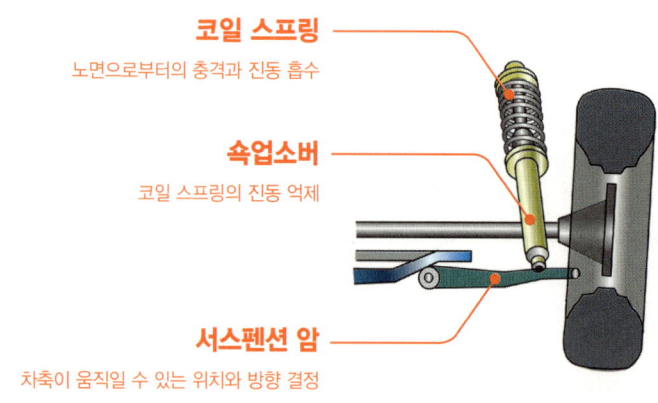

코일 스프링 — 노면으로부터의 충격과 진동 흡수
쇽업소버 — 코일 스프링의 진동 억제
서스펜션 암 — 차축이 움직일 수 있는 위치와 방향 결정

• 현가장치의 주요 부품 •

• 차축 현가식 •

평평한 노면

단차가 있는 노면

1개의 차축에 좌우 타이어가 연결되어 있다. 단차가 있는 노면에서는 타이어가 비스듬하게 기울면서 충분히 접지 면적을 확보하지 못하는 경우도 있다.

• 독립 현가식 •

평평한 노면

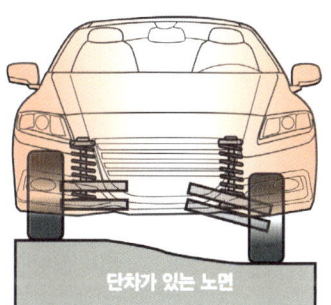
단차가 있는 노면

좌우 타이어가 독립되어 있다. 단차가 있는 노면에서도 타이어가 기울지 않아 충분한 접지 면적 확보가 용이하다.

• 독립 현가장치 작동원리 •

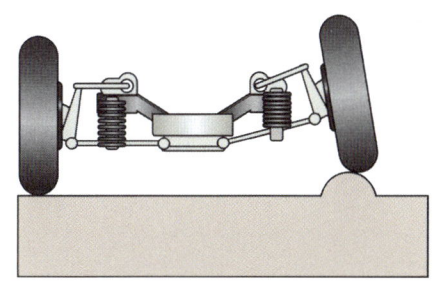

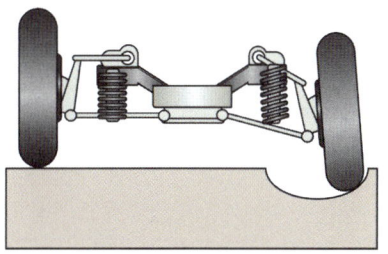

③ 전자제어 현가장치

배기량 2,000cc 이상 고급 차량에 많이 사용되는 방식이다.

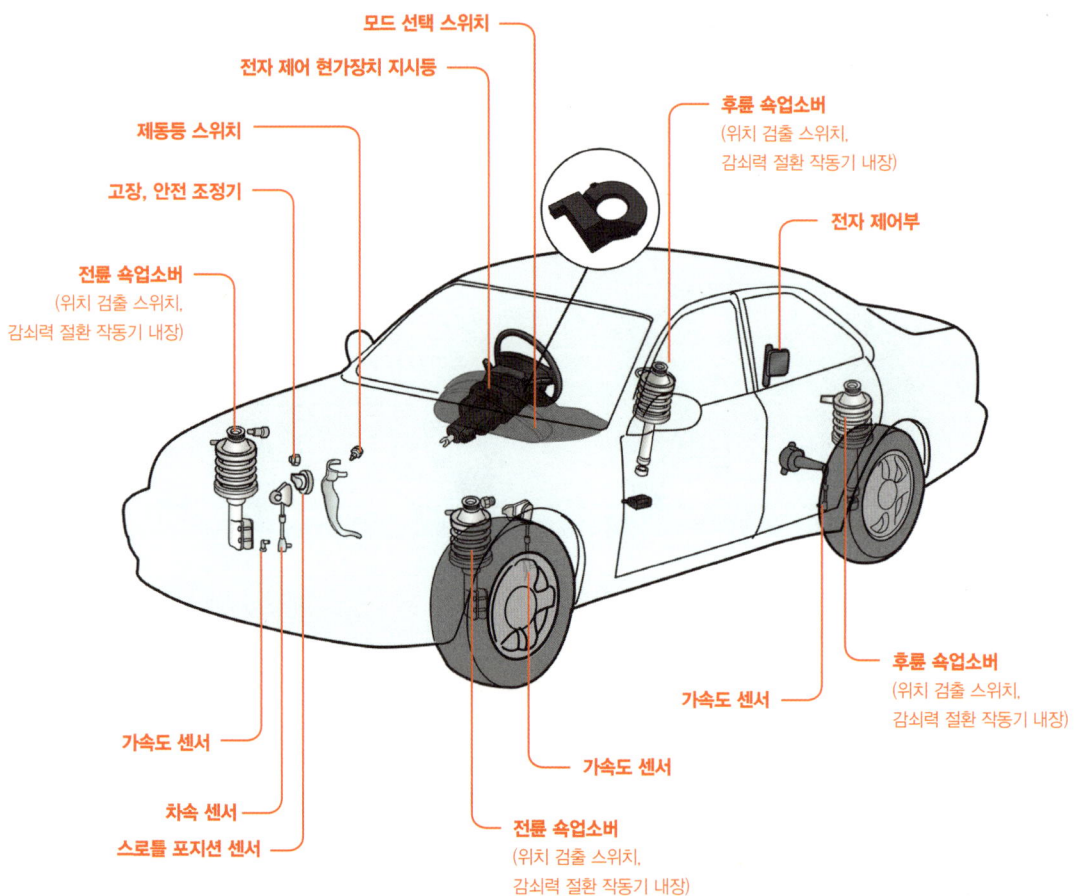

4 현가장치의 3가지 종류

맥퍼슨·스트럿 방식

코일 스프링과 쇽업소버를 동일 축 상에 배치해 수직에 가까운 형태로 바퀴를 지지한다(이 구조가 스트럿이다). 노면과 거의 평행하게 설치된 로어 암은 차축의 위치를 고정한다.

노면에서 전해지는 충격을 흡수, 완화하는 스트럿이 차량의 무게를 지탱하는 부품으로도 사용되므로, 쇽업소버의 부드러움 움직임이 방해 받는 경향이 있어서 대형차나 출력이 큰 차종에는 적합하지 않다. 하지만 구조가 간단하고 가벼우며 가격도 저렴해 승용차의 앞바퀴에 많이 사용된다.

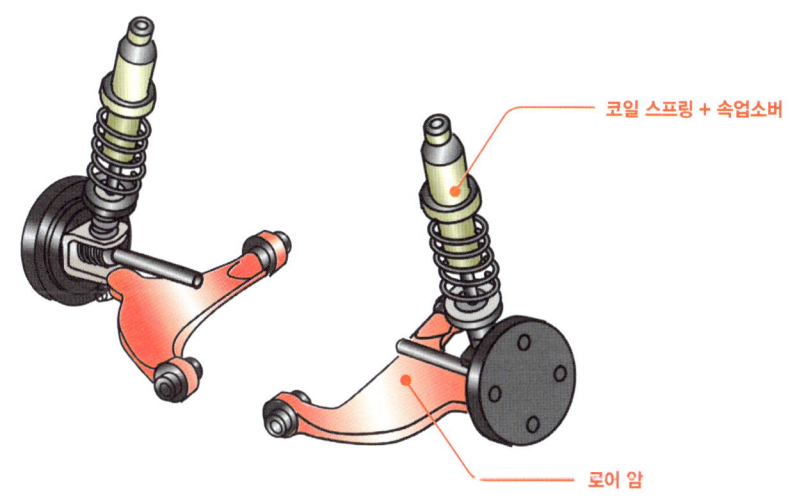

코일 스프링 + 쇽업소버

로어 암

더블 위시본 방식

코일 스프링과 쇽업소버로 지지함에 있어, 로어 암에 어퍼 암을 추가해 2개의 암으로 바퀴를 지지하는 구조다. 위시본새의 가슴뼈과 같이 스트럿을 둘러싸고 있는 형태에서 유래된 이름이다.

암이 2개이기 때문에 앞뒤의 강성이나 횡橫강성도가 뛰어나며, 지오메트리자유도가 커서 타이어의 접지 조건을 세밀하게 설정할 수 있다. 그러나 구조가 복잡하고 가격도 높다는 단점이 있다.

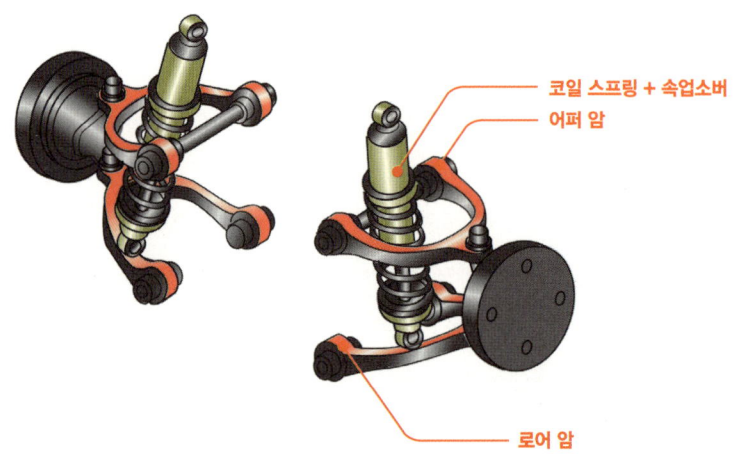

멀티링크 방식

다수의 암이나 링크를 사용한 현가장치를 총칭한다. 복수(일반적으로 4개 이상)의 링크암로 바퀴를 지지해 횡 강성도를 높이는 한편, 서스펜션이 상하로 움직였을 때도 지오메트리 변화를 적게 할 수 있는 방식이다. 서스펜션으로서의 기능은 뛰어나지만 부품 수가 많아지는 만큼, 무겁고 복잡한 구조이며 가격도 비싸다.

5 쇽업소버란?

차량에 스프링만 설치되어 있다면 노면에서 충격을 받을 때 원만하게 흡수하지 못하고 바퀴 또한 진동이 심하게 발생하므로 승차감이 떨어진다. 노면에서 발생한 스프링의 진동을 흡수하여 승차감을 향상시키고 동시에 스프링의 피로를 감소시키기 위해 장착되는 기구가 바로 쇽업소버다.

쇽업소버의 한쪽 끝은 차체 또는 프레임에 장착되고, 다른 쪽은 차축 하우징이나 컨트롤 암에 장착된다. 쇽업소버는 독립적으로 설치되거나 스트럿 어셈블리 안에 쇽업소버-스트럿 조립체로 설치된다.

쇽업소버는 스프링이 압축될 때는 급격히 압축되고 늘어날 때는 천천히 작용해 스프링의 상하 운동에너지를 열에너지로 변환시키는 일을 한다. 이때 스프링의 고유 진동을 감쇠시킴으로써 바퀴를 지면에서 떨어지지 않도록 접지성road holding을 높여 승차감을 향상시킨다. 현재 대부분의 쇽업소버는 작동 유체로서 오일을 내장한 통형 구조의 오일 댐퍼로 만들어진다. 쇽업소버의 종류에는 단순히 감쇠력을 발생하는 통형, 가스를 부가적으로 사용하는 드가르봉식, 레버형 피스톤식, 또한 차의 강도 부재로서의 기능과 감쇠력 발생 기능을 동시에 갖는 서스펜션 스트럿 등이 있다.

스프링
코일 모양의 스프링이 상하로 움직이거나 비틀리면서 노면의 충격을 줄여준다.

쇽업소버
스프링은 충격을 받으면 잠시 상하운동을 반복하는데, 쇽업소버가 스프링의 움직임을 멈추게 하는 역할을 한다.

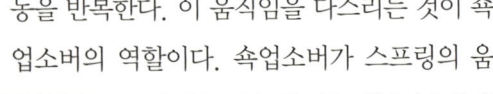

스프링과 쇽업소버의 기능

스프링은 사진과 같은 코일 모양이 일반적으로 사용된다. 그 외에도 판 모양, 봉 모양의 스프링도 있다. 스프링이 상하로 움직이거나 비틀리면서 노면의 충격을 줄여주는 것이다. 코일 모양의 스프링에서는 스프링의 굵기, 감긴 횟수, 감긴 지름에 따라 효과가 달라진다. 쇽업소버는 댐퍼라고도 한다. 스프링은 한 번 충격을 받으면 공을 지면에 튕겼을 때처럼 잠시 동안 상하운동을 반복한다. 이 움직임을 다스리는 것이 쇽업소버의 역할이다. 쇽업소버가 스프링의 움직임을 멈추게 하는 힘을 '감쇠력'이라고 한다. 스프링의 견고한 정도와 쇽업소버의 감쇠력은 반드시 균형을 이루어야 한다.

· 스프링과 쇽업소버의 움직임 ·

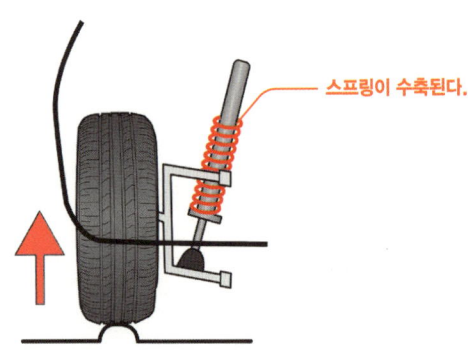

타이어가 노면의 볼록한 부분에 올라타면, 스프링이 충격을 흡수해 쇽업소버와 함께 수축한다.

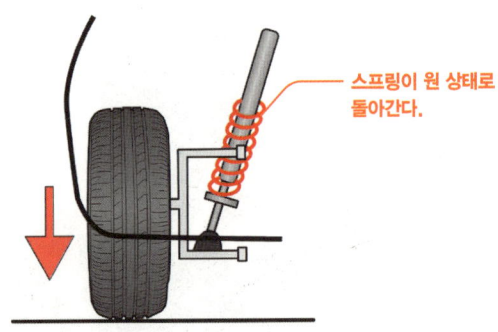

충격 흡수가 끝나면 스프링은 반동으로 다시 수축하려 하지만, 쇽업소버가 버티고 있어서 서스펜션의 상하 움직임을 억제한다.

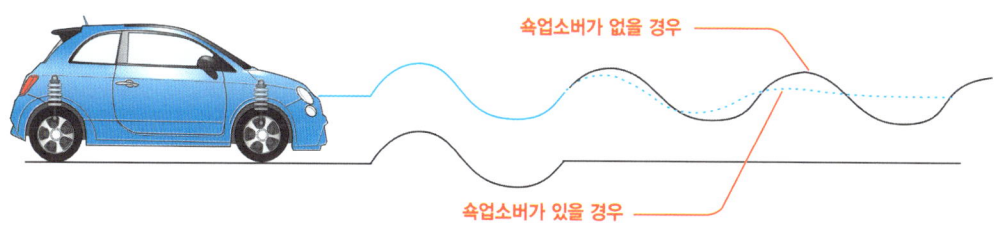

· 쇽업소버의 효과 ·

쇽업소버가 없을 경우

쇽업소버가 있을 경우

쇽업소버 점검 방법
- 쇽업소버에 오일이 묻어 있으면 불량이다.
- 둔 턱이나 요철을 지날 때 소리가 나거나 차가 뛰어오르는 느낌이 있으면 불량이다.
- 차가 한쪽으로 쏠리거나 핸들이 쏠리는 현상이 있으면 쇽업소버 점검이 필요하다.

7 조정식 쇽업소버

운전자가 절환 스위치를 통해 쇽업소버의 감쇠력을 약함soft과 강함hard, 2단계로 조정할 수 있는 장치다. 도심을 주행할 때보다는 굴곡이나 커브가 많은 산길에서 사용한다.

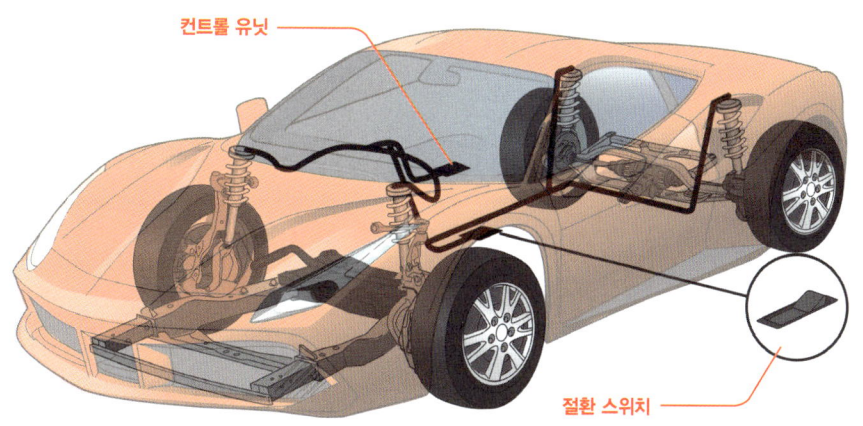

컨트롤 유닛

절환 스위치

조향장치 steering system란?

조향 휠을 돌려서 운전자가 의도한 방향으로 자동차의 진행 방향을 바꿔주는 장치를 말한다. 조향 장치가 갖춰야 할 조건은 노면의 충격이 조향 휠에 전달되지 말 것, 회전 반지름이 작아야 할 것, 진행 방향을 바꿀 때 섀시 및 바디 각부에 무리한 힘이 작용하지 않도록 방향 전환이 원활할 것 등이다. 특히 고속 주행 시에도 조향 휠이 안정되고, 선회 시 저항이 적으며, 선회 후 복원력이 좋아야 한다.

동력조향장치

'동력조향장치'는 배력장치의 배력 작용에 의해 조향 휠의 조작력을 경감시킨 것이다. 조향 휠의 조작력을 작게 할 수 있으므로 조향 기어비를 자유롭게 선택할 수 있고, 노면에서의 충격이나 진동을 흡수해 조향 휠의 떨림을 방지할 수 있어 안정성이 뛰어나다는 것이 장점이다. 그러나 구조가 복잡하고 가격이 비싸며, 오일펌프의 구동으로 인해 기관 동력의 일부가 소모된다는 단점도 있다.

이런 동력조향장치의 단점을 보완하기 위해 나온 것이 바로 '모터 구동식 조향장치'다.

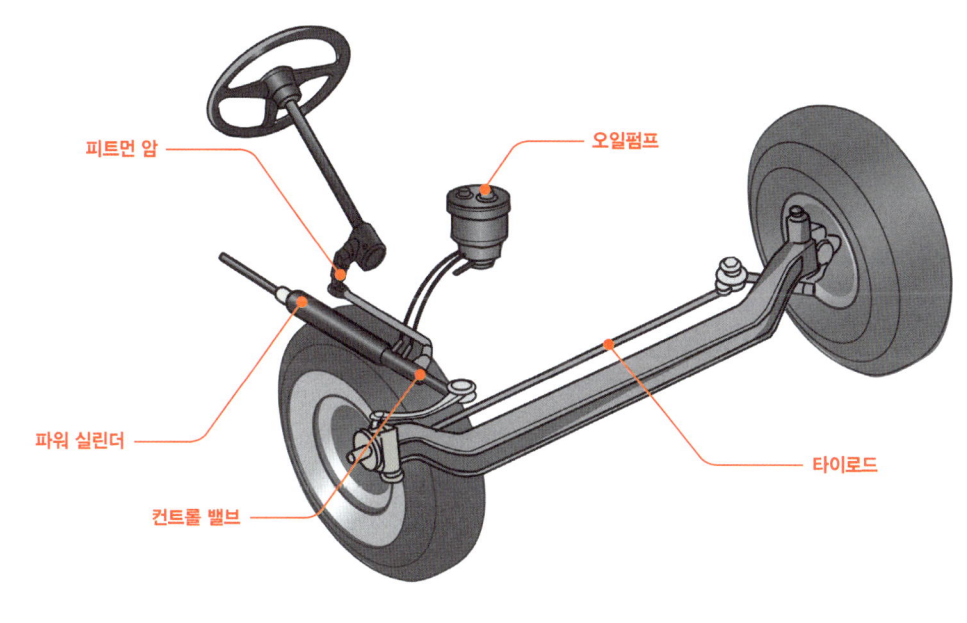

· 조합식 동력조향장치 ·

· 래크 & 피니언식 동력조향장치 ·

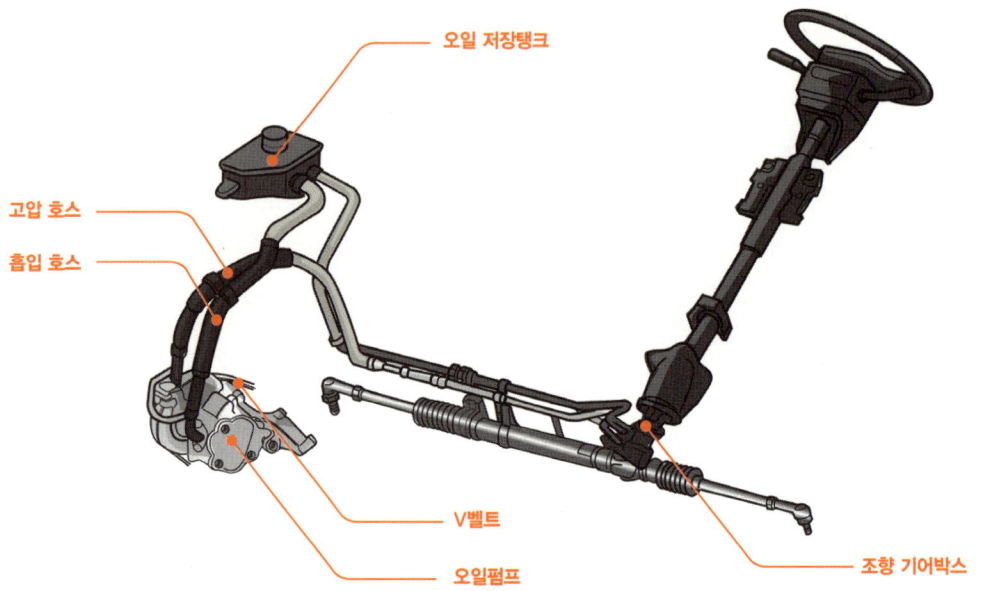

조향장치 점검 방법

- 주행 중 핸들이 한쪽으로 쏠리지 않고 똑바로 주행하면 정상이다.
- 앞 타이어 상태를 보았을 때, 안쪽이나 바깥쪽으로 마모가 없으면 정상이다.
- 핸들을 좌우로 움직일 때 잡소리가 없다면 각종 조향 링크가 정상, 만약 유격이 크면 조향 링크 볼이 마모되었다고 보면 된다.

06

자동차 구조와 정비 기초 지식

타이어, 휠, 에어백 제대로 알기

① 타이어의 표시와 DOT 기호

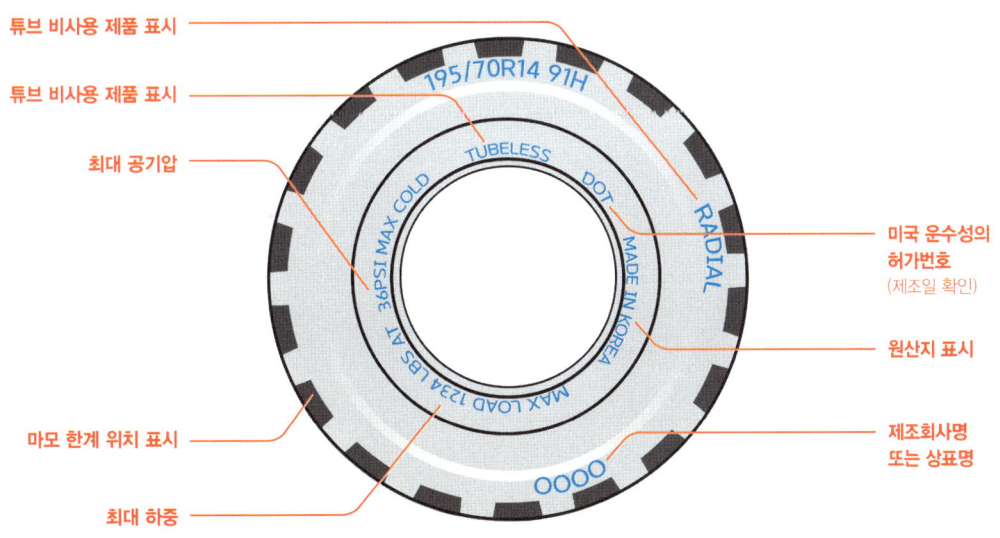

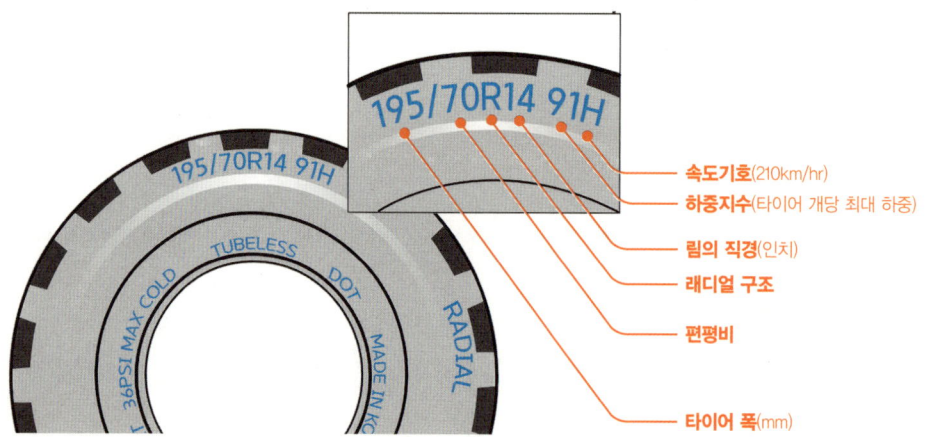

예) DOT M5 H3 459 * 06 07

M5 = 타이어 생산 제조국 공장 코드
H3 = 타이어 사이즈
459 = 타이어의 다른 주요 특성과 제품 구분
06 = 제조 주(1년 52주 중 06째 주 의미)
07 = 제조 연도(2007년 의미)

· 타이어 속도기호 ·

속도표시 (심볼)	F	L	M	N	P	Q	R	S	T	U	H	V
한계속도 (km/hr)	80	120	130	140	150	160	170	180	190	200	210	240

타이어 편평비

'타이어 폭에 대한 타이어 높이의 비(比)'를 의미한다.

0.96…0.86…0.82처럼 숫자가 1보다 적어질수록 타이어 폭이 점점 넓어지게 된다. 편평비는 타이어를 림에 조립하고 규정 공기압을 넣은 뒤 하중을 가하지 않고 타이어의 무늬, 또는 문자 등을 포함하지 않은 상태에서 측정해야 한다.

특별히 편평비가 0.70(폭이 100일 때 높이가 70인 타이어)일 때를 '70시리즈'라 부른다.

• 타이어 편평비 [시리즈] •

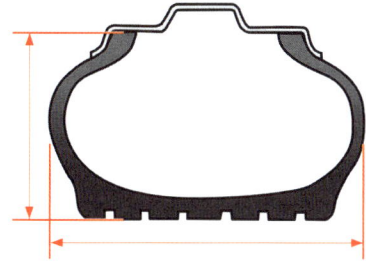

$$편평비(\%) = \frac{높이\ (H)}{단면\ 폭\ (W)} \times 100$$

• 타이어 편평비의 예 •

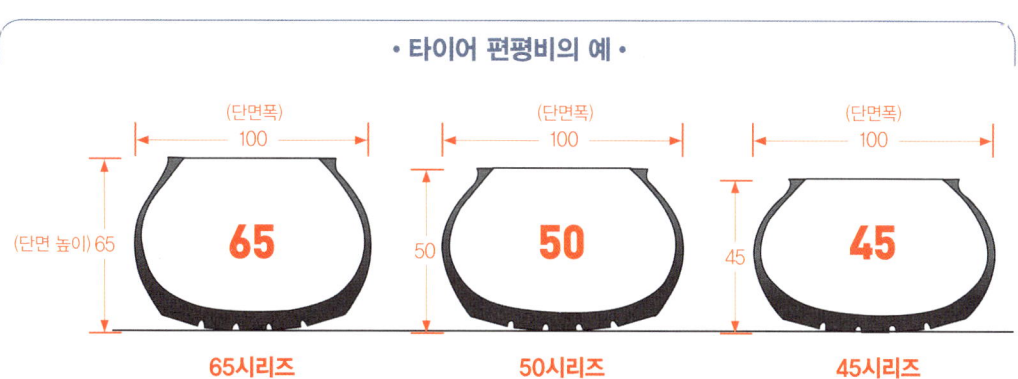

65시리즈   50시리즈   45시리즈

3
편평 타이어의 특성

① 넓은 접지면과 숄더 shoulder 부까지 배열된 미세하고 많은 트레드 패턴으로 승차감을 향상시켜준다.
② 일반 타이어보다 코너링 성능이 15% 향상되며 급선회 시에도 접지성이 확실하여 습기가 있는 노면에서도 최상의 안전성을 발휘한다.
③ 타이어 폭이 넓어 노면과의 접지성이 향상되므로 탁월한 제동 성능을 발휘하고 미끄러질 염려가 없다.
④ 타이어 폭이 일반 타이어보다 15% 이상 넓어지므로 타이어 수명이 연장되는 효과가 있다. 현재 미국은 78시리즈, 유럽은 82~70시리즈, 일본은 70~60시리즈를 주로 사용하고 있다.

4
타이어 구조

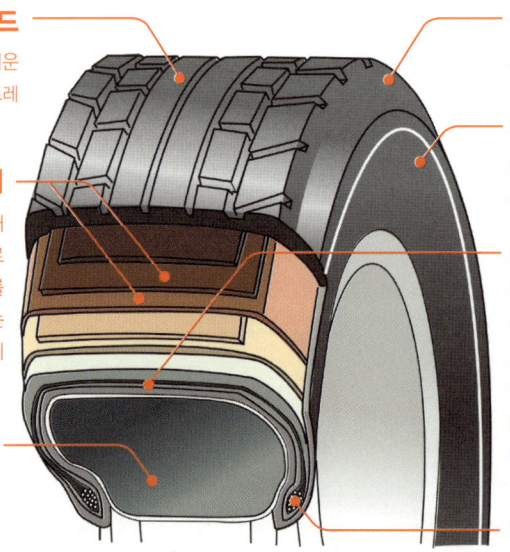

트레드 — 노면과 접촉하는 면으로 두꺼운 고무 층으로 만들어져 있다. 트레드 패턴이 파여 있다.

벨트/브레이커 — 카커스 코드를 보강하는 층. 래디얼 구조에서는 주로 스틸로 만들어진 벨트가 카커스 코드를 잡아주고, 바이어스 구조에서는 주로 나일론으로 만들어진 브레이커가 잡아준다.

이너 라이너 — 공기가 새는 것을 막아준다.

숄더 — 트레드와 사이드 월을 연결한다.

사이드 월 — 자동차의 중량을 지탱하고 노면으로부터의 충격을 흡수한다.

카커스 코드 — 타이어의 골격을 이루는 층. 나일론이나 폴리에스테르, 스틸 등을 고무로 휘감은 것이 겹쳐져 있다. 진행방향에 대해 90도로 겹쳐놓은 것을 래디얼 구조, 45도로 겹쳐놓은 것을 바이어스 구조라고 한다.

비드 — 휠의 림에 타이어를 고정한다. 비드 와이어(금속제 와이어)나 비드 필러(튼튼한 고무)로 보강한다.

⑤ 튜브리스와 튜브 타입 타이어, 런 플랫 타이어

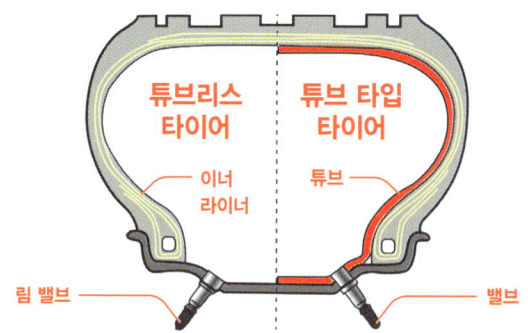

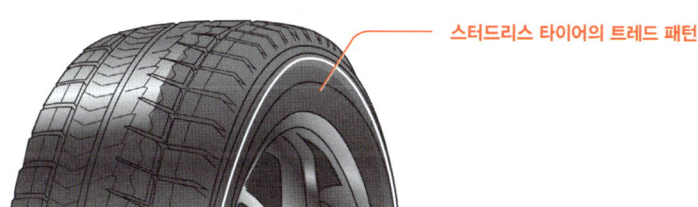

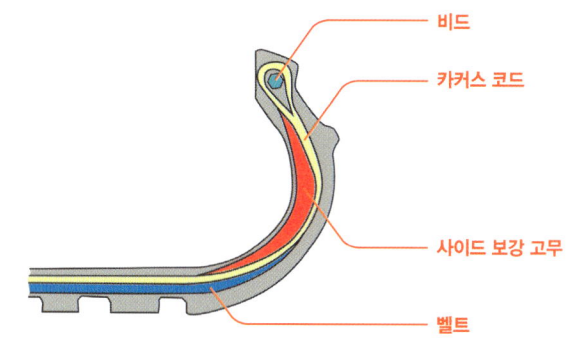

런 플랫 타이어의 구조

6. 공기압과 노면의 접촉 관계

통계에 의하면 타이어의 공기압을 규정치의 63% 주입했을 때 수명은 50%로 감소되고, 규정치의 50% 주입했을 때 수명은 30%로 감소된다. 그 이하에서는 타이어가 파열되는 경우가 발생한다.

또한 적정 하중의 80%를 적재하고 운행하면 수명이 150%로 증가되었으나, 120%의 하중을 적재하면 수명이 70%로 줄어든다. 140%의 하중에서는 50%, 180%의 하중에서는 30%로 감소된다.

공기압 과다   적정   공기압 부족

7. 휠의 종류

알루미늄 휠이라고 해서 100% 순수 알루미늄으로 만들어지지는 않는다. 보다 나은 기계적, 화학적 성질을 위해 10% 이하의 마그네슘과 규소, 티타늄 등의 금속을 일정 비율 섞은 합금 형태의 알루미늄 휠을 만드는 것이다.

일반적으로 메이커에서 제작되어 장착되는 휠은 '주조 휠'이다. 금형 틀에 쇳물을 녹여 찍어내는 방식이다. 이에 반해 '단조 휠'은 프레스 금형을 이용해 8,000톤의 강한 압력으로 찍어내는 방식을 취한다. 최상급 단조 휠은 15,000

톤 프레스를 이용해 찍어내기도 한다. 단조 휠은 조직이 치밀해 강도가 우수하고 주조 휠보다 가벼워 전차와 항공기, 고급 스포츠카 등에 사용된다. 일반 휠보다 가격이 4~8배 비싸다는 것이 유일한 단점이다.

> 자동차의 휠 크기가 1인치 줄어들 때마다 연비는 2% 가량 올라간다.

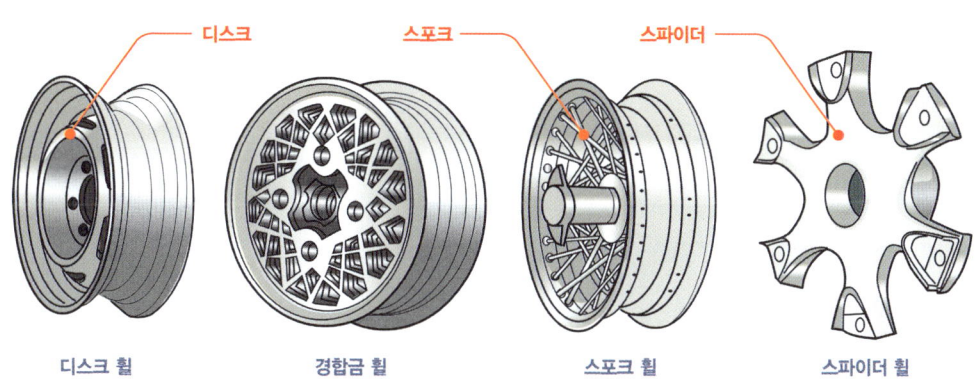

디스크 휠   경합금 휠   스포크 휠   스파이더 휠

8 휠의 구조

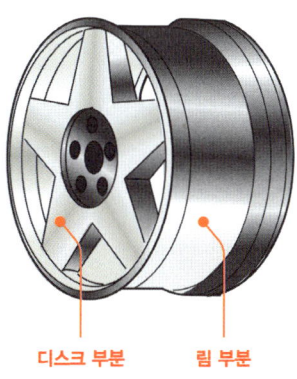

디스크 부분   림 부분

1피스 구조
림 부분과 디스크 부분이 하나로 만들어진 휠이다. 스포츠 휠에 많은 구조로, 정밀도가 뛰어나고 가벼운 것이 특징이다.

2피스 구조
림 부분과 디스크 부분을 용접한 구조로 최근 가장 많이 사용된다. 디스크 부분의 디자인이나 휠 옵셋의 활용도가 높다.

디스크 부분   **림 부분**

3피스 구조
바깥쪽 림 부분, 안쪽 림 부분, 디스크 부분을 피어스 볼트로 고정해 조립한 구조로 디자인 다양성이 가장 뛰어나다.

디스크 부분   **바깥쪽 림 부분**   **안쪽 림 부분**

---

❾ 휠 사이즈 표기

승용차 휠은 일반적으로 다음과 같이 표기된다.

```
18 × 7.5J  5 - 114.3  +50
 ①   ②③④    ⑤       ⑥
```

① 림 지름: 림의 직경은 인치로 표기한다. 림 지름과 내경이 같은 타이어를 결합할 수 있다.

② 림 폭: 림 폭은 인치로 표기한다. 소수점 이하 자리에 1/2로 표시된 경우는 0.5인치를 의미한다. 규정에 적용된 폭의 타이어를 결합할 수 있다.

③ 플랜지 형태: 림 끝의 형태를 J, JJ, B 등의 규격으로 나타낸다. 림 폭이 '7.5 J'로 표시되어 있다면 7.5인치의 J 플랜지 형태란 의미다.

④ 구멍Hole 수: 볼트의 구멍 수를 나타낸다.

⑤ PCDPitch Circle Diameter: 볼트 구멍 피치원 직경(볼트 구멍 사이의 거리)을 가리키며 mm로 표기한다.

⑥ 휠 옵셋: 림의 중심선부터 허브 접촉면까지의 거리로서 mm로 표기한다. 중심선에서 바깥쪽이 +, 안쪽이 −가 된다.

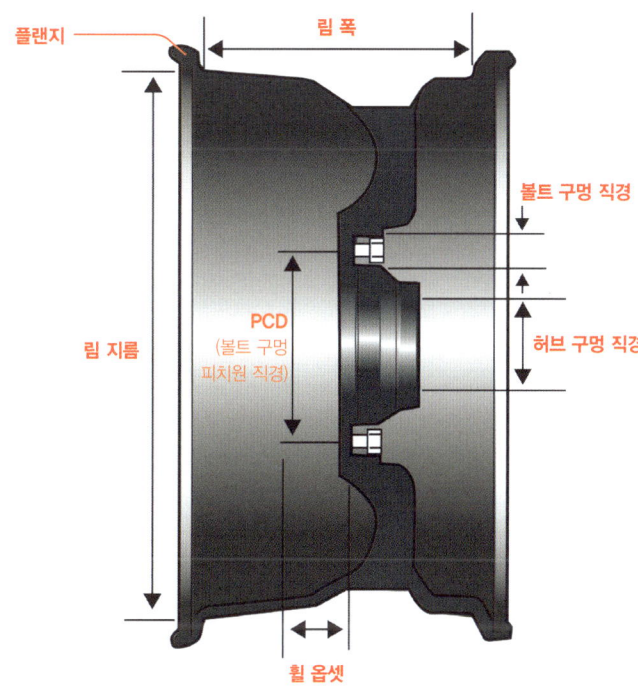

10 공기 저항계수와 양력

공기 저항계수(Cd값)는 단순히 속도 향상을 위한 것이 아니다. 이는 곧바로 연비로 연결된다. 차에 부딪히는 공기 중에서 중요한 것은 차체의 상하로 흐르는 기류이다. 이런 기류를 자연스럽게 전후방으로 흐르게 해주지 않으면 공기의 힘으로 제동력이 생긴다. 차체 후방의 기류에 회오리가 일어나면 자동차를 뒤쪽으로 잡아당기는 힘이 발생하기 때문이다.

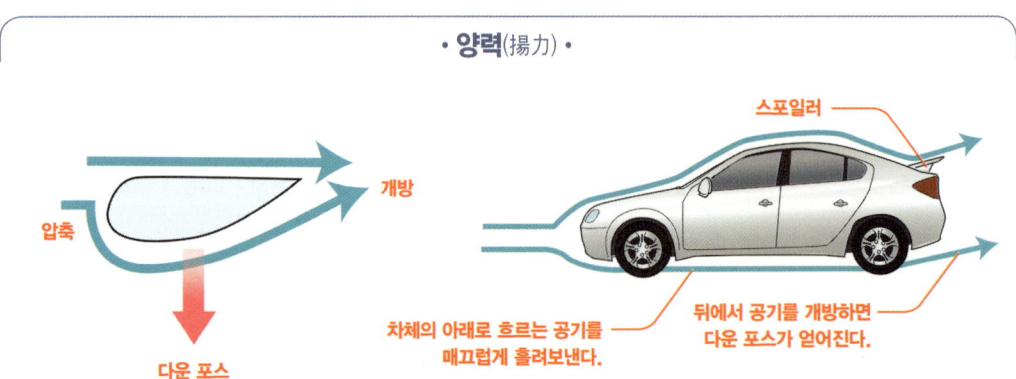

주행 중 차체의 위아래에 각각 기류가 생긴다. 이러한 공기의 흐름은 차를 들어 올리는 듯한 양력을 발생시킨다. 고성능 차에 스포일러가 부착되는 이유다. 스포일러는 마치 비행기의 날개를 반대로 한 것 같은 형태를 띠고 있어, 차체를 지면에 달라붙게 한다. 차체 전체에 스포일러 같은 작용을 하도록 디자인된 차도 있다.

에어백 작동 흐름

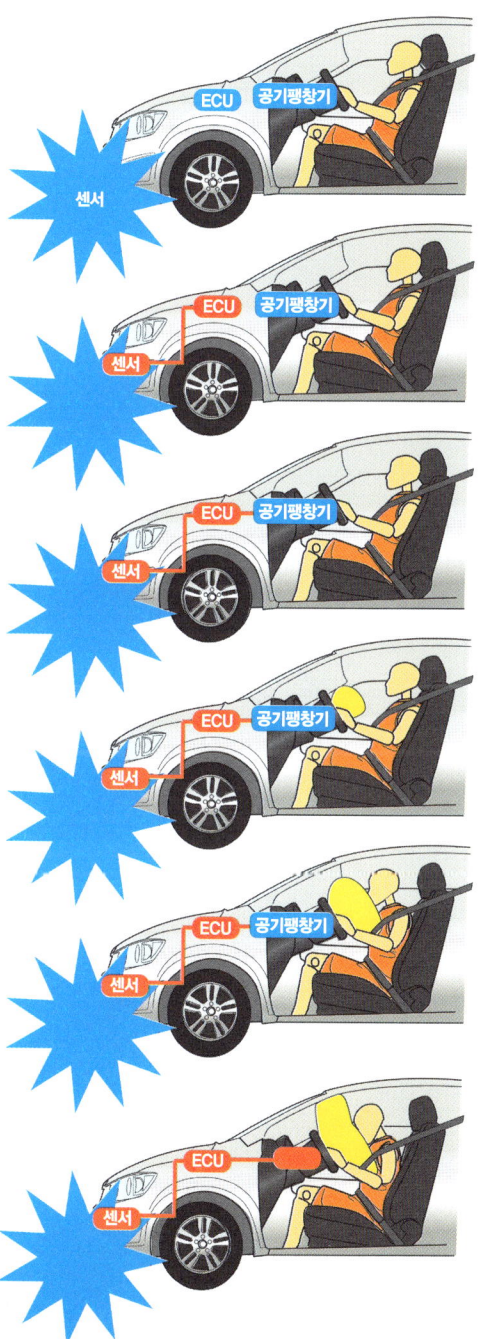

충돌로부터 약 0.003초 후에 바디 앞쪽에 있는 가속도 센서가 충돌을 감지

충돌로부터 약 0.015초 후에 ECU가 충돌 판정

충돌로부터 약 0.015초 후에 ECU가 작동 지시

충돌로부터 약 0.020초 후에 에어백 작동 시작

충돌로부터 약 0.040초 후에 에어백 작동 완료

충돌로부터 약 0.060초 후에 탑승객의 에너지 흡수

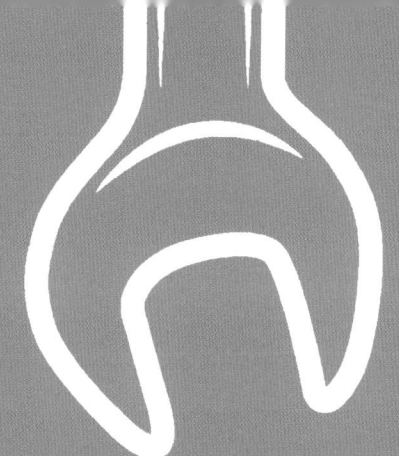

PART 02

내 차 오래 타는 점검 노하우

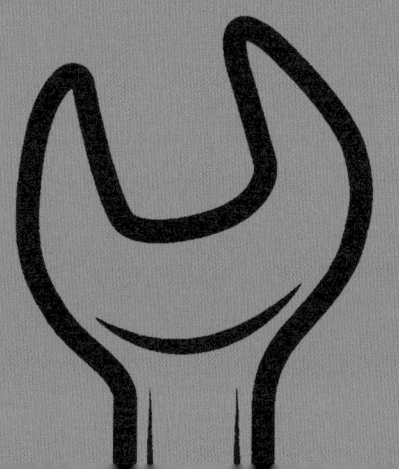

01

내 차 오래 타는 점검 노하우

일상 점검 요령

도로 한복판이나 고속도로 위에서 시동이 꺼지거나 엔진이 과열되는 등 차에 문제가 발생하면 당황스러움을 넘어 매우 위험한 상황이 벌어질 수 있다. 현대의 첨단기술이 집약된 자동차일지라도 적절한 관리를 해주지 않으면 언제든 고장을 일으킬 수 있다. 고장이 난 후에 당황하지 않기 위해서는 일상 점검을 철저히 해서 차가 최상의 컨디션에서 운행할 수 있도록 해야 한다.

일상적인 점검 요령을 시동 전과 시동 후로 나눠서 정리해보겠다.

① 시동 전 점검 사항

🔧 보닛을 열고 🔧

① 엔진오일, 냉각수, 브레이크 오일, 워셔액 등이 충분한지, 새는 곳은 없는지 점검한다.

② 각종 벨트류, 특히 발전기 벨트의 손상 유무 및 장력을 점검한다.

③ 배터리 충전 상태와 배터리액을 점검한다.

👨‍🔧 보닛 여는 방법은 자동차마다 다르므로 미리 확인해둔다.

🔧 자동차 둘레를 돌며 🔧

① 타이어의 외관이 손상되지 않았는지, 타이어의 접지면에 이물질이 끼지 않았는지, 타이어와 노면의 접지 상태는 괜찮은지, 타이어 공기압은 적당한지 점검한다.

② 진행하려는 방향에 장애물은 없는지, 차 밑에 장애물이 없는지, 차 바닥에 냉각수나 오일이 떨어져 있지 않은지 살핀다.

🔧 운전석에 앉아 🔧

① 핸들이 자연스럽게 잡힐 정도로 시트 위치 및 등받이를 조정한다.
② 브레이크 및 클러치 페달 유격을 점검한다.
③ 전면 유리가 깨끗한지 확인한다.
④ 외부 후사경의 위치를 알맞게 조정한다.

② 시동 후 점검사항

차량 밖에서

① 스위치를 작동시켜 각종 램프류의 작동 상태를 점검한다.
② 엔진 작동음 및 배기가스의 색깔을 점검한다.
③ 자동변속기 오일 수준을 점검한다.

운전석에 앉아

① 계기판에서 각종 계기 및 경고등의 작동 상태를 점검한다.

🧑 키를 II단 'ON' 위치에 놓았을 때 오일 경고등, 충전 경고등, 브레이크 경고등(주차 브레이크를 채운 경우), 엔진정비 지시등이 점등되었다 시동 후에 꺼지는지 확인하는 것이 중요하다.

② 취급설명서를 참고해 각종 스위치 위치와 작동 방법을 익혀둔다.
③ 목적지까지 운행할 만큼 연료가 충분한지 확인한다.
④ 안전벨트를 바르게 착용한다.
⑤ 초행길일 경우, 출발 전 지도를 보고 목적지 근처의 지명을 숙지한 후 출발한다.

🧑 차량 출고 시 OVM 공구(공구 백이나 박스 1개, 휠 볼트 렌치 1개)가 트렁크 안, 좌측 펜더 또는 바닥 매트 밑에 비치되어 있으니 참고한다.

③ 이런 상황은 자동변속기 문제

- 기어를 N-D렌지로 넣을 때 '쿵' 하고 들어간다.
- 기어를 N-R렌지로 넣을 때 충격이 크다.
- 주행하다 정지하려 할 때 '툭툭' 치는 충격이 있다.
- 기어를 변속할 때마다 '툭툭' 치는 충격이 느껴진다.
- 자동변속기 오일 교환 후 미끌림, 충격 등 새로운 문제가 생겼다.
- 경사로를 오르는 중 정차 시 차량이 뒤로 밀린다.
- 동일 차종에 비해 연료 소모가 과다하다.
- 냉각 시는 정상인데 열간 시 무겁게 느껴지며, 자동으로 변속이 되지 않는다.
- 주행 중 갑자기 차가 정지해 버린다(즉 전진, 후진이 안 된다).
- 주행 중 브레이크를 밟을 때, 시동이 꺼지는 경우가 있다.
- 아침에 기어를 넣을 때 가끔 시동이 꺼지는 경우가 있다.
- 주행 시 변속이 늦어지거나, 혹은 빨라진다.
- 출발이 늦거나 주행 시 힘이 없다.
- 장거리 주행을 한 후, 차에 힘이 달린다.

④ 이런 상황은 엔진이 문제

- 엔진 체크 경고등이 켜졌는데, 부품을 교환해도 경고등이 꺼지지 않는다.
- 아침에 RPM 보상이 잘 안 되고, 열 받은 후 공전 상태가 불안하다.
- 오일 소모가 많다.
- 흰 연기와 검은 연기가 배출된다.
- 공전 상태가 낮거나 높다.
- 연료 소모가 동일 차종에 비해 많다.
- 브레이크 밟을 때 가끔 시동이 꺼진다.
- 전기 부하가 걸릴 때 엔진 RPM이 낮아지고,

심한 경우 시동이 꺼진다.
- 공전 상태에서는 부조하나 엑셀을 밟으면 정상이다.
- 엔진 소리는 큰데 힘이 없다.
- 공회전 시 부하만 걸리면 엔진 부조 현상이 나타난다.
- 아침에는 소리가 크다가 열 받으면 조용해진다.
- 가끔 가속이 늦고 엔진 파워가 약하다.
- 타이밍 벨트 교환 후, 고속 성능이 떨어진다.
- 주행하다 멈춰도 RPM이 낮아지지 않는다.
- 시동이 늦게 걸린다.
- 가끔 시동이 꺼진다.

02

내 차 오래 타는 점검 노하우

자동차 관리요령

1) 사용하지 않는 자동차는 손상된다

자동차는 움직이도록 만들어진 기계다. 매일 적당히 사용해야 차의 성능이 유지된다. 사람이 매일 적당한 운동을 해야 활력 있게 살 수 있는 것과 같다. 새로 장만한 차를 아끼는 마음에 오랫동안 세워두게 되면 회전 부위나 작동 부위가 손상되거나 녹이 슬어 잔고장을 일으키게 된다. 따라서 장기간 차량을 세워놓을 경우에는 주 1회 정도 시동을 걸어 워밍업을 해주는 것이 좋다.

2) 자동차 바닥에 비닐을 씌우면 안 된다

대부분 자동차는 바닥에 카펫이 깔려 있고 카펫 위에 비닐이 덮인 상태로 출고된다. 그런데 이런 경우 비닐과 바닥 사이에 습기가 스며들 수 있다. 특히 겨울철은 실내와 바깥의 기온차가 크므로 습기로 인해 카펫에 곰팡이가 슬고 악취가 날 우려가 있기 때문이다.

3) 녹을 발견하면 철저하게 수리해야 한다

차체에 상처가 생겨 페인트가 벗겨지면 녹이 쉽게 발생한다. 차체에 녹이 슬면 미관상 좋지 않을 뿐 아니라 차체를 손상시켜 수명을 단축한다. 그러므로 상처가 생겼을 때는 즉시 보수용 페인트를 칠해 상처 부위에 녹이 발생하는 것을 방지해야 한다.

4) 앞 유리창은 기름걸레로 닦지 않는다

기름걸레나 왁스를 이용해 앞 유리를 닦으면, 운행 시 유막이 생겨 시야를 방해하기 때문이다. 또한 우천 시 와이퍼를 작동시켰을 때 와이퍼 블레이드가 떨리거나 앞 유리가 부분적으로만 닦이는 증상과 이음(異音)이 발생할 수 있다. 이런 경우엔 중성세제를 사용해 앞 유리 및 와이퍼 블레이드 고무면을 깨끗이 닦아주면 된다.

5) 자동차 점검 및 정비 주기표

부품 교환 시기는 같은 차종이라도 주행 조건, 운전 습관에 따라 차이가 있다. 안전을 위해서는 주기적 점검과 정비가 필요하다.

	정비 항목	점검·교환 시기 (년/km)
1	엔진오일 교환	매 7~8천 km
2	자동변속기 오일	매 4~5만 km
3	수동변속기 오일	매 4~5만 km
4	브레이크 액	매 2~3만 km
5	브레이크 패드	매 3~4만 km
6	브레이크 라이닝	매 5~6만 km
7	일반 벨트류	매 3~4만 km
8	타이밍벨트 세트	만 3년 이상, 10~12만 km
9	배터리	3년~5년, 7~10만 km
10	점화플러그, 배선	일반 2만 km, 백금 10만 km
11	에어컨 가스	매 2~3년
12	부동액	매 2년
13	디스크(수동변속기)	매 4~5만 km
14	타이어 위치 교환	매 2만 km
15	타이어 교환	매 5~6만 km
16	휠 얼라인먼트	매 3~4만 km
17	스로틀바디 클리닝	매 4~5만 km
18	전조등(전구)	매 4~5만 km
19	와이퍼 블레이드	매 2~3만 km
20	연료필터	매 2~3만 km

자동차 부품의 수명은 '몇 년을 사용했느냐'가 아니라 '몇 km를 운행했느냐'에 따라 달라진다.

6) 이럴 때는 반드시 세차가 필요하다

① 해안지대나 오염 지역을 운행 또는 장시간 주차한 경우 해변엔 공기 자체에 염분이 많아 차체가 쉽게 부식될 수 있기 때문이다.
② 겨울철 염화칼슘을 뿌린 도로를 주행한 경우 염화칼슘에 의해 차체가 부식되거나 페인트에 손상을 줄 수 있으므로 겨울이 지난 후엔 반드시 하체 세차를 해주어야 한다.
③ 차체에 브레이크 오일, 연료, 부동액 등이 묻으면 차체의 페인트에 손상을 주거나 변색될 수 있으므로 반드시 물로 씻어내야 한다.

7) 세차 방법에 따라 페인트의 수명이 달라진다

세차 방법
① 윗부분부터 물을 뿌리며 오물을 제거한다.
② 물로 지워지지 않는 오물은 중성세제로 닦아낸다.
③ 오물을 제거한 후, 부드러운 천이나 세무가죽으로 물기를 제거한다.
④ 차체가 마른 후에 왁스를 골고루 발라준다.

세차 시 주의할 점
① 가능하면 고속세차기를 피한다. 눈에 잘 보이지 않는 가벼운 상처가 누적되어 광택이 없어지기 때문이다. 또 겨울철 스팀세차는 차체에 고온과 강한 수압이 가해져 페인트가 손상될 수 있으니 주의해야 한다.

② 직사광선이 내리쬐는 곳에 있어서 차체가 뜨거워진 상태에서는 세차하지 않는 것이 좋다. 페인트 표면에 상처가 나기 쉽다.
③ 마른 걸레로 먼지, 오물 등을 닦아내면 페인트에 상처가 난다.

03

내 차 오래 타는 점검 노하우

봄, 여름, 가을, 겨울 차량점검 요령

① 봄철 차량관리 체크리스트

엄동설한을 지나온 자동차는 외부에서 엔진의 기계 부품까지 상당히 피로가 쌓여 있다고 봐야 한다. 따라서 봄은 1년 중 가장 정성껏 차를 관리해야 하는 시기다.

☑ 차체는 주행장치를 중심으로 물 세척을 잘 해주어야 한다. 특히 고속도로를 자주 주행하는 차들은 주의해야 할 것이 있다. 겨울철에 눈길에 뿌려진 제설제의 주성분은 소금인데 자동차 하체를 녹슬게 하는 원인이 되기 때문이다. 세차 후에는 여름철의 습기로 인한 부식 방지를 위해 차의 밑 부분을 페인트로 도색하거나 언더코팅을 하면 더욱 좋다.

☑ 겨울엔 문제가 없다가 기온 상승에 따라 냉각 성능에 문제가 발생할 수 있으므로 냉각수나, 냉각수 호스 등을 철저히 점검해야 한다. 대부분의 차가 사용하는 4계절용 부동액은 2년에 한 번 교환하고, 그 양을 점검하여 부족하지 않다면 그대로 사용해도 좋다.

☑ 타이어의 마모나 상처를 살펴봐야 한다. 눈길을 달리는 중에 돌에 부딪치거나 타이어의 접지면이 크게 잘려나갈 수 있기 때문이다. 타이어 옆면 손상을 모른 채 고속 주행하는 것은 매우 위험하다.

❷ 여름철 차량관리 체크리스트

본격적인 여름에 들어가기 전에, 여름철 더위와 습도에 맞서는 점검이 필요하다.

☑ 냉각수의 양과 냉각수 호스를 주의 깊게 점검한다. 그중에서 냉각수 호스는 외관상으로 우량, 불량의 판단이 어렵지만 호스를 손가락으로 눌러보아 탄력이 없거나 호스의 끝부분이 갈라진 것은 미리 교환해주는 것이 좋다.

☑ 라디에이터나 라디에이터 앞부분에 있는 에어컨 콘덴서의 표면이 오염되지 않았는지 점검하고, 만약 오염되었다면 물을 뿌려서 깨끗하게 닦아준다.

☑ 에어컨 스위치를 작동시켜 에어컨 컴프레서가 작동하는지, 냉방 성능은 충분한지 등을 점검한다. 아울러 에어컨 벨트의 장력과 손상 여부도 살펴보고, 오염되어 있을 시엔 물을 뿌려 깨끗하게 닦아준다.

☑ 차체에는 충분한 왁스칠을 자주 해주는 것이 좋다. 여름철 자외선과 열은 차체를 손상시키는 원인이 되므로 충분한 왁스칠로 차체 손상을 방지할 수 있다.

❸ 가을 및 겨울철 차량관리 체크리스트

가을철 자동차 관리는 여름의 연장으로 보면 된다. 일상적인 점검과 관리를 지속하면 된다. 여름철 휴가로 바닷가를 다녀온 후 세차를 게을리했다면 염분으로 인한 차체 부식이 우려된다. 차체의 구석진 부분까지 말끔히 씻어내야 한다.

가을이 가고 겨울이 오면 아무래도 추위 때문에 자동차 관리가 어려워진다. 미리 방한 대책을 완벽하게 해두지 않으면 곤란한 경우를 당하게 되는 것이다.

☑ 냉각수가 얼어서 엔진이 동파되지 않도록 대비한다. 엔진 냉각수는 대체로 첫 추위에 어는 경우가 많으므로 첫 추위가 오기 전에 부동액을 넣어주어야 한다. 부동액과 물의 비율은 50:50이다.

☑ 이미 4계절용 부동액이 주입되어 있더라도 봄, 여름, 가을 동안 계속 물을 보충했다면 새로 넣어주는 것이 좋다.

☑ 도어나 트렁크의 접촉 부분에 오일을 살짝 발라주어 수분에 의해 도어나 트렁크가 얼어붙지 않도록 한다.

☑ 열쇠 구멍에도 약간의 오일을 발라주면 추운 아침 열쇠 구멍이 얼어 도어가 열리지 않는 일을 방지할 수 있다.

☑ 차체에는 왁스칠을 충분히 해준다. 차체를 보호하는 의미 이외에도 자동차에 쌓인 먼지나 눈을 쉽게 제거할 수 있다.

☑ 겨울철에 주차할 때는 가능한 한 양지에 주차한다. 시동성이 향상되며 엔진이나 배터리의 부담이 줄어든다.

☑ 워셔 탱크의 워셔액 농도를 점검한다. 워셔액 농도가 부족하면 워셔 탱크가 동파될 수 있으므로 물을 보충해서는 안 된다.

☑ 눈이 많이 올 때를 대비하여 타이어가 마모되었으면 교환하고, 체인을 준비해 둔다. 체인은 구동바퀴에만 장착하면 된다.

04

내 차 오래 타는 점검 노하우

비상시 응급조치 요령

① 시동이 걸리지 않을 때

시동이 걸리지 않는다면 다음의 두 상황을 구분해 대처해야 한다. 점화 스위치를 시동 위치로 돌렸으나 엔진이 회전하지 않을 경우, 그리고 엔진은 회전하지만 시동이 걸리지 않는 경우다.

엔진이 회전하지 않고, 혼과 헤드램프가 작동하지 않는다면

이때는 배터리의 상태를 확인하기 위해 혼을 울려보거나 헤드램프를 점등시켜본다. 혼과 헤드램프가 작동하지 않는다면 배터리가 완전히 방전된 것이다. 다른 차량의 배터리에 케이블을 연결하여 시동을 걸어야 한다.

점프케이블 연결하는 요령
① 점프케이블을 연결할 수 있도록 전원을 공급할 차를 방전된 차와 마주보도록 위치시킨다. 전원 공급 차는 시동이 걸려 있는 그대로 둔다.

② 전원 공급 차는 반드시 12v 배터리를 장착한 차량이어야 한다.

③ 점프케이블 1개의 양끝을 양쪽 차량의 배터리 양극(+) 터미널에 각각 연결한다.

④ 다른 1개의 점프케이블 한쪽을 전원 공급 차량의 음극(-) 터미널에 연결하고 나머지 한쪽 끝은 방전된 차량의 차체(견고하고 페인트가 없는 부분) 또는 배터리 음극(-) 터미널에 연결한다.

⑤ 연결한 후 전원 공급 차의 엔진 회전수를 약간 높인 상태에서 방전된 차량의 시동을 건다.

⑥ 시동이 걸렸으면 연결할 때의 역순으로 점프케이블을 분리한다.

 주의할 점

점프케이블을 연결할 때 양극(+)과 음극(-) 터미널이 절대 접촉하지 않도록 주의해야 한다.

· 점프케이블 순서 ·

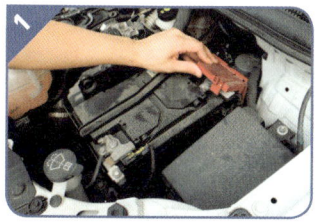

전원 공급 차량의 터미널 커버를 연다.

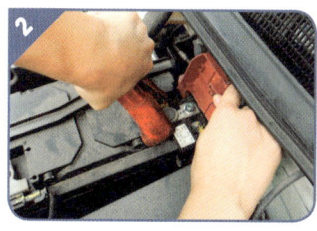

전원 공급 차량에 적색 (+)케이블을 연결한다.

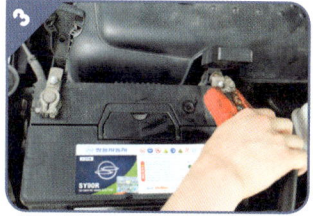

방전된 차량에 적색 (+)케이블을 연결한다.

전원 공급 차량에 흑색 (-)케이블을 연결한다.

방전된 차량에 흑색 (-)케이블을 연결한다.

연결 완료 후, 방전된 차량의 시동을 건다.

엔진이 회전하지 않지만, 혼과 헤드램프가 정상적으로 작동된다면

이런 경우는 시동모터의 결함이 아니라, 시동모터 배선 회로의 결함이 원인이다. 시동모터 뒤 배선이 연결되는 터미널이 풀리거나 빠지지 않았는지 점검한다. 만약 배선이나 터미널에서 결함이 발견되지 않으면 가까운 정비사업소나 정비공장에 연락해 도움을 받아야 한다.

엔진은 회전하는데 시동이 걸리지 않는다면

점화 플러그에서 불꽃이 발생되지 않거나 연료가 제대로 공급되지 않기 때문이다. 최근 출시되는 차들은 대부분 컴퓨터에 의해 엔진이 제어되므로 간단한 상식으로 엔진을 점검하기가 어렵지만, 아주 간단한 부위에 결함이 있을 수도 있다.

기본적으로 연료가 있는지 확인하고, 엔진오일의 양과 퓨즈박스에서 단선된 퓨즈가 있는지를 살펴본다. 또 엔진룸에서 점화 코일이나 배전기, 점화 플러그에서 배선이 빠져 있는지 점검한다.

❷ 엔진이 과열되었을 때

계기판의 온도계가 H 또는 적색 눈금에 있고, 차의 출력이 저하되며, 가속할 때 엔진에서 '까르륵' 하는 금속성의 노킹 음이 발생하거나 엔진 냉각수 보조탱크 캡으로 냉각수가 끓어 넘칠 때 엔진이 과열Overheat되었다고 한다.

엔진과열 경고등

① 엔진 과열 증상이 나타날 때

☑ 과열이 의심되는 즉시 운행을 중지한다. 이때 운행하면 열에 의해 엔진 자체의 변형이 생겨 다시 회복할 수 없는 상태가 된다.

☑ 비상등을 켠 후 차량을 도로의 가장자리에 주차시키고 주차 브레이크를 채운다. 차에서 내려 엔진룸에서 냉각팬이 회전하는지 여부를 확인한다.

② 점검 결과, 냉각팬이 회전하지 않을 때

☑ 냉각팬이 회전하지 않으면 즉시 시동을 끄고 퓨즈박스의 전동팬 퓨즈가 단선되지 않았는지 점검한다(퓨즈박스 커버에 그림과 명칭이 표시되어 있다).

☑ 보조탱크 캡이 완전히 조여져 있는지 확인한다. 캡이 잘 조여져 있고 퓨즈가 단선되지 않았으면 가까운 정비사업소나 정비공장에 연락해 도움을 받는다.

③ 점검 결과, 냉각팬이 회전할 때

☑ 엔진을 공회전 상태로 유지시킨다.
☑ 계기판의 온도계 눈금이 떨어지면 시동을 끄고 충분한 시간을 기다린다.
☑ 냉각팬이 회전하는데 엔진이 과열되는 원인은 냉각수 부족이므로, 냉각수를 보충한다.

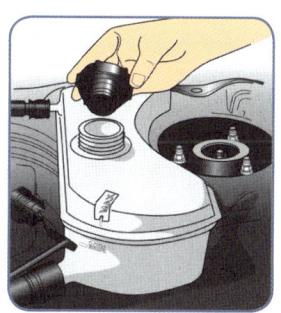

냉각수 보조탱크

주의할 점

① 냉각수 보조탱크에는 압력이 걸려 있다. 냉각수를 보충하려고 보조탱크의 캡을 갑자기 열면 탱크 내의 압력에 의해 뜨거운 냉각수가 분출되어 화상을 입을 수 있다. 엔진이 정지된 상태에서 충분히 식은 후, 보조탱크 캡 위를 걸레나 수건으로 감싸고 아주 천천히 열어야 한다.
② 냉각수 보충 역시 엔진이 충분히 식은 후에 한다. 엔진이 과열된 상태에서 차가운 냉각수를 보충하면 오히려 엔진 변형을 초래한다.

3
주행 중 엔진오일 경고등이 들어올 때

주행 중 엔진오일 경고등이 들어오는 경우는 대부분 엔진오일이 없거나 부족한 상태다. 이 상태에서 계속 운행하면 엔진의 각 부위가 완전 손상되어 재사용할 수 없게 되는 심각한 상황이 벌어진다.

엔진오일 경고등

☑ 주행 중 엔진오일 경고등이 들어오면 즉시 시동을 끄고 오일 레벨 게이지로 엔진오일량을 점검한다.
☑ 엔진오일이 없거나 부족하면 보충하고, 엔진 아래쪽 바닥에 오일이 떨어져 있는지 확인한다.
☑ 바닥에 오일이 과다하게 떨어질 경우는 운행하지 말고, 가까운 자동차 정비사업소나 정비공장에 연락해 도움을 받는다.

☑ 엔진오일이 정상인데도 엔진오일 경고등이 들어왔다면 오일압력 스위치 또는 오일펌프의 결함 때문이다.

☑ 이런 경우라면 엔진 시동을 걸고 엔진오일 주입구 캡을 열어 엔진오일이 튀어나오는지 점검한다.

엔진오일이 튀어나오면 오일펌프는 정상이므로 가까운 정비사업소나 정비공장에 가서 점검을 받으면 된다. 만약 엔진오일이 튀어나오지 않는다면 즉시 시동을 끄고 정비사업소나 정비공장에 연락해 도움을 받는다.

④ 빗길 주행 시 와이퍼가 작동하지 않을 때

퓨즈박스 점검이 필요하다. 퓨즈박스 커버에는 각 퓨즈의 위치 및 용량이 표기되어 있다.

☑ 퓨즈박스에서 와이퍼 퓨즈가 단선되었는지 점검한다.

☑ 와이퍼 모터에 연결된 배선이 빠지지 않았는지 확인한다.

☑ 와이퍼 스위치를 작동시켰을 때 와이퍼 모터가 회전하는 소리가 들리는지 점검한다.

☑ 와이퍼 모터가 회전하는 소리가 들리는데 와이퍼 블레이드가 움직이지 않으면 와이퍼 암과 와이퍼 모터의 연결부가 빠졌거나 와이퍼 블레이드를 고정시키는 너트가 풀린 것이다.

☑ 와이퍼 블레이드를 고정시키는 너트를 조여 준다.

☑ 와이퍼 모터가 전혀 회전하지 않는다면 담배가루나 비누, 물기가 많은 나뭇잎을 유리에 문질러주면 어느 정도 시계가 확보된다. 그 상태에서 가까운 자동차 정비사업소나 정비공장에 가서 점검을 받는다.

퓨즈가 단선되었는데, 예비 퓨즈가 없다면 바로 사용되지 않는 동일 용량의 다른 퓨즈를 뽑아서 꽂아도 된다.

· 퓨즈 교환법 ·

퓨즈박스 커버를 연다.

교환할 퓨즈 위치를 확인한다.

퓨즈 뽑개를 꺼낸다.

퓨즈 뽑개를 이용해 교환할 퓨즈를 뽑는다.

신품 퓨즈를 눌러 꽂는다.

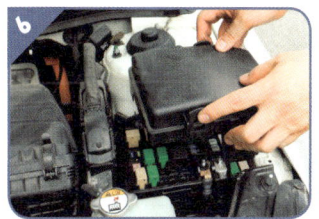
퓨즈 뽑개를 원 위치에 넣은 후 커버를 덮는다.

⑤ 야간 주행 중 헤드램프가 들어오지 않을 때

밤길에 헤드램프가 들어오지 않으면 시계 확보가 어려워 주행하기가 어렵고 사고의 위험이 있다. 헤드램프 퓨즈는 4개(좌우 전조등, 좌우 상향전조등)로 나눠져 있는데 한쪽만 들어오지 않는 원인은 대부분 퓨즈가 단선되었거나 전구가 단선되었기 때문이다.

✔ 우선 퓨즈박스에서 퓨즈의 단선 여부를 점검한다. 퓨즈박스 커버에는 각 퓨즈의 위치 및 용량이 표기되어 있다.

✔ 퓨즈가 단선되지 않았다면 전구가 단선된 것이다.

✔ 헤드램프를 손으로 두드려 약간의 충격을 가해본다. 접촉 불량이나 단선된 램프가 충격에 의해 정상으로 돌아올 수도 있다. 충격을 가해도 헤드램프가 점등되지 않으면 전구를 교환한다.

만일을 대비해 예비용 헤드램프 전구를 차량에 비치해두는 것이 좋다.

전구 교체하는 방법

① 후드를 열고 전조등 보호 플라스틱 커버를 반시계방향으로 돌려 뺀다.

※주의할 점: 전조등 몸체에 있는 검은색 스크루는 전조등의 각도 조정용이므로 임의로 조정하면 안 된다.

② 전구 홀더 지지 스프링을 눌러서 빼고 전구 홀더를 빼낸다.

③ 플러그와 배선을 분리하고 규정 용량의 새 전구로 교환한다.

④ 플러그와 배선을 연결하고 전구 홀더 지지 스프링을 눌러 끼운 다음, 플라스틱 커버의 'TOP' 위치가 위로 오게 해 커버를 시계방향으로 돌려 완전히 끼운다.

⑥ 주행 중 엔진점검 지시등이 들어올 때

엔진정비 지시등은 점화 스위치를 'ON'(Ⅱ) 위치로 하면 점등되었다가, 시동을 걸면 소등되도록 되어 있다.

엔진점검 지시등

☑ 시동이 걸린 상태에서 엔진정비 지시등이 점등될 때에는 엔진제어 계통 및 배기 가스 관련 부품에 이상이 있음을 의미한다. 엔진정비 지시등이 점등되어도 주행은 가능하다.

주행 중 에어백 경고등이 들어올 때

에어백 경고등은 점화스위치를 'ON'(Ⅱ) 위치로 하면 점등되었다가 약 5초 후에 소등되는 것이 정상이다.

☑ 점화 스위치를 'ON'(Ⅱ) 위치로 했을 때 에어백 경고등이 점등되지 않으면 에어백 시스템에 이상이 있는 것이다. 에어백 시스템 관련 퓨즈가 단선되었는지 점검하고, 단선되지 않았다면 반드시 지정된 정비사업소에서 점검 받아야 한다.

☑ 점화 스위치를 'ON'(Ⅱ) 위치로 했을 때 에어백 경고등이 점등되었다가 약 5초 후에 소등되지 않거나, 일단 소등되었다가 주행 중 점멸할 경우에는 에어백 시스템에 이상이 발생한 것이다. 반드시 지정된 정비사업소에서 점검을 받아야 한다.

☑ 점화 스위치를 'ON'(Ⅱ) 위치로 해도, 에어백 경고등이 점등되지 않거나 주행 중 점등 또는 깜빡거리면 에어백 시스템에 이상이 발생한 것이다. 이때는 차량 충돌이 발생해도 에어백이 작동하지 않을 수 있다.

에어백 경고등

05

내 차 오래 타는 점검 노하우

자동차 계기판 경고등 일람

① 주요 경고등 설명

전조등 상향 표시등
헤드램프를 상향 하이빔으로 작동하면 점등된다.

프런트 안개등 표시등
안개등은 미등이 점등된 상태에서 안개등 스위치를 작동하면 표시된다. 리어 안개등이 적용된 국가의 차량일 경우 리어 안개등도 점등된다.

시트벨트 경고등
시트벨트를 착용하지 않고 시동 스위치를 'ON' 하면 6초간 경고등이 점멸한다. 이때 일정 속도 이상으로 주행하면 지속적인 경고음이 울린다.

타이어 공기압 경고등
공기압 부족 및 타이어 압력 이상 시에 점등된다.

TPMS 경고등
타이어 공기압 자동감지 시스템TPMS에 이상이 있을 경우 점등된다.

EBD 경고등
EBDElectronic Break Force Distribution 시스템은 ESP 시스템의 일부이다. 브레이크 페달 작동 시 브레이크 압력을 전자적으로 후륜 좌우 휠에 분배하는 장치로 해당 시스템에 문제가 있을 경우 점등된다.

EAS 경고등
전자제어 에어 서스펜션EAS: Electronic Self Leveling Air Suspension 장치에 이상이 있을 시 점등되므로 정비사업장에서 점검받아야 한다.
EAS의 레벨링을 고정하는 EAS Lock 설정 스위치(1) 작동 시엔 EAS 경고등이 녹색으로 표시된다.

ECS 경고등
시동키 스위치 'ON' 위치에서 점등되었다가 전자제어 현가장치ECS: Electronic control suspension에 이상이 없으면 소등된다. 시동 후에도 경고등이 꺼지지 않거나 주행 중에 계속 점등되면 ECS 시스템에 이상이 있는 것이므로 정비사업장에서 점검 및 정비를 받아야 한다.

에어백 경고등
시동 스위치 'ON' 위치에서 점등되었다가 시스템에 이상이 없으면 소등된다. 시동 후에도 경고등이 꺼지지 않거나 주행 중에 점등되면 에어백 시스템에 이상이 있는 것이므로 정비사업장에서 점검 및 정비를 받도록 한다.

ABS 경고등
시동 스위치 'ON' 위치에서 점등되었다가 ABS 시스템에 이상이 없으면 소등된다.

ESP 경고등
ESP(ESP: Electronic Stability Program)는 차량 자세 교정 시스템이다. ESP OFF 스위치를 눌러 ESP 기능을 중단시키면 이 경고등이 점등된다. 또한 ESP 기능이 작동 중일 때에는 ESP 경고등이 점멸한다.

ESP OFF 스위치를 눌러 ESP 기능을 중단시키지 않은 상태에서 ESP 경고등이 점등된다면 시스템 고장이므로 점검 및 정비를 받아야 한다.

엔진과열 경고등
이 경고등은 엔진 냉각수가 부족할 경우에 점등되고, 냉각수 온도가 규정값보다 높으면 점멸한다. 경고등이 점등되거나 점멸하면 차량 주행을 삼가고 차량을 안전한 곳에 정차시켜 엔진을 식혀야 한다.

도어 열림 경고등
도어가 열려 있거나 완전히 닫히지 않은 경우, 이 경고등이 점등된다.

연료부족 경고등
연료탱크의 연료량이 부족할 때 점등된다. 그러나 차량 상태와 주행도로의 경사도 등에 따라 경고등 점등 시기는 다소 차이가 날 수 있다. 가능한 이 경고등이 점등되기 전에 연료를 보충하도록 한다.

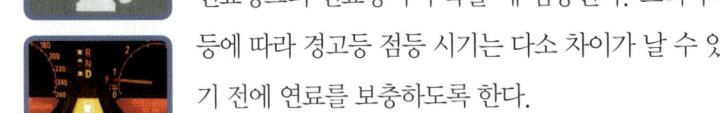

주차 브레이크 및 브레이크 오일 경고등
적색 경고등 점등 : 주차 브레이크가 작동 중일 때, 브레이크 오일이 부족할 때 점등된다.

적색 경고등 점멸 : 3km/h 이상의 속도에서 EPB 스위치의 ON 부분을 지속적으로 누르면(EPB 비상모드) 차량에 제동력이 생기면서 적색 주차 브레이크 경고등이 점멸한다.

녹색 경고등 점등 : 자동 주차 브레이크 기능을 설정한 상태에서(AUTO PARK 점등) 브레이크 페달을 밟아 차량이 정지하면 주차 브레이크가 작동하면서 녹색 주차 브레이크 경고등이 점등된다.

자동 주차 브레이크 설정 표시등

자동 주차 브레이크 설정 스위치를 누르면 계기판에 AUTO PARK가 점등(녹색)된다. 다시 한 번 누르면 주차 브레이크 기능이 해제되면서 AUTO PARK가 소등된다.

EPB 경고등

EPB 시스템에 이상이 있을 경우 점등된다. 이 경고등이 점등 또는 점멸하면 전자동 파킹 브레이크(EPB: Electronic Parking Break)에 이상이 발생한 것이므로 정비사업장에서 점검 및 정비를 받아야 한다.

엔진오일 경고등

시동 스위치를 'ON' 했을 때 점등되었다가 시동이 걸리면 소등된다. 시동 후에도 꺼지지 않거나 주행 중에 점등되면 엔진오일의 유량에 이상이 있는 것이므로 정비사업장에서 점검 및 정비를 받는다.

충전 경고등

시동 스위치를 'ON' 했을 때 점등되었다가 시동이 걸리면 소등된다. 이 경고등이 시동 후에도 꺼지지 않거나 주행 중에 점등되면 충전 시스템에 이상이 있는 것이므로 가능한 한 AV 시스템 및 히터장치 같은 전자제품의 사용을 중단하고, 정비사업장에서 점검 및 정비를 받아야 한다.

엔진 점검 경고등

엔진제어 관련 각종 센서 및 장치들(배출가스 시스템 포함)에 이상이 있을 경우 점등된다. 이 경고등이 점등되면 정비사업장을 방문하여 점검 및 정비를 받으면 된다.

ACC(액티브 크루즈 컨트롤) 경고등

ACC 관련 시스템에 이상이 있을 경우 점등(황색)되며, ACC 스위치를 작동하여 시스템이 활성화되면 녹색으로 점등된다.

스마트키 시스템(PASE) 에러 경고등
스마트키 시스템PASE에 이상이 있을 경우 점등된다.

스마트키 확인 표시등
스마트키PASE 장착 차량인 경우, 스마트키를 차량 실내 또는 트렁크 내에 두고 도어를 닫을 경우 점등된다.

SSPS(차속 감응형 파워 스티어링) 경고등
차속 감응형 파워 스티어링SSPS 장치에 이상이 있을 경우 점등된다. 이 경고등이 점등되면 스티어링 휠의 조향 느낌이 무거워진다.

WINTER 모드 표시등
겨울철에 미끄러운 도로에서 출발하기 위해 자동변속기의 모드 스위치 'W' 부분을 누르면 점등되었다가 'S' 부분을 누르면 소등된다.

이모빌라이저 표시등
이모빌라이저가 내장된 스마트키 또는 리모콘 키가 없는 상태에서 시동 스위치를 눌러 시동을 걸려고 할 때 점등된다. 이때는 스마트키 또는 리모콘 키를 다시 한 번 확인한 후 시동을 건다.

❷ 한눈으로 보는 계기판 경고등

방향 표시등	뒷유리 와이퍼	앞유리 와이퍼	주차 브레이크 경고등	상향 빔	경적	상향 송풍구	열선 시트 (저온)	도어록
연료	뒷유리 간헐 와이퍼	앞유리 워셔액 레벨	ABS 고장	하향 빔	키 작동 (전원 콘센트)	상하향 송풍구	열선 시트 (고온)	윈도우 올림
급유구 방향	뒷유리 워셔	앞유리 열선 가열	안전벨트	프런트 안개등	후드 릴리스	하향 송풍구	재순환	컨버터블 4윈도우 다운
엔진오일	뒷유리 디프로스터	앞유리 디포로스터	에어백	실외 전구 고장	리프트게이트 릴리스	디프로스트/ 하향 송풍구	환풍 팬	파워 스티어링 오일
배터리 충전	열선 미러	앞유리 와이퍼	사이드 에어백	돔 램프	슬라이딩 도어	트렁크/데크 릴리스	에어컨	취급설명서 참조
엔진 냉각수 온도	어린이 시트 묶음띠 앵커	워셔	비상등	주차등	슬라이딩 도어	컨버터블 탑 올림	비상 릴리스 핸들	계기판 조명
엔진	연료 물 혼합	보조 안전장치	예열 플러그	라이터	도어 열림	컨버터블 탑 내림		마스터 조명 스위치

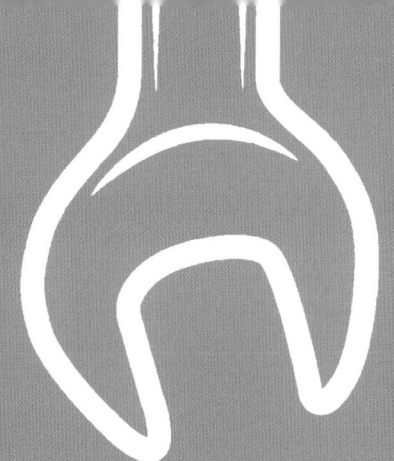

PART 03

×

자동차 문제 해결
A to Z

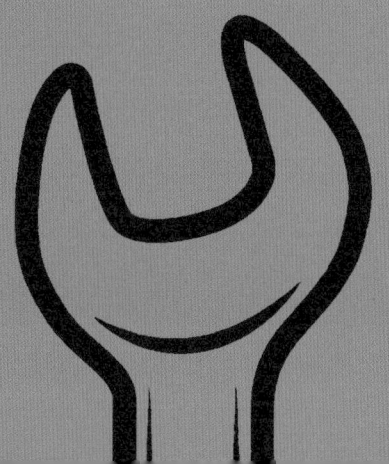

01

자 동 차 문 제 해 결 A to Z

차의 심장, 엔진 건강

① 엔진의 정체와 관리

SOLUTION 001
엔진, 고장 없이 오래 타려면 청소를 해라

자동차의 보닛을 열면 엔진과 각종 센서, 전자부품, 컴퓨터는 물론 이 부품들을 연결시켜주는 배선과 커넥터 등이 있다. 그런데 엔진 관련 부품들은 높은 온도와 습도, 진동 등을 제일 싫어한다. 각종 전자부품과 배선 커넥터 등에 먼지가 쌓이고 이것이 습도와 만나면 배선 접촉 부분이 부식되기 시작한다. 즉 전기가 흘렀다, 안 흘렀다 하게 되어 엔진 떨림이 생기는 것이다.

가끔 시동이 꺼지기도 하는데 일반 기술자들도 복잡하고 가느다란 배선 뭉치 사이에서 어떤 배선이 원인을 제공했는지 알지 못해 애를 먹곤 한다. 이런 현상을 방지하려면 엔진 보닛 속에 있는 전자부품과 배선 커넥터에 먼지가 쌓이지 않도록 엔진 청소를 자주 해주어야 한다. 주의할 점은 물로 엔진 청소를 해서는 안 된다는 것이다. 엔진 세정제를 준비해 엔진 부품과 배선 커넥터 등에 뿌린 후, 공기로 강하게 불어주고 헤어드라이어 등으로 말려주면 엔진 고장이나 트러블 없이 오래 탈 수 있다.

SOLUTION 002
공회전 상태에서 RPM 게이지를 보면 엔진 건강이 보인다

공회전 상태라 함은 엔진 시동을 건 후 변속기 중립 상태에서 엔진 혼자 회전하는 것으로 회전 속도는 700~750RPM 정도를 말한다.

물론 시동을 건 직후에는 엔진을 정상온도로 올리기 위해 공회전 속도_{공회전 상태에서 엔진 회전 속도}가 800~900RPM 정도로 높아졌다가 정상온도가 되면 700~750RPM으로 다시 돌아온다.

엔진이 정상온도가 된 후 RPM 게이지를 유심히 관찰하면 평소에는 제자리에서 별 요동 없이 일정한 위치를 가리킨다. 그러나 엔진에서 정상적인 연소가 이루어지지 않으면 소리로 감지하지 못할 만큼 엔진 회전 속도에 변화가 있다. 그 변화량이 RPM 게이지에 나타나 지침이 미세하게 요동을 치는 것이다. 일상 점검에서 이런 순간을 포착해 전문가에게 의뢰하면 엔진 문제의 원인을 찾아 제때 적절한 처방을 받을 수 있다.

SOLUTION 003
엔진 컨디션이 좋은지 나쁜지 아는 방법

가솔린이나 LPG 차량은 엔진 시동을 걸고 워밍업 후 공전 상태에서 머플러 끝에 손바닥을 가까이 대어보고 배기가스의 압력과 온도를 체크하면 된다. 일단 배기가스가 약하게 나와야 정상인데 세게 나오면 점화시기가 빠른 것으로 엔진 컨디션 불량이다.

그리고 배기가스는 부드럽고 따스한 정도여야 하는데, 뜨거울 정도라면 이 또한 컨디션 불량은 물론 연비가 안 좋은 차다. 즉 점화시기 불량, 연료 분사량 과다라 판단할 수 있다.

엔진 헤드 밸브 상태를 알 수 있는 가장 쉬운 방법은 손바닥을 머플러 끝에 가까이 대보는 것이다. 가끔씩 툭툭 치는 느낌이 있으면 엔진 부조가 있는 차다.

점화시기란?
Minimum advance for the Best Torque

자동차 엔진은 점화와 동시에 곧바로 연소되는 것이 아니다. 연소 효율을 높이기 위해서, 피스톤이 압축을 시작해 상사점(上死點, 내연기관에서 실린더 안의 피스톤이 가장 높이 올라갔을 때의 위치)에 가기 전에 점화 플러그에서 불꽃이 튀도록 설계되어 있다. 그런데 얼마 전에 불꽃을 튀게 할 것인가를 수치로 나타낸 것이 '점화시기'이다. 점화시기는 각도로 표시되는데, 피스톤의 위치는 크랭크의 각도에 따라 변화되기 때문이다.
한마디로 점화시기란 엔진 회전수가 일정한 상태에서 가장 큰 힘(토크)을 얻을 수 있는 점화 진각, 즉 크랭크의 각도를 의미한다.

SOLUTION
004
엔진오일 캡만 봐도 엔진 상태를 알 수 있다

엔진오일 탱크의 캡으로 엔진 상태를 쉽게 점검할 수 있다. 뚜껑의 안쪽 면이 깨끗한 노란색이면 정상, 갈색이나 검은색이라면 불량이다.

노란색: 정상

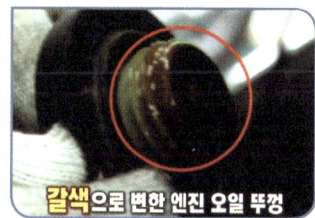
엔진 사용은 가능하나 불량

엔진 상태 매우 불량

SOLUTION
005
엔진 출력 쉽게 확인하는 법

내 차의 엔진 출력 상태 및 자동변속기 슬립 여부를 알 수 있는 간단한 시험이 있는데, 전문용어로 슬립 시험이라고 한다.

실험 방법
① 네 바퀴에 고임목을 고이거나 핸드 브레이크를 당긴다.
② 브레이크를 깊숙이 강하게 밟는다.
③ 기어를 D 렌지에 넣는다.
④ 브레이크를 밟은 상태로 액셀 페달을 끝까지 깊숙이 밟는다. 단 5초 이상 하지 않는다.

판정 방법
위의 실험 ④단계를 진행하면서 계기판의 엔진 RPM을 확인한다. 가솔린차는 2,200~2,400RPM 사이에 있으면 엔진 출력 정상, 자동변속기 정상이다.
2,000RPM 이하는 엔진 출력 부족, 2,400 이상은 자동변속기 슬립이 발생되는 차로 봐야 한다.

SOLUTION 006
엔진 워밍업, 꼭 해야 할까?

자동차 엔진을 가능한 한 오래 쓰면서 고장도 안 나고 조용하길 원한다면 꼭 첫 시동을 걸었을 때 워밍업을 해야 한다. 엔진의 마모는 냉각 시에 가장 심하다. 즉 시동 직후에 마모가 심하게 일어나기 때문에 가솔린 엔진은 최소 1분, 디젤 엔진과 LPG 엔진은 최소 2분 정도 워밍업을 해 엔진오일이 엔진 부품 구석구석까지 뿌려지도록 해야 한다. 오일이 엔진 부품들을 충분히 적셔 쇠끼리 부딪치지 않게 해야 엔진 부품의 손상이 생기지 않는다.

첫 시동 시 1~2분 정도의 워밍업을 안 했던 차들은 2~3년 지나면 시동을 걸 때 엔진에서 '딱딱' 하는 소리가 나기 시작하다가 5분 정도 지나면 조용해지는 증상이 생긴다. 이것은 엔진 밸브 간극을 자동으로 조정해주는 오토래쉬 유압밸브가 비정상적으로 작동되면서 기계끼리 부딪치는 소리다. 이런 소리가 나는 차들은 연비가 안 좋고 출력도 떨어진다. 특히 배기가스 HC가 많이 발생해 대기오염까지 시키는 차다.

좀 더 진행되면, 아침에만 뒤 머플러에서 흰 연기가 5~10분 정도 나오다가 안 나오기도 한다. 이는 엔진 밸브 가이드 고무가 손상되어 엔진오일이 엔진 연소실로 들어가 연료와 함께 연소되기 때문이다.

만약 엔진오일 교환 후, 5000km 정도 운행한 다음에 엔진오일 량을 체크했을 때 1/3 이상 줄었다면 의심해야 할 차량이다 엔진은 첫 시동 시 반드시 워밍업시켜주어야 엔진 고장 없이 오래 탈 수 있으므로 명심하기 바란다. 또한 ECS 전자제어식 서스펜션장치가 장착된 차량은 워밍업을 시켜주어야 쇽업소버와 공기펌프 고장을 방지할 수 있으므로 참고하기 바란다.

> 엔진오일은 고속도로만 주행 시 10,000km마다, 시내와 고속도로 병행 시엔 7,000~8,000km마다 교환하면 된다.

SOLUTION 007
디젤차의 커먼레일 엔진, 고장 안 나게 오래 타는 법

요즘 디젤 차량은 거의 100% 커먼레일 엔진이다. 커먼레일 엔진은 연료의 압력에 따라 성능 차이가 있는데 압력이 높을수록 출력, 진동, 연비, 배기가스 상태가 좋다. 단점으로는 연료 장치의 구성이 초정밀 부품들로 되어 있어 수분이 연료 라인에 들어가면 치명적인 고장을 일으킬 수 있다는 것이다. 즉 커먼레인 엔진 관리의 첫 번째는 연료 라인에 수분이 생기지 않게 하는 것이다. 겨울에는 지하 주차장 등을 이용하는 것이 좋다.

수분이 생기지 않게 하려면, 연료 탱크 안쪽과 바깥의 온도 차가 적어야 하므로 겨울에는 지하주차장을 이용하고 주차 시는 연료를 중간 이상 넣어주는 것이 좋다. 또 연료 필터에 있는 수분 배출구를 3개월에 한 번 정도 열어 수분을 배출해주고 3만 km마다 연료 필터만 잘 교환해주면 수분으로 인한 고장은 일어나지 않는다.

마지막으로 커먼레일 엔진에 있어서도 워밍업을 시킨 후 운행하는 것이 엔진 고장을 줄일 수 있는 최선의 방법이다.

SOLUTION 008
터보 엔진에서 '터보TURBO'는 어떤 장치인가?

터보 장치의 터보는 '터빈'에서 나온 말인데, 1970년대 말부터 쓰이기 시작했고 지금은 보편화된 기술이다. 터보는 엔진의 출력을 높이기 위해 배기로 터빈을 돌려 연소실에 더 많은 공기를 공급하는 과급 장치를 말한다.

보통 엔진에는 연소실에 1기압의 공기가 들어가는데 배기를 이용한 터빈의 힘으로 흡입하는 공기를 압축해주면 그 압축비에 비례해서 많은 연료를 공급할 수 있어 출력과 토크가 커진다.

더욱이 배기 에너지를 이용해 터빈을 돌리고 그 힘으로 흡입하는 공기를 압축해 과급하는 시스템이어서 여분의 에너지가 필요하지도 않다. 배기 터빈이란 한마디로 배기가스가 나가는 길목에 풍차를 놓았다고 생각하면 된다.

터보 장치는 고온의 배기에 노출되어 있으며 회전수가 높아 재료와 베어링의 정밀도가 아주 중요하다. 또 빨아들이는 공기를 압축하면 온도가 오르면서 밀도가 작아지는 효과가 있어 압축 뒤에 그 공기를 식혀주면 충전 효율이 더욱 높아진다.

냉각 효과를 위한 장치로는 인터쿨러가 있는데, 이는 컴프레서로 압력을 가한 공기를 냉각해 공기의 밀도를 올리는 역할을 한다. 압축으로 뜨거워진 공기의 열을 발산시켜 주는 것이다.

> 터빈은 1분에 10만 회 이상 회전하는데, 이 터빈과 같은 축 위에 공기를 압축하는 펌프를 장착한 것이 터보 장치다. 터보 장치를 통해 엔진의 출력과 토크를 20~30% 이상 높일 수 있다.

SOLUTION 009
터보차저란 무엇인가?

터보차저는 터보Turbine와 슈퍼 차저super charger를 합성한 단어다. 터빈과 터빈에 직결된 컴프레서로 구성되어 있어 배출가스의 에너지로 터빈 휠을 회전시키고 컴프레서에 의해 흡입된 공기를 압축하여 실린더로 보낸다. 터보차저의 본체는 블레이드Blade가 설치된 터빈 휠Turbine Wheel과 컴프레서 휠Compressor Wheel을 1개의 축에 연결하고 각각을 하우징으로 둘러싼 간단한 구조다. 보통 배기 매니폴드 집합부 주변에 위치한다.

에어클리너로 이물질을 제거한 공기는 터보차저로 이동되어 컴프레서로 압축된다. 압축된 공기는 온도가 상승하기 때문에 인터쿨러로 냉각시킨 후 스로틀 밸브를 경유하여 엔진으로 들어간다. 배기가스는 터보차저로 보내져 터빈 휠을 회전시키지만 휠의 회전 속도에 의해 과급 압력이 지나치게 높아지지 않도록 사전에 설정된 압력 이상이 되면 '배기 바이패스 밸브Waste Gate Valve'가 열려 여분의 배기가스가 배출되도록 되어 있다.

터보 장치를 많이 장착하는 SOHC와 DOHC 엔진은 크로스 플로Cross Flow: 흡기 포트와 배기 포트를 서로 반대 방향으로 배치하는 것 형태로 되어 있는 것이 일반적이다.

실린더 헤드의 한쪽 방향으로 혼합기가 들어가고 다른 방향으로 배출되기 때문에, 공기는 일단 배기 측의 터보차저로 이동하고 그곳에서 흡기 측으로 끌려가게 된다. 도중에 인터쿨러까지 추가되면 엔진룸 내는 에어 튜브로 가득하게 된다.

터빈 휠은 최고 900℃라는 고온의 배기가스에 노출되고 1분간 10만~16만 회를 회전하는 것도 있다. 터빈 휠이 작고 가벼울수록 관성력이 그만큼 작아지기 때문에 터보래그turbolag: 가속 반응이 뒤늦게 나타나는 현상도 작아진다. 엔진 회전 속도의 상하 응답성은 좋지만 고속 회전 시의 과급 압은 낮아지는 것이다. 반면 터빈 휠이 커지면 반대의 현상이 발생하므로 엔진의 배기량에 알맞은 크기가 선정되고 있다.

컴프레서 휠은 일반적으로 알루미늄 재질이다. 2개의 휠을 연결한 로터 샤프트는 고온 상태인 터빈 휠을 지지하여 초고속으로 회전하므로, 다량의 엔진오일을 보내 냉각과 윤활을 동시에 한다. 고속 회전 중인 엔진을 갑자기 정지시키면 이 부분이 과열되어 소착燒着: 눌러붙음되는 경우도 있다. 터보 엔진의 경우, 잠시 아이들링Idling: 시동은 걸려 있지만 가속 페달을 밟지 않음 상태를 유지한 후 정지시키는 것이 좋다는 것이 바로 이런 이유 때문이다.

터보차저는 '출력'이 아니라 '토크'를 높이는 역할을 한다.
토크는 피스톤이 아래로 내려가면서 크랭크축을 누르는 힘, 즉 폭발력을 뜻한다. 한편 출력은 토크에 엔진의 회전수를 곱한 것이다. 엔진 회전수가 너무 낮으면 토크가 아무리 좋아도 높은 출력을 얻기 힘들다. 일반적으로 토크가 좋은 차는 출력도 높다고 봐도 된다.

터보차저

인터쿨러

2. 엔진 부속품 관리

SOLUTION 010
엔진 점화 플러그의 교환 시기

점화 플러그는 실린더 블록에 장착되어 연소실과 연결되어 있으며, 점화 코일불꽃을 만들어 주는 부품에서 유도된 전압을 이용해 압축된 혼합기에 불꽃을 붙여주는 라이터 역할을 한다.

점화 플러그는 크게 '일반 플러그'와 '백금 플러그' 두 종류로 나뉘는데, 일반 플러그는 2만 km마다 백금 플러그는 10만 km마다 교환해 주어야 연비, 출력, 시동에 문제가 없고 배기가스도 줄일 수 있다.

만약 점화 플러그를 순정품이 아닌 다른 메이커 제품이나 튜닝 플러그로 교환한다면 열가 Heat Range와 플러그 간극이 안 맞을 경우에 엔진 떨림, 시동 불량은 물론 연비와 출력에서 손해를 볼 수 있다.

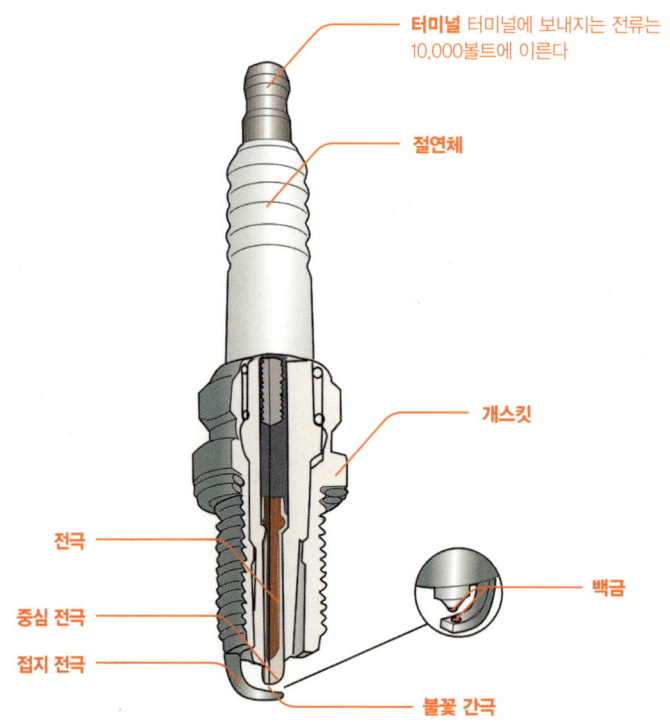

- 터미널 터미널에 보내지는 전류는 10,000볼트에 이른다
- 절연체
- 개스킷
- 백금
- 전극
- 중심 전극
- 접지 전극
- 불꽃 간극

신품 플러그

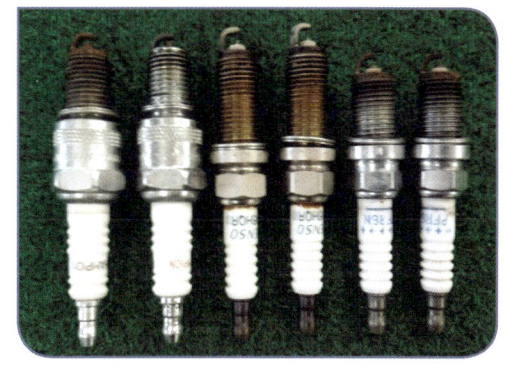
연소 상태별 플러그

SOLUTION 011
엔진 타이밍벨트와 구동 벨트의 교환 시기

예전엔 타이밍벨트를 8만 km마다 교환했으나, 최근 차들의 경우 10~12만 km마다 교환하면 된다. 차종에 따라 차이는 있지만 타이밍벨트를 교환하면서 워터펌프, 서모 스타트, 텐션 베어링, 아이들 베어링, 엔진 구동 벨트 팬벨트, V벨트, 윈벨트와 캠축 리테이너, 크랭크축 리테이너, 크랭크 각 센서 등을 함께 교환하는 것이 좋다. 비용은 좀 들겠지만 다음 타이밍벨트 교환 시까지 안심하고 차를 탈 수 있기 때문이다.

타이밍벨트 교환 가격을 놓고 정비업소와 줄다리기하는 사람들이 많다 보니, 정품이 아닌 타이밍벨트를 쓰거나 외부 벨트만 교환하는 차량들이 있다. 이 방법을 쓰면 비용은 아낄지 모르지만 시간이 지날수록 고장이 여기저기 생겨 결국 배보다 배꼽이 큰 현상이 생길 수 있으니 주의해야 한다.

타이밍벨트는 10~12만 km마다 교환하면 된다. 타이밍벨트 교환 시, 최소한 벨트 종류는 물론 베어링 종류, 워터펌프, 서모 스타트, 리테이너는 꼭 교환해주어야 한다.

SOLUTION 012
엔진 타이밍체인의 불편한 진실

자동차 회사들은 광고를 통해 타이밍벨트가 아닌 반영구적인 타이밍체인을 적용했으므로 교환할 필요가 없다고 하는데, 이 말을 믿으면 안 된다. 그 말을 믿고 있다가 체인이 끊어져 자동차 회사에 항의하면 운전자 과실이라고 얘기할 것이다. 타이밍벨트에 비해 타이밍체인의 내구성이 좋은 것은 사실이지만 절대 반영구적이지 않다.

타이밍체인은 크랭크축 기어, 캠축 기어와 연결되어 쇠끼리 부딪치며 돌아간다. 당연히 마모가 생기고 그로 인해 길이가 늘어나게 된다. 그러면 점화시기가 변하게 되고 그로 인해 출력 저하, 연비 불량, 배기가스 불량 등의 현상이 따라온다. 만약 체인이 끊어지게 되면, 심할 경우 엔진을 통째로 교환해야 할 수도 있다.

타이밍체인은 20만 km마다 교환하는 것이 좋다. 구동 벨트(팬벨트, V벨트, 원벨트)는 타이밍벨트보다 수명이 짧으므로 4~5만 km마다 교환해주는 것이, 시동이나 핸들 작동 시 잡소리(삑삑 소리)를 예방하는 방법이다.

타이밍체인

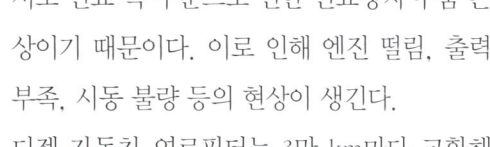

SOLUTION 013
디젤 차량은 연료필터 교환으로 고장을 줄일 수 있다

가솔린 자동차, 디젤 자동차, LPG 자동차 모두에 들어가는 부품이 연료필터다. 연료필터는 연료 속 불순물이 연료 라인과 연료 분사 노즐인젝터에 유입되는 것을 막아주는 역할을 한다. 특히 디젤 자동차 커먼레일 엔진의 고장 원인 중 70% 이상이 연료 불순물, 그중에서도 연료 속 수분으로 인한 연료장치 부품 손상이기 때문이다. 이로 인해 엔진 떨림, 출력 부족, 시동 불량 등의 현상이 생긴다.

디젤 자동차 연료필터는 3만 km마다 교환해주고, 정기적으로 연료 탱크나 연료필터 속 수분을 배출해주면 연료장치 부품 보호는 물론 겨울철 연료 문제로 인한 고장을 줄일 수 있다.

디젤 자동차의 커먼레일 엔진 고장 시, 국산차는 최고 150만 원, 수입차는 500~1,000만 원이 소요되므로 연료필터 관리가 매우 중요하다.

디젤엔진

연료필터

02

자 동 차 문 제 해 결 A to Z

부드러운 드라이빙의 비밀, 각종 오일

① 엔진을 지키는 힘, 엔진오일

SOLUTION 014

엔진오일이 하는 일

엔진오일은 엔진 내부의 금속과 금속이 맞닿아 운동하는 부위에 공급되는 윤활제로, 금속 간의 직접 마찰을 피하게 하여 작동 효율을 높이고 금속이 파손되지 않게 하는 역할을 한다. 따라서 엔진오일이 없거나 부족한 상태에서 운행을 하게 되면 엔진에 심한 손상을 주게 된다. 또한 엔진오일은 엔진 내부에 녹이 생기는 것을 방지하고 기계적인 마찰을 완화시키는 '윤활작용', 엔진 내부 이물질을 제거하는 '청정작용', 실린더 연소 가스가 새지 못 하도록 하는 '기밀 작용'을 한다.

SOLUTION 015
엔진오일은 엔진 성능 및 내구성과 밀접한 관계가 있다

가솔린차나 디젤차의 경우 운행조건은 엔진뿐 아니라 엔진오일의 수명과도 밀접한 관계가 있다. 특히 디젤차는 DPF(Disel Particulate Filter : 디젤 미세먼지 필터) 작동 횟수에 따라서 엔진오일 수명이 달라질 수 있다. 엔진 제어 컴퓨터(ECM)는 이러한 요인을 기준으로 오일 품질이 떨어질 경우 계기판에 엔진오일 경고등이 점등되도록 한다.

주행거리, 엔진 RPM, 엔진 부하 등을 포함한 운행조건은 엔진오일의 수명과 밀접한 관계가 있다.

가솔린차나 디젤차가 신품 엔진오일을 교환한 경우, 엔진 진단기(스캐너) 또는 가속페달을 이용하여 엔진오일 교환 초기화를 해주어야 엔진오일 경고등이 소등된다.

SOLUTION 016
엔진오일 점검 방법

① 수평인 곳에 차량을 주차한다.
② 엔진 시동을 끄고 5분 정도 기다린다.
③ 오일 레벨 게이지(뒤 페이지 그림의 A)를 빼내면 오일이 묻어 있다. 게이지를 티슈나 걸레로 닦은 후 다시 넣어 오일 수준을 찍어본다(참고로 그림의 B가 엔진오일 캡이다).
④ 오일 레벨 게이지의 수준 표시가 MAX와 MIN 사이에서 MAX에 가까이 있으면 정상이라 판단한다.
로마자 알파벳 F와 L자가 새겨져 있는 차도 있다. F는 최적의 양을 뜻하고 L은 부족함을 뜻하므로, F에 가깝게 찍혀야 정상이다(적으면 보충해야 한다).
⑤ 오일 색깔과 함께 이물질이 묻었는지를 점검한다.
검은색 : 심하게 오염되었으므로 교환한다.
우유색(흰색) : 냉각수가 유입되었으므로 수리해야 한다.
쇳가루나 알루미늄 가루 : 엔진 내부 상태를 점검한다.

오일 레벨 게이지(Oil level gauge)의 최대 최저 사이는 1리터!

엔진오일의 양과 상태를 알려주는 게이지는 대부분 크랭크 케이스의 오일 팬에 꽂혀 있고 최대 최저가 표시되어 있는데 오일량이 이 범위 안에서 유지되어야 한다. 오일량의 최대 최저 사이는 대략 1ℓ다.

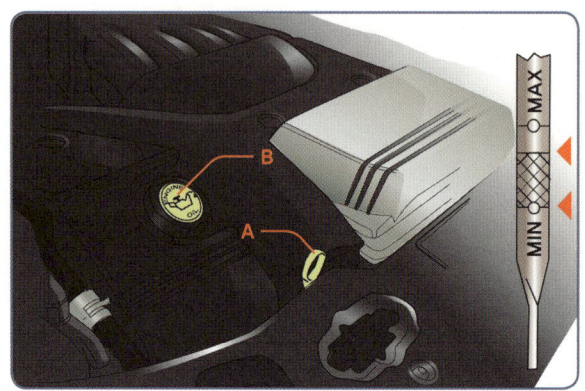

오일 레벨 게이지의 위치를 확인한다.

오일 수준을 찍어본다.

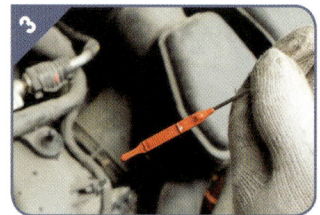
오일 레벨을 확인한다.

SOLUTION 017
엔진오일 교환 시기는?

메이커들은 10,000~15,000km마다 엔진오일을 교환하라고 권장하고 있지만, 주행 환경에 따라 교환 시기를 조정해야 엔진을 고장 없이 오래 탈 수 있다. 엔진오일만 잘 교환해주어도 50만 km는 거뜬히 고장 없이 탈 수 있는 것이다.

주행 조건에 따른 엔진오일 교환 시기

고속도로만 주행: 10,000km 교환(합성오일은 15,000km)

시내와 고속도로를 주행: 7,000km 교환(합성오일은 10,000km)

가혹한 조건(짐을 많이 싣는 등)에서 주행: 5,000km 교환(합성오일은 7,000~8,000km)

엔진오일 교환 시에 에어클리너와 오일필터를 꼭 함께 교환해야 한다. 디젤 DPF 차량의 경우는 DPF 전용 오일로 교환해야 한다.

SOLUTION 018
엔진 공기필터(에어 클리너)에 건식이 많은 이유는 연비 때문

엔진 공기필터는 엔진에 들어가는 공기 흡입구에 설치되어 공기 중의 먼지를 거르는 역할을 한다. 공기필터에는 건식과 습식이 있는데, 대부분 차량은 건식을 사용하다 엔진에 공기가 쉽게 흡입되어 연비가 좋은 구조이기 때문이다. 반면 습식은 공기가 흡입될 때 저항이 생겨 연비 면에서 좋지 않다. 단 작은 먼지를 걸러주어 엔진오일 성능을 오래 유지할 수 있다는 장점을 갖고 있다.

공기필터(에어클리너)는 10,000km마다 교환해주는 것이 좋다. 엔진 건강을 위해서는 엔진오일도 중요하지만 공기필터도 그에 못지않게 중요하다. 엔진에 들어가는 공기 중 불순물, 먼지, 모래 등이 제대로 걸러지지 않으면 최고급 합성오일을 사용해도 소용없다는 것을 명심해야 한다.

더러워진 엔진룸

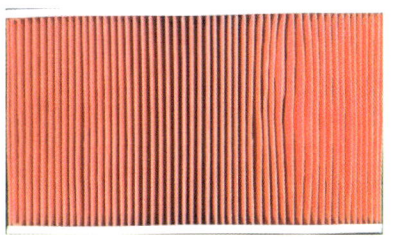

에어클리너

SOLUTION 019
엔진오일 필터 교환 시기

오일필터는 엔진이 작동할 때 발생되는 쇳가루, 알루미늄 가루와 오일 속 불순물을 제거하는 작용을 하므로 엔진오일 교환 시, 즉 10,000km마다 꼭 교환해주어야 한다.

엔진오일 필터

SOLUTION 020
엔진오일이 줄어드는 차의 불편한 진실

엔진오일을 교환했다면 다음 교환 시기 약 10,000km까지는 오일을 보충할 필요가 없어야 정상이다. 그런데 10,000km 안에 오일을 1회 보충했다면 그 차는 엔진오일이 소모된다고 봐야 한다. 만약 2회 보충했다면 수리가 필요한 차다.

이런 증상이 나타난다면 먼저 오일 누유가 없는지 점검해야 한다. 만약 누유가 없다면 엔진 연소실 쪽에서 엔진 오일이 연소되는 것이므로 수리해야 한다.

수입차는 엔진오일 점검을 더 철저히 해야 하는 이유

수입차는 국산차보다 엔진오일 소모가 많은 편이다. 오랜 시간 장거리 운행을 할 수 있도록 만들어져 엔진 출력이 높기 때문이다. 엔진 부품들의 열팽창을 고려하다 보니 오일 소모가 생길 수밖에 없는 구조라 정기적으로 엔진오일 점검을 해주어야 한다. 수입차의 경우, 오일 점검을 소홀히 해서 경고등까지 들어오는 상황이 반복되면 엔진 수명 또한 단축되어 고장은 물론 소리도 심해지고 수리비 또한 천문학적으로 많이 들게 되므로 주의해야 한다.

엔진오일 정상(5,000~6,000km) 교환 시

엔진오일 8,000~10,000km 교환 시

엔진오일 15,000km 이상 교환 시

SOLUTION 021
엔진오일은 계절에 따라 점도가 달라져야 한다

엔진오일의 품질은 점도에 의해 결정되는데, 점도 등급에는 SAE미국 자동차 기술자협회 지정 표기 방법와 API미국 석유협회 지정 표기 방법가 있다. 우리나라 자동차 메이커들은 거의 SAE 등급을 사용하고 있다.

SAE의 점도 표기 기준에 따르면, 숫자가 높을수록 점도가 높다. 점도가 높다는 것은 고온에서 유막 형성이 좋은 반면 회전 저항이 커서 연비와 출력이 떨어진다는 의미다.

반면 SAE 점도가 낮은 엔진오일은 저온에서 엔진 회전 저항이 적기 때문에 엔진이 가볍게 돌고 연비와 출력이 좋다. 그러나 고속도로를 장시간 주행하는 것과 같은 가혹한 조건에서는 점도가 낮아 유막 형성이 떨어지므로 엔진 기계장치 부품들의 마모가 유발된다. 자동차를 오래 고장 없이 타고 싶으면 계절은 물론이고, 주행 조건에 따라 엔진오일 등급을 선택해야 한다.

5W-30과 10W-40 중 어느 것이 좋은 오일일까?

엔진오일 패키지엔 숫자가 적혀 있다. W는 겨울을 의미하는데, W의 앞에 있는 숫자는 저온 점도, 뒤의 숫자는 고온 점도를 의미한다. 저온 점도가 낮을수록 엔진 저항이 적고 연비와 출력이 좋으므로, 일반적으로 좋은 엔진오일이라 할 수 있다.

하지만 예외는 있다. 추운 기후에서 운행하는 차라면 W 앞의 숫자가 중요하지만, 더운 곳을 오래 달리는 차라면 엔진이 열 받을 가능성이 크므로 뒤의 숫자가 더 중요해진다. 우리나라처럼 사계절이 있는 기후에서 운행한다면 여름과 겨울에 따라 엔진오일 선택 기준이 달라진다. 즉 겨울철이라면 뒤의 숫자인 고온 점도는 크게 중요하지 않고, 여름철이라면 앞의 숫자인 저온 점도에 크게 신경 쓰지 않아도 된다.

엔진오일 하나로 사계절을 버티고 싶다면, 0W-40처럼 저온 점도는 낮고 고온 점도는 높은 것을 선택하면 된다. 물론 가격이 높다는 점은 감수해야 한다. 참고로 '30'처럼 숫자가 하나만 적힌 엔진오일도 있다. 고온 점도만 표기된 것인데 이런 것을 싱글 그레이드 오일이라고 부른다. 현재 대부분은 '5W-30'처럼 범위가 표기된 멀티 그레이드 오일이 사용된다.

다양한 엔진오일

SOLUTION 022
합성 엔진오일은 보약일까, 독일까?

합성 엔진오일이란 석유나 다른 원유에서 얻은 성분을 화학적으로 합성시켜 윤활작용에 적당한 액체를 만든 것이다. 합성 오일은 일반 오일보다 산화에 잘 견디고 수명은 두 배쯤 길다. 하지만 가격은 일반 오일보다 3~5배 비싸다. 특수 합성 엔진오일은 환상적인 성능을 자랑하지만, 경주용 차량이나 고가의 차량이 아니라면 굳이 사용할 필요가 없다. 가장 경제적인 방법은 메이커에서 지정한 등급의 오일을 제때 교환해주는 것이다. 단, 수입차라면 합성 엔진오일을 넣는 것이 좋을 수 있다.

🧑 국산차들은 7천~8천 km마다 메이커에서 지정한 오일과 공기필터만 제대로 교환해주어도 50만 km까지는 엔진 고장이나 트러블 없이 운행할 수 있다. 일반 오일에 비해 합성 엔진오일의 교환 주기가 긴 것은 합성 엔진오일이 상대적으로 온도 변화에 강하기 때문이다.

SOLUTION 023
엔진오일에 첨가제를 넣는 것이 좋을까?

메이커에서 지정한 등급의 오일에는 엔진이 필요로 하는 성분들이 거의 다 들어 있다. 엔진오일을 정기적으로 교환하는 차량은 굳이 첨가제를 넣지 않아도 된다는 뜻이다.

다만 오일 교환 시기가 불규칙하고, 중고차를 샀을 경우에는 한두 번쯤 첨가제를 넣는 것도 나쁘지 않다.

엔진 내부의 상처나 마모된 부분을 코팅시켜 엔진 소리를 부드럽게 해주고 출력과 연비에 도움을 줄 수 있기 때문이다. 새 차에 첨가제를 넣는 것은 옳지 않다. 특히 첨가제는 엔진오일과 화학적으로 궁합이 잘 맞아야 하므로 전문가와 상의하는 것이 좋다.

② 변속기부터 스티어링까지, 다양한 오일들

SOLUTION 024
자동변속기 오일을 순정 부품으로 넣어야 하는 이유

자동변속기 오일은 변속기 내부의 각종 클러치와 브레이크 유체로서 동력 전달과 윤활작용을 하므로, 점도와 마찰 특성이 매우 중요하다. 메이커에서 지정한 오일을 사용하지 않으면 기어 변속 시 충격이나 미끄러짐이 발생할 수 있으므로 꼭 순정 제품을 사용해야 한다. 그 이유는 차종과 메이커에 따라 마찰계수가 다르기 때문이다.

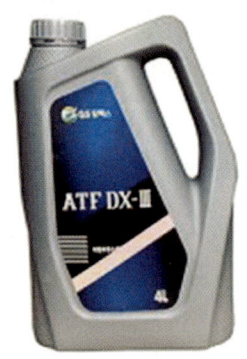

자동차 제조사별 자동변속기 오일 규격

- **현대** : SP Ⅱ, SP Ⅲ, SP Ⅳ, SP Ⅳ RR, JWS 3309, SHELL M1375.4 등
- **기아** : ATF RED-1, DEXRON Ⅱ, JWS 3314, SP Ⅱ, SP Ⅲ, SP Ⅳ 등
- **쌍용** : DEXRON Ⅱ, DEXRON Ⅲ, ATF 3292, FUCHS ATF 3353 등
- **르노삼성** : NS-2, SATF-D, SATH-K, SATF-J 등
- **GM쉐보레** : BOT303 Mod, BOT402, JWS3317, DEXRON Ⅵ 등
- **포드** : Mercon, Mercon Ⅴ, Mercon SP 등
- **크라이슬러** : MS-7176, MS-9602 등
- **도요타** : ATF T-4, ATF WS 등
- **닛산** : Matic D, Matic J, Matic S 등
- **미쯔비시** : SP Ⅱ, SP Ⅲ 등

SOLUTION 025
자동변속기 고장을 막아주는 오일 쿨러

자동변속기 오일의 수명은 산화도에 따라 결정된다. 그런데 온도가 높아질수록 산화 속도가 빨라지므로 자동변속기 내부 온도가 올라가지 않게 관리하는 것이 중요하다. 자동변속기 오일의 적정 온도는 80~100℃다. 100℃ 이상이라면 자동변속기 오일 수명이 반으로 줄어든다고 보면 된다.

자동변속기 오일도 오래 쓰고 고장도 막을 수 있는 비법이 있다. 엔진 라디에이터 하부에 있는 냉각 쿨러로는 용량이 부족하므로, 별도로 큰 용량의 쿨러를 장착하면 된다. 오일 수명을 늘리는 것은 물론 변속기 고장도 막을 수 있는 비법이다.

그렇다면 왜 자동차 메이커들은 이 사실을 알면서도 별도의 쿨러를 장착한 차량을 출시하지 않는 걸까? 그 이유는 여러분이 짐작하는 그대로다.

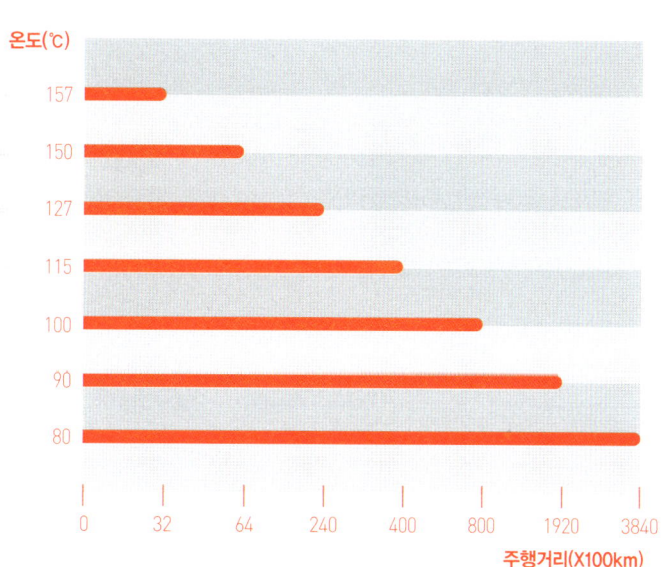

· 자동변속기 오일 온도와 수명의 관계 ·

오일 쿨러(윤활유 냉각기)란? 엔진, 변속기 등의 윤활에 사용되는 오일의 온도 상승을 막기 위한 라디에이터나 별도로 설치된 오일 라디에이터를 공기로 냉각하는 장치를 말한다.

SOLUTION 026
자동변속기 오일 점검하는 법

범위 내에 있으면 미션 오일 양은 정상이다. 만약 규정량보다 많거나 적으면 오일 속에 기포가 생겨 슬립이 발생하거나 기어 변속에 문제가 생기므로 규정량을 준수해야 한다.

오일 레벨 게이지, 냄새와 불순물까지 점검하자!

게이지에서 약간 매운 냄새가 나면 정상, 생선 썩은 냄새 같은 것이 나면 오일이 부패된 것이므로 교환해야 한다. 또 게이지를 하얀 티슈에 묻혀보아 디스크 가루나 알루미늄 가루가 묻어 있다면 오일 교환 시기가 지났거나 변속기 내부에 슬립 현상이 있는 차량이므로 전문가의 조언을 구해야 한다.

① 평탄한 곳에 차를 주차하고 주차 브레이크를 당긴 후, 엔진 시동을 걸어 2~3분 동안 공회전 시킨다.
② 브레이크를 밟고 변속레버를 P→R→N→D 순으로 각 단계별로 움직여본 후 P 위치에 놓는다.
③ 오일 레벨 게이지를 뽑아 깨끗이 닦은 다음 게이지를 다시 끼웠다 뺀다. 게이지가 HOT

자동변속기 오일수준검사

SOLUTION 027
자동변속기 오일 교환 시기의 불편한 진실

자동변속기 오일 교환 시기는 메이커별로 다른데, 메이커마다 자동변속기 오일 온도가 다르기 때문이다. 자동변속기 오일이 유체로서 유압 전달과 윤활 작용을 하기 위한 최적의 온도는 80℃다. 어떤 운행 조건에서도 80℃만 유지할 수 있다면, 약 40만 km까지 오일의 수명이 유지되고 변속기 고장도 일어나지 않는다. 만약 오일의 온도가 90℃까지 올라간다면 약 20만 km, 100℃라면 8만 km, 116℃라면 4만 km에 오일이 산화되어 그 기능이 현저히 떨어지고 변속기 또한 고장을 일으키게 된다.

어떤 메이커가 '자동변속기 오일을 4만 km마다 교환하라'고 한다면 그 회사가 만든 자동변속기는 오일 온도가 116℃까지 올라간다는 뜻이다.

SOLUTION 028
차동 기어 差動, differential gears가 필요한 이유

차동 기어란 자동차가 코너를 돌 때, 안쪽 바퀴와 바깥쪽 바퀴의 회전수를 다르게 하여 쉽고 안전하게 회전할 수 있도록 한 장치다. 전륜구동 차는 차동 기어가 트랜스미션과 함께 일체형으로 조립되어 있고, 후륜구동 차는 차의 뒤축에 독립적으로 존재한다.

전륜구동 차는 자동변속기 오일 하나로 자동변속기와 차동 기어를 함께 사용한다. 자동변속기 오일만 교환해주면 차동 기어는 신경 쓸 필요가 없는 것이다. 반면, 후륜구동 차는 차동 기어 오일이 별도로 필요하므로, 자동변속기 오일을 교환할 때 차동 기어 오일도 함께 교환해주어야 한다.

후륜구동 차의 차동 기어 오일에는 극압 첨가제가 함유되어 점도가 높으므로 반드시 메이커에서 지정된 오일로 교환해야 한다.

SOLUTION 029
전륜구동 차량 자동변속기가 빨리 고장나는 이유

전륜구동 차는 자동변속기 안에 차동 기어 장치가 일체형으로 조립되어 있다고 했다. 자동변속기가 작동할 때 오일 온도가 상승하고 바로 옆에 있는 차동 기어 장치가 연결되어 작동하면서 또 한 번 오일 온도가 상승하게 된다. 오일 산화 속도가 빨라서 오일 수명이 짧아지고 자동변속기 고장도 많을 수밖에 없는 시스템이다.

수입차의 경우 차동 기어 장치의 부품 가격이 500~1,000만 원에 달하므로 교환 시기를 잘 지키는 것이 무엇보다 중요하다.

SOLUTION 030
브레이크 오일이 하는 일

주행하는 자동차의 감속, 정지 또는 주차 상태를 유지시키는 데 사용되는 주요 안전장치가 브레이크이다. 브레이크 장치는 드럼 방식과 디스크 방식으로 나뉘는데, 최근 차들은 앞뒤에 모두 디스크 방식을 적용하고 있다. 예전 차들이나 소형차, 트럭의 경우 앞은 디스크 브레이크 뒤는 드럼 브레이크를 주로 사용한다. 브레이크 장치는 브레이크 오일의 압력으로 작동된다. 따라서 브레이크 오일이 없으면 브레이크가 작동되지 않으므로 수시로 오일 수준을 점검해야 한다. 엔진룸 내의 브레이크 오일 탱크에 표시되어 있는 최대선 MAX과 최소선 MIN 사이를 유지하면 정상이다.

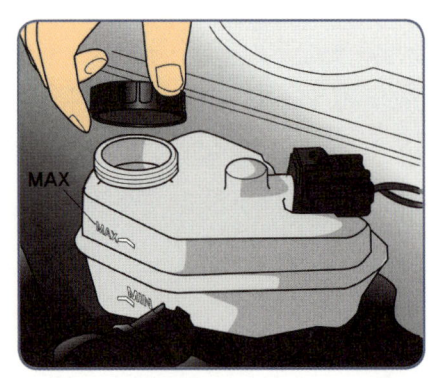

브레이크오일 탱크

SOLUTION 031
브레이크 오일과 베이퍼록 현상

브레이크 오일의 주성분은 '글리콜에테르'로 미끈거림이 있는 황갈색 액체이거나 옅은 분홍색 액체로 되어 있다. 브레이크 오일은 비등점이 높아 공기 중의 수분을 흡수해 변질되기 쉬우므로, 6개월에 한 번은 수분 측정을 해야 한다.

브레이크 오일 내 수분 함량이 2~3% 많아지면 비등점이 60~140℃ 정도 낮아지므로, 브레이크 오일이 끓어 기포가 생기는 베이퍼록 Vapor lock 현상이 생길 수 있다. 베이퍼록이 생기면 브레이크를 밟을 때 스펀지를 누르는 것처럼 푹신푹신하면서 브레이크가 말을 듣지 않아 매우 위험하다.

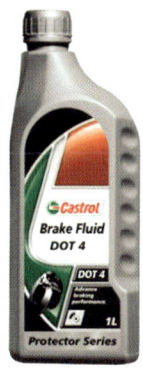

🛠️ **여름 장마철이 지난 후, 브레이크 오일의 수분 점검을 해주는 것이 좋다. 브레이크 오일 내 수분이 1% 이내면 양호, 2%까지는 주의, 3% 이상일 때는 꼭 교환해주어야 한다.**

SOLUTION 032
브레이크 오일 등급 확인하기

브레이크 오일의 등급은 미국 교통부 Department of Transportation의 약자인 DOT로 표기된다. DOT3, DOT4는 글리콜이 주성분이고 DOT5, DOT5.1은 실리콘이 주성분으로 숫자가 높을수록 비등점이 높아 여름철 베이퍼록이 발생할 확률이 적어 안전하다.

내 차에 들어 있는 브레이크 오일 등급이 궁금하다면, 브레이크 오일 뚜껑으로 확인할 수 있다. 웬만한 국산차들은 DOT3, 고가의 차들엔 DOT4라 표기되어 있을 것이다.

	성분	비등점	용도	특징
DOT3	글리콜	210℃	대부분의 국산차	여름철 베이퍼록 발생 가능
DOT4	글리콜	230℃	수입차	베이퍼록 위험 없음
DOT5	실리콘	260℃	경주용 차, 트럭	

SOLUTION 033
브레이크 오일의 불편한 진실

70년대부터 여름 휴가철만 되면 자동차 전문가라는 사람들이 반복하는 말이 있다. 내리막길에서는 기어를 저단에 넣고(엔진 브레이크를 사용하고) 브레이크는 나눠 밟아야 베이퍼록 현상을 막을 수 있다는 것이다. 이 이론이 만들어진 이유는 당시 자동차들이 앞뒤에 모두 드럼식 브레이크를 사용했고, 비등점이 낮은 DOT3 브레이크 오일을 사용했기 때문이다.

최근 자동차들은 앞뒤에 디스크 브레이크를 사용하고 있어, 브레이크를 밟아 온도가 올라가더라도 밀폐된 형식의 드럼 브레이크에 비해 냉각효과가 좋다. 즉 베이퍼록 현상이 잘 생기지 않는다. 그렇다면 왜 지금까지도 내리막길 상식이 통용되는 걸까? 그 불편한 진실을 밝히자면, 아직까지 국내 자동차 메이커들이 가격이 조금 싸다는 이유로 DOT3 브레이크 오일을 사용하고 있기 때문이다.

그러므로 안전한 주행을 위해서는 브레이크 오일을 DOT4 이상으로 교환하는 것이 좋다. 내리막길에서 브레이크를 밟고 내려가도 베이퍼록이 생길 확률이 매우 적어진다.

ABS 브레이크 장치 고장을 줄이고 베이퍼록 현상을 막으려면 6개월마다 수분 체크를 해 3% 이하로 관리하고, DOT4 이상의 브레이크 오일로 교환하면 된다. 브레이크 오일 교환 시엔, 자동 교환기를 사용해 에어가 들어가지 않게 해주어야 브레이크 부품이 보호되고 성능 또한 향상된다.

SOLUTION 034
브레이크 오일 수준이 줄었을 때

브레이크 탱크 주변, 마스터 실린더, 연결 파이프, 어느 곳도 새지 않는데 브레이크 오일 수준이 줄었다면, 실제로 오일이 소모되거나 누유된 것이 아니라 브레이크 패드나 라이닝이 마모되었을 가능성을 생각해야 한다. 패드나 라이닝이 마모된 만큼 브레이크액이 줄어들기 때문이다.

브레이크 오일이 절반 이상 줄게 되면, 브레이크가 제대로 작동하지 않게 되어 매우 위험하므로 반드시 점검을 받아야 한다.

SOLUTION 035
파워 스티어링 오일의 교환 시기

파워 스티어링은 유압을 이용해 핸들 조작을 쉽고 민감하게, 그리고 신속하게 할 수 있게 해주는 장치로 오일펌프, 오일탱크, 스티어링 기어, 유압조절 밸브로 구성되어 있다. 파워 스티어링 장치는 오일에 의해 작동되므로 오일이 누유되어 부족한 경우엔 핸들 조작이 어려워진다. 심한 경우엔 오일펌프가 손상되므로 6개월에 한 번씩, 주기적 점검이 필요하다. 점검 결과, 오일이 부족하다면 보충하기 전에 혹시 오일이 누유되지 않았는지 호스 연결 클램프 부위 등을 점검하고, 장시간 주차한 경우라면 지면에 오일이 떨어진 흔적이 없는지 확인해야 한다.

오일 보충이나 교환 시, 규정 이외의 오일을 사용하게 되면 호스 및 씰에 심한 손상을 주게 되므로 누유의 원인이 될 수 있다.

파워 스티어링 오일은 4만~5만 km마다 교환하면 된다.

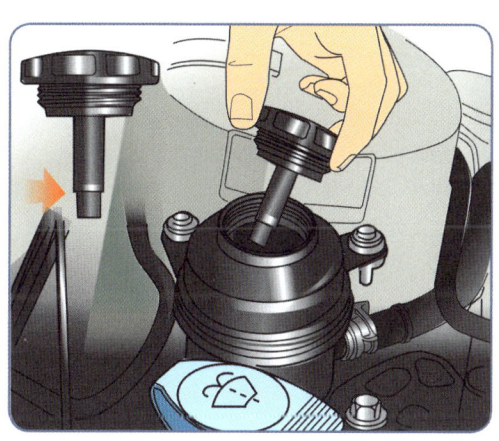

파워스티어링오일 캡

파워 스티어링 오일 점검
- 엔진 냉간 시 : 오일 레벨 게이지의 아래 눈금 이상이어야 정상
- 엔진 열간 시 : 오일 레벨 게이지의 위 눈금을 넘지 않아야 정상

요즘 출시되는 차의 파워 스티어링은 모터식이므로 오일을 점검하거나 교환할 필요가 없어 편리하다. 단 배터리 전원 불량, 연결 배선 커넥터 접촉 불량, 충전계통 고장 등이 발생하면 핸들 조작이 무거워질 수 있다. 특히 전기장치이니만큼 실내 세차 시 습기가 모터 배선에 접촉되지 않도록 주의해야 한다.

SOLUTION 036
수동변속기 오일의 교환 시기

요즘 일반 승용차의 95% 이상이 자동변속기 차량이다. 수동변속기는 스포츠카나 트럭에서나 볼 수 있는데 자동변속기에 비해 고장률이 매우 낮다. 오일이 작동하는 온도가 낮아 산화가 느리기 때문이다. 최근 출시되는 수동변속기 차량의 경우, 메이커들은 오일을 교환할 필요가 없다고 한다. 그래도 5만~6만 km마다 교환해주면 고장 없이 오래 탈 수 있으므로 참고하기 바란다.

수동변속기 오일의 상태가 안 좋아지면 변속기에서 이상음이 발생하고, 기어 변속 시 무겁거나 기어가 잘 들어가지 않는다. 이때 규정된 오일로만 교환해주면 문제가 쉽게 해결될 수 있다.

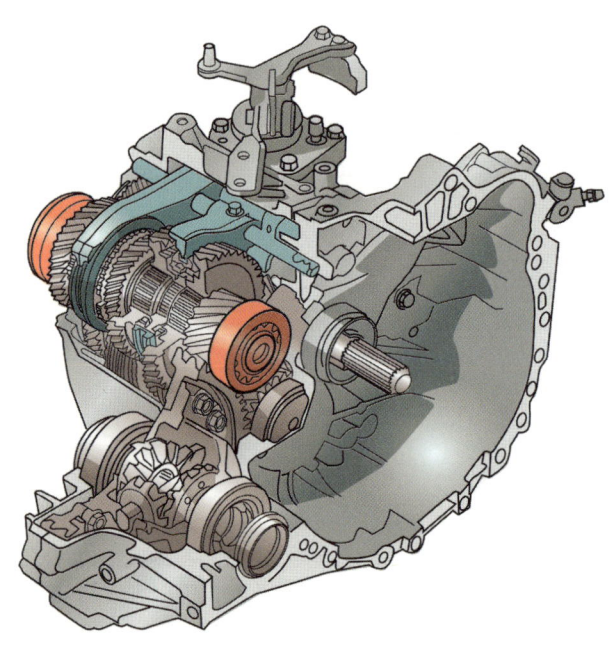

03

자 동 차 문 제 해 결 A t o Z

자동차 평생 고장 없이 탄다!

① 고장은 진단이 중요하다

SOLUTION 037

냄새로 자동차 고장 진단하는 법 8가지

① 보닛을 열었을 때, 배터리 근처에서 나는 식초 냄새

식초 냄새의 원인은 3가지로 정리된다. 첫째는 충전 장치인 발전기 전압 조정기 불량으로 과충전되는 차량이다. 시동을 건 상태에서 전압을 측정했을 때 15v 이상 나오면 발전기를 교환해야 한다.

둘째, 배터리 액이 부족해도 식초 냄새가 난다. MF 무보수 배터리는 배터리 액이 잘 줄지 않지만, PT 배터리는 액이 줄어들면서 냄새가 나는 경우가 많다.

셋째, 배터리 터미널 부분의 부식으로 인해 스케일이 쌓여 있을 때도 이런 증상이 나타난다.

② 보닛을 열었을 때, 히터 작동 시 나는 달콤한 냄새

부동액에 첨가되어 있는 에틸렌글리콜 성분 때문에 나는 냄새다. 라디에이터 호스와 히터 호스 사이에서 누유가 일어나거나, 서모스탯이나 워터펌프 사이에서 부동액이 누유되는 경우다.

열과 만나면서 단 냄새가 나는 것이므로 엔진 시동을 걸어 엔진이 충분히 워밍업된 후 확인하면 쉽게 찾을 수 있다. 누유양이 많은 차량은 눈이 아플 정도로 매워지기도 한다.

③ 주행하다 차가 정지했을 때 나는 휘발유 냄새

엔진 연료라인에서 휘발유가 누유될 수는 있지만, 사실 그런 일은 매우 드물다. 만약 휘발유가 누유된다면 매우 위험하다. 특히 엔진룸 쪽에는 엔진 촉매 장치가 있어 쉽게 화재로 이어진다.

분명 휘발유 냄새는 나는데 새는 곳을 쉽게 찾을 수 없다면, 연료 라인에서 휘발유가 새는 게 아니라 엔진장치, 점화장치, 인젝터, ECM(엔진 컴퓨터) 불량으로 연소가 제대로 되지 않아서 나는 냄새라 판단하면 된다.

> 🧑‍🔧 LPG 차량의 경우도 새는 곳은 없는데 LPG 가스 냄새가 난다면 엔진 장치, 점화 장치, 인젝터, ECM(엔진 컴퓨터) 불량 등이 원인이다. 구형 차량일 경우는 기화기 불량도 의심해봐야 한다.

④ 비닐 타는 냄새

엔진 배선장치의 합선, 혹은 비닐들이 엔진 촉매장치에 붙어서 타는 냄새일 수 있다. 만약 개조한 차량에서 비닐 타는 냄새가 난다면, 배선 굵기를 잘못 선택했거나 릴레이 불량으로 퓨즈박스 소켓이 녹으면서 나는 냄새일 수도 있다. 이런 차량들은 화재의 위험이 있으므로 전문가와 꼭 상담해야 한다.

> **전기장치의 릴레이란?**
>
> 많은 전류가 필요한 장비에 컨트롤러를 직접 연결할 수 없는 경우, 컨트롤러는 저전류 제어신호만 보내고, 릴레이의 ON-OFF를 통해 고전류를 장비에 보내주는 장치를 말한다.

⑤ 오일 타는 냄새

엔진룸에서 오일 타는 냄새가 난다면 그 원인은 오일이 누유되어 엔진 열과 만나면서 나는 냄새거나 터보 장치가 고장나 터보에 순환되는 오일이 엔진 쪽으로 들어가면서 미연소되어 나는 냄새일 수 있다.

만약 누유된 엔진오일이 촉매 장치나 배기 머플러 쪽과 만나면 높은 열에 의해 냄새가 심하게 날 수 있다. 오일 타는 냄새가 나는 차량은 화재의 위험뿐 아니라 터보장치가 고장날 수도 있으므로 전문가와 상담해야 한다.

⑥ 고무 타는 냄새

고무 타는 냄새는 엔진 팬벨트의 장력 부족으

로 벨트가 슬립하면서 난다. 또 타이어의 공기압 부족으로 마찰계수가 커지면서 나기도 한다. 하지만 거의 대부분은 팬벨트 장력 부족 문제이므로, 팬벨트를 조정하거나 교환하면 쉽게 해결된다.

⑦ 종이 타는 냄새, 다림질할 때 눋은 냄새

브레이크 라이닝이나 디스크에서 나는 냄새다. 앞뒤 브레이크 캘리퍼나 실린더가 고착되면서 간극이 좁아져 라이닝이 타는 경우가 대부분이다. 간혹 핸드 브레이크가 당겨져 있거나 사이드 케이블 불량으로 브레이크 라이닝이 드럼과 밀착되면서 이런 냄새가 날 수도 있다.

⑧ 나무 타는 냄새

수동변속기 차량에서만 날 수 있는 냄새다. 클러치는 엔진 동력과 변속기 사이에서 동력을 붙였다 끊었다 하는 장치인데, 클러치 중 압력판, 클러치 마스터 실린더, 오페라 실린더의 불량으로 클러치의 유격(자유 간극) 이하가 될 때 디스크가 슬립하면서 나는 냄새다.

SOLUTION 038
주행 중 핸들이 쏠릴 때는 어떻게 할까?

주행 중 핸들이 좌우 한쪽 방향으로 쏠린다면 얼라인먼트 문제라고 속단하는 경향이 있다. 하지만 얼라인먼트를 보기 전에 타이어의 좌우를 바꾸고 주행해보는 것이 좋다. 만약 그래도 똑같이 쏠린다면 얼라인먼트 교정을 해야 하고, 쏠리지 않는다면 교정할 필요가 없다. 타이어 코니시티가 안 맞아도 핸들이 쏠리기 때문이다.

타이어에 편마모가 생겼을 때는 조향장치와 현가장치 부품 손상을 점검해보고, 이상이 없으면 휠 얼라인먼트 교정을 하면 된다. 쇽업소버, 스프링, 로어 암, 각종 링크의 상태가 불량일(마모, 손상, 변형) 경우도 얼라인먼트 각도가 안 맞아 쏠리게 된다.

코니시티 현상이란?
Conicity

타이어가 움직일 때 회전 방향에 관계없이 한쪽 방향으로만 발생하는 힘을 말한다. '원추화' 현상이라고도 한다. 앞바퀴에 코니시티가 발생하면 핸들의 쏠림 현상이 생기고, 뒷바퀴에서 발생하면 직진 시 핸들의 중심 위치가 변경된다.

SOLUTION 039
자동변속기 작동 고장 여부 점검 방법(타임래그 측정)

브레이크를 밟은 후 변속레버를 P→R→N→D 레인지로 0.5초 간격으로 옮겨보아 충격이 있는지 확인한다. 충격이 없으면 정상, 충격이 있으면 변속기 내부 고장이다. 만약 변속레버를 움직일 때 '쿵' 하는 느낌이 오거나 기어가 들어가는 시간이 0.5초보다 길다면, 오일 양을 먼저 점검해보고 정상이면 변속기 고장으로 판단하면 된다.

SOLUTION 040
승차감의 핵심, 쇽업소버 점검 방법

우선 육안으로 보았을 때, 쇽업소버 주변에 오일이 묻어 있으면 터진 것이다. 새는 곳이 없고 차를 상하로 움직여보았을 때 신속하게 올라갔다 내려갔다 하면 쇽업소버 상태는 정상이다. 요즘은 가스 쇽업소버가 대부분이어서 주변에 오일이 묻어 있는 것을 잘 볼 수 없지만, 차가 움직일 때 소리가 나거나 좌우 높이가 변한 쪽이 있다면 쇽업소버 불량으로 볼 수 있다.
또한 주행 중 코너를 급하게 돌았을 때 차 기울기가 신속하게 복원되지 않는 것도 쇽업소버 불량의 징후다.

· 스프링과 쇽업소버의 기능 ·

스프링
코일 형태가 가장 일반적으로 사용되지만 판 형태, 봉 형태도 있다. 스프링이 상하로 움직이거나 비틀리면서 노면에서 전해지는 충격을 완화한다. 코일 형태일 경우는 스프링의 굵기, 감긴 횟수와 지름에 따라 효과가 달라진다.

쇽업소버
스프링이 충격을 받으면 공이 튕기듯 상하운동을 하게 된다. 이 움직임을 통제하는 것이 쇽업소버의 역할이고 이 힘을 감쇠력이라고 한다. 스프링의 견고함과 쇽업소버의 감쇠력은 균형을 이루어야 한다.

· 스프링과 쇽업소버의 움직임 ·

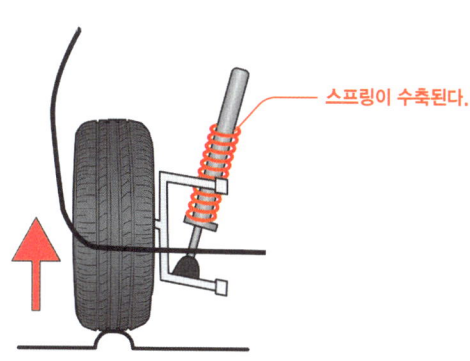

스프링이 수축된다.

타이어가 노면의 볼록한 부분에 올라타면, 스프링이 충격을 흡수해 쇽업소버와 함께 수축한다.

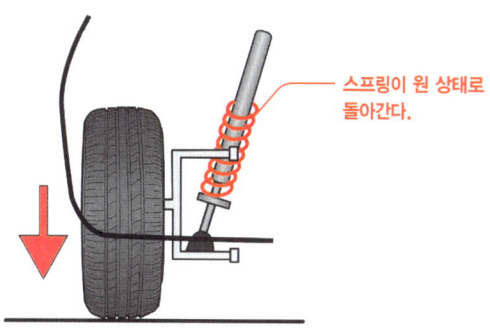

스프링이 원 상태로 돌아간다.

충격 흡수가 끝나면 스프링은 반동으로 다시 수축하려 하지만, 쇽업소버가 버티고 있어서 서스펜션의 상하 움직임을 억제한다.

SOLUTION 041
자동차 퓨즈, 이 정도는 알아야 응급조치할 수 있다

자동차마다 조금씩 다르지만 퓨즈박스는 엔진 보닛 안쪽에 하나, 운전석 왼쪽 발 옆에 또 하나 있다. 이중 전조등 퓨즈, 엔진 ECM 퓨즈, 윈도 모터 퓨즈, 배터리 메인 퓨즈 위치 정도는 알고 있어야 갑작스러운 응급상황 발생 시 쉽게 조치할 수 있다.

퓨즈 교환 시엔 반드시 규정 A 퓨즈를 사용해야 관련 배선과 부품을 보호할 수 있다. 그리고 야간에도 사용할 수 있는 작은 랜턴 하나쯤 차에 비치해두는 것이 좋다.

퓨즈박스

SOLUTION 042
매연이 시커멓게 나오는 이유

디젤차의 주행 거리가 7만~8만 km 정도 되면 언덕길을 올라갈 때, 평지에서라도 다른 차를 추월하거나 가속하려고 할 때 머플러에서 시커먼 연기가 나온다. 이런 차들은 공기량 센서나 EGR 밸브 불량이 대부분이고, 가끔은 커먼레일 고압펌프나 인젝터 불량인 경우도 있다. 커먼레일 고압펌프나 인젝터 부품은 고가이므로 숙련된 기술자에게 의뢰해 신중히 점검하고 판단해야 한다.

SOLUTION 043
전조등(헤드램프)이 흐려진 경우

자동차 전조등 전구는 일반적으로 55w다. 그런데 전조등이 흐리다고 90w 전구를 사용해서는 안 된다. 전조등이 흐린 이유는 전조등 반사광 상태가 좋지 않거나, 렌즈에 습기가 있거나, 전조등 배선 노화로 전류 흐름이 원활하지 않아서이기 때문이다. 이런 경우에는 전조등을 교환하거나 전조등 배선을 굵은 선으로 교체하면 간단히 해결된다.

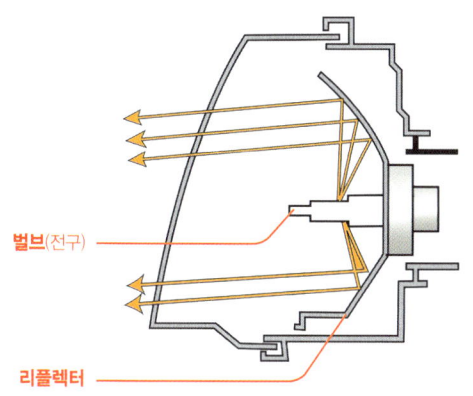

할로겐 램프

가장 많이 사용되는 타입으로, 벌브라고 부르는 전구가 방출하는 빛을 리플렉터와 헤드램프의 렌즈에 들어 있는 렌즈 컷으로 발산시킨다. 소비 전력은 55W이다.

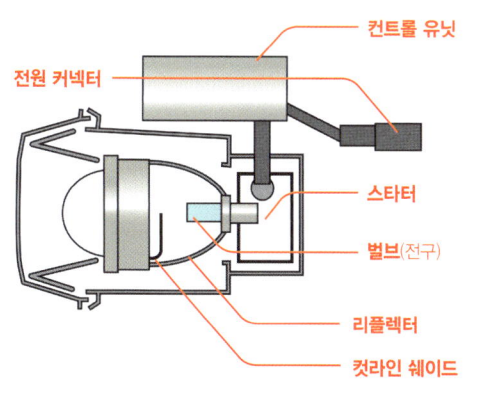

디스차지 램프

최근 인기를 모으고 있는 방식으로, 할로겐 램프가 노란 빛을 띠는 데 반해 푸르스름한 빛을 낸다. 소비 전력이 적고(35W), 필라멘트가 없는 벌브와 컨트롤 유닛으로 구성된다.

SOLUTION 044
미등, 브레이크등, 안개등, 방향지시등이 자주 끊어지는 이유

특히 최근에 출시된 차들에 있어 많이 발생하는 문제로, 이는 전기용량 초과로 인한 것이다. 배선 트러블, 소켓 트러블, 배선 저항 등 접촉 불량으로 생기는 현상이므로 예비 전구를 준비해두는 것을 잊지 말아야 한다. LED 조명으로 개조하는 것 또한 배선 불량의 원인이 될 수 있으므로 주의해야 한다.

SOLUTION 045
창문 작동 시 '드드득' '삑' 소리가 나면서 느리게 움직이는 이유

창문을 올리고 내릴 때마다 '삑'이나 '뿍' 소리가 나면서 움직임이 느리다면 도어 유리고무가 딱딱해졌거나 변형되었기 때문이다. 문틀 자체가 뒤틀렸을 때도 잡음이 나고 움직임이 느려진다. 파워 모터가 불량일 경우도 작동 속도가 느려지거나 불규칙해지지만, 이때는 소리가 나지 않으므로 구분할 수 있다.

② 잡소리 대처하기

SOLUTION 046
핸들 꺾을 때만 '뚝뚝뚝' 소리 나는 차

앞바퀴를 돌려주는 등속조인트가 불량이면 핸들을 꺾을 때만 소리가 나게 된다. 부품을 교환할 때는 반드시 순정부품을 사용하는 것이 좋고, 만약 재생 부품을 사용할 때는 보증기간을 꼭 확인해야 한다.

현가장치

등속조인트

SOLUTION 047
요철, 둔 턱에서 잡소리 나는 차

요철이나 둔 턱을 넘어갈 때 '삐그덕 찌그덕' 소리가 나는 것은 섀시 부품 중 쇽업소버와 스프링 사이, 아니면 휠 하우스 사이에서 나는 소리다. 혹은 로어암 고무붓싱이 마모되거나 고정볼트 유격으로 인한 잡음이다.

부품을 교환하기 전, 로어암이나 쇽업소버 고

정볼트를 2~3바퀴 푼 다음 차체를 상하로 강하게 흔들어준 후 다시 고정볼트를 조여주면 소리가 안 나는 경우가 많다. 이 방법을 한 번쯤 써보고 그래도 안 되면 해당 부품을 교환하도록 한다.

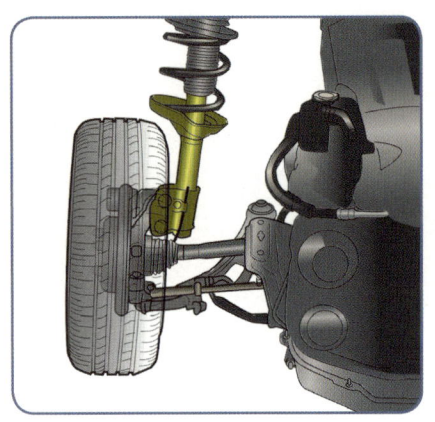

프런트 서스펜션
스트럿식이 많이 사용된다.

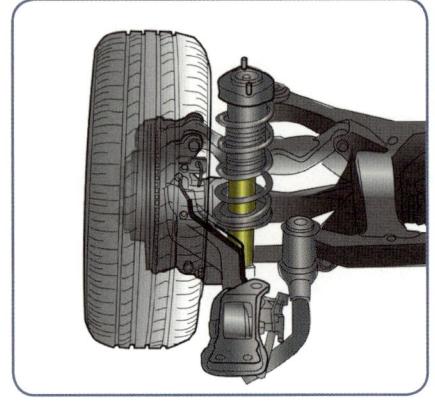

리어 서스펜션
멀티 링크식이 많이 사용된다.

서스펜션과 로어암이란?
Suspension & Lower Arm

서스펜션(현가장치)이란 주행 중 차체가 받는 진동을 흡수하고 4개 바퀴가 노면에 고르게 접지되도록 해 승차감을 향상시켜주는 장치다. 서스펜션에는 여러 가지 방식이 있는데 그중 최근에 많이 사용되는 더블위시본식은 위아래 2개의 암, 즉 어퍼암과 로어암으로 구성되어 있다.

SOLUTION

048

주행할 때만 '웅웅' 우는 소리 나는 차

차량 속도에 따라 바퀴 쪽에서 우는 소리가 난다면 거의 대부분 타이어 편마모로 인한 것이다. 만약 저속에서는 소리가 안 나다가 중속, 고속에서만 우는 소리가 난다면 허브 베어링 불량일 경우가 많다.

SOLUTION 049
클러치 밟을 때 잡소리가 없어지는 이유

수동변속기 차량 중에 시동을 걸어 공전 상태에서는 '찌르륵 찌르륵' 하는 약간의 쇳소리가 나다가 클러치를 밟으면 조용해지는 경우가 있다. 90% 이상은 클러치 부품인 릴리즈 베어링 불량으로, 베어링만 교환해주면 잡소리가 사라진다.

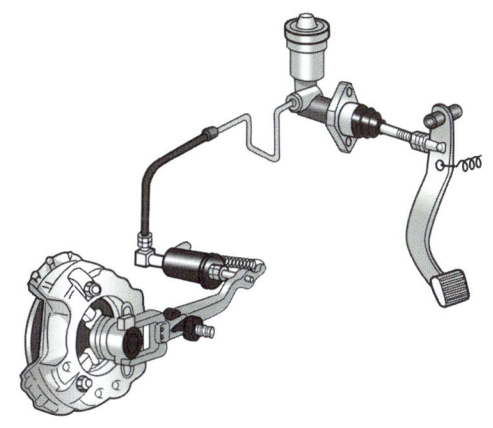

SOLUTION 050
1년에 1회로 차량 잡소리 잡는 방법

자동차 섀시(하체)는 쇠로 만든 부품, 고무로 만든 부품, 링크로 연결된 볼 등이 노면 상태에 따라 올라가기도 하고 내려가기도 하고 수평을 유지하도록 만들어졌다. 사람으로 치자면 팔, 다리, 목, 허리, 뼈처럼 유기적으로 움직이게 만들어진 것이다.

자동차는 도로를 달리기도 하지만 웅덩이에 들어가기도 하고 비탈길, 내리막길, 둔 턱을 지나기도 하고, 무거운 짐을 싣기도 하므로 시간이 지나면 각 연결 부위가 마모되고 변형되어 잡소리가 날 수밖에 없다.

이런 잡소리를 방지하는 쉬운 방법이 있다. 매년 한 번씩 차체를 지탱하는 볼트를 풀고 차를 상하로 여러 번 흔들어준 후 조여주면 웬만한 잡소리는 다 잡힌다. 매년 봄, 4월경에 한 번만 해주면 부품 손상도 방지할 수 있다.

04

자동차 문제 해결 A to Z

시동부터 브레이크까지 퍼펙트!

① 엔진 건강, 시동을 걸어보면 안다

SOLUTION 051

첫 시동 후 워밍업 되기까지 엔진 떨림이 있는 차

아침에 첫 시동을 걸면, 엔진이 떨기 시작해서 핸들까지 진동이 오다가 엔진이 워밍업 되면 정상이 되는 차가 있다. 엔진의 공전 RPM이 낮거나 엔진 RPM을 올려주는 ISC 밸브에 카본이 끼었을 때, 엔진 미미마운트가 변형되었을 때 이런 현상이 발생한다.

또는 플러그 불량, 엔진 헤드 밸브 접촉 불량, 밸브 간극을 조절해주는 오토래시유압밸브 불량, 인젝터나 점화 플러그 불량, 점화 코일 불량일 때도 엔진 떨림 현상이 생기므로 전문가의 점검을 받아야 한다.

S O L U T I O N
052
정차 시 엔진의 시동이 꺼지는 차

주행하다 브레이크를 밟았는데 정지할 시점에서 시동이 꺼지는 경우가 있는데, 그 원인은 두 가지로 볼 수 있다. 첫째, 엔진 부품인 스로틀바디 안에 카본 슬러지가 쌓여 공전에 필요한 공기가 엔진 속으로 들어가지 못하기 때문이다. 둘째, 공전 RPM을 조절하는 장치인 ISC 모터 불량이거나 ISC 밸브에 슬러지 카본이 끼었기 때문이다.

출퇴근 시 길이 막혀 저속으로 가다 서다 반복할 때 시동이 꺼진다면, 속도 센서 불량이 원인이다.

SOLUTION 053
아침 시동 시, 자동차 머플러에서 회색 연기가 난다면?

아침에 시동을 걸면 머플러에서 회색 연기가 5분 정도 나다가, 엔진이 열 받으면 연기가 나지 않는 차가 있다. 원인은 엔진의 헤드 개스킷Head Gasket이나 흡기 배기 밸브의 가이드 고무가 마모되어 엔진 실린더 안으로 엔진오일이 유입되기 때문이다.

그렇다면 아침 첫 시동 시에만 연기가 나는 이유는 뭘까? 가이드 고무는 7만~8만 km 정도 운행하면 딱딱해져서 제 역할을 못 하는데, 엔진이 열 받으면 그 열에 의해 딱딱해졌던 고무가 말랑말랑해지면서 더 이상 엔진오일이 엔진 속으로 들어가지 않기 때문이다.

이런 차들은 엔진오일 교환 후, 2주쯤 있다가 오일 양을 체크해보면 오일이 줄어들어 있을 것이다. 엔진오일을 자주 보충해주어야 하는 차들은 대부분 밸브 가이드 고무 불량이 원인이다. 드물게는 엔진 피스톤링 불량인 경우도 있지만, 엔진오일만 7,000~8,000km마다 교환하는 차는 극히 드물게 나타나는 현상이다.

회색 배기가스의 또 다른 원인
엔진의 가이드 고무가 딱딱해지는 것 외에, 엔진 부품에 유격이 생기거나 실린더와 피스톤 사이에 틈이 생겨 실린더 내부로 엔진오일이 들어가 연료와 함께 연소될 경우에도 회색 배기가스가 배출된다. 간혹 엔진오일을 정상치보다 많이 넣었을 때도 회색 연기가 날 수 있으므로 규정량의 오일을 넣어야 한다.

SOLUTION 054
배기가스가 검은색, 흰색, 청색이라면?

① 배기가스가 검은색이면
연료가 과다 공급되어 불완전 연소되면 검은색 배기가스가 배출된다. 연료 흡입 계통에 카본이 끼어 흡입량이 불량하거나 에어필터에 오염이 심하면 이런 현상이 나타난다.

② 배기가스가 흰색이거나 물이 나오면
배기가스와 외기 온도의 차이 때문에 발생하는 현상으로 자동차 고장은 아니다. 날씨가 추운 겨울에 많이 나타난다.

③ 배기가스가 청색이면
가이드 고무 불량 등의 이유로 엔진오일이 연소실에 유입되어 연소될 때 흰 연기가 나온다. 그런데 적은 양이면 흰 연기가 나오지만, 많은 양의 엔진오일이 연소될 때는 청색 연기가 나오게 된다.

SOLUTION 055
엔진 시동을 껐는데 안 꺼지는 이유

가솔린 엔진은 점화 불꽃으로 연료를 태우기 때문에 엔진 키를 끄면 바로 시동이 꺼져야 한다. 만약 안 꺼진다면 대부분은 엔진 키 스위치 불량이 원인이다.

디젤 엔진은 점화 불꽃 없이도 자연 연소가 가능한 압축 점화 방식이어서, 엔진 연소실에 연료가 아닌 엔진오일이 들어가면 시동이 안 꺼질 수 있다. 디젤 엔진의 시동이 꺼지지 않는다면, 터보장치 불량으로 인해 엔진오일 일부가 엔진 흡입 매니폴드 속으로 들어가 실린더 속에서 자연 발화되었다고 판단하면 된다.

SOLUTION 056
아침에 시동을 걸면 '삐리릭 삑삑' 소리 나는 차

아침에 시동만 걸면 '삐리릭' 하는 소리가 나다가 엔진이 워밍업 되면 조용해지는 차들은 팬벨트가 느슨해졌거나, 파워펌프 발전기 벨트 등이 느슨해져서 나는 소리다. 장력만 조정해주면 문제가 해결된다.

원벨트 시스템은 오토 텐셔너가 장력을 자동으로 조절해주지만, 오토 텐셔너가 불량이면 아침에 소리가 나거나 급가속 시 소리가 나다가 액셀 페달을 놓으면 조용해진다. 이런 경우에는 오토 텐셔너 부품을 교환해주면 된다.

> 에어컨 작동 시에만 소리가 난다면, 에어컨 벨트가 느슨해서 그런 것이니 장력만 조정해주면 간단히 해결된다.

SOLUTION 057
디젤차 시동이 잘 안 걸리는 이유

디젤차의 시동이 잘 안 걸리는 이유는 두 가지 정도로 요약된다. 만약 추울 때만 그렇다면 가열장치 문제로 인한 것이고, 날씨와 상관없이 시동이 걸리지 않는다면 연료계통의 문제다. 특히 커먼레일 엔진의 경우는 고압펌프나 인젝터 불량일 확률이 높다.

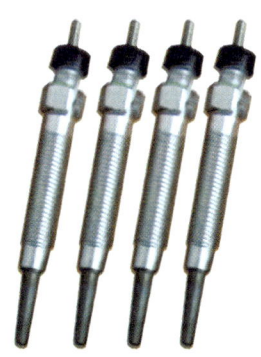

예열플러그

2
안전의 바로미터, 브레이크

SOLUTION 058

브레이크 밟을 때 소리가 나거나 떠는 이유

브레이크를 밟을 때 소리가 나거나 앞바퀴가 떨면서 핸들까지 떠는 차들은 브레이크 디스크가 변형되었을 가능성이 가장 크다.
앞바퀴가 아닌 뒷바퀴에서 소리가 난다면 브레이크 라이닝이 딱딱해졌거나 브레이크 드럼이 타원형으로 변형되어서 그렇다. 점검을 통해 문제가 있는 부품을 교환해주면 된다.

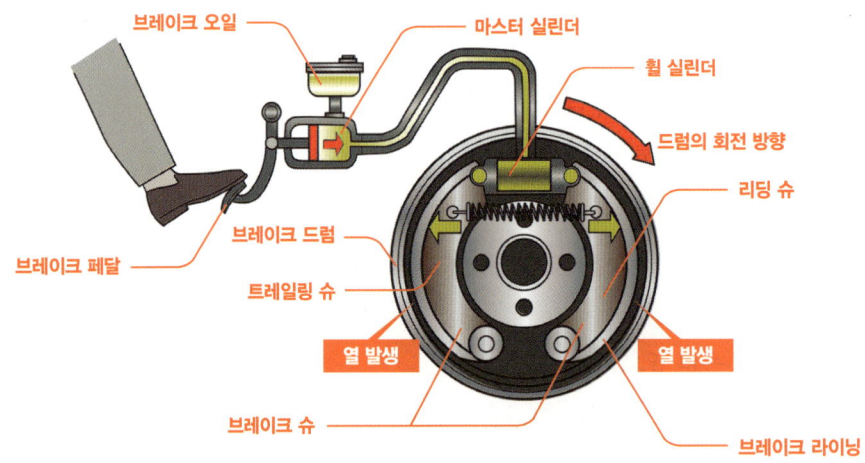

SOLUTION 059
브레이크가 딱딱하고 잘 듣지 않는 이유

엔진 시동을 끄고 브레이크 페달을 밟아보면 처음에는 푹신한 느낌으로 부드럽게 밟히지만, 여러 번 밟으면 페달이 딱딱해지면서 나중엔 거의 페달이 들어가지 않는다. 바로 부스터 진공이 없어지기 때문이다.

만약 브레이크 페달이 딱딱하면서 브레이크가 말을 잘 듣지 않는다면, 부스터 불량일 확률이 가장 높다. 브레이크를 밟고 있다가 엔진 시동을 걸었을 때 브레이크 페달이 쑥 들어가면 부스터 부품은 정상, 페달이 잘 들어가지 않으면 불량이라 봐야 한다.

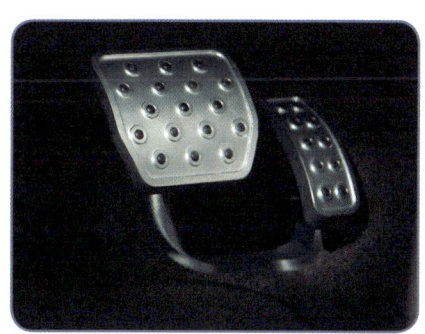

❸ 차의 건강 상태를 알려주는 계기판 경고등

SOLUTION 060
계기판 경고등 색깔엔 의미가 있다

자동차 계기판에 들어오는 경고등 색깔에도 의미가 담겨 있다. 즉 빨간색 경고등은 위험한 고장이므로 운행하지 말고 즉각 점검 및 수리가 필요하다는 사인이다. 노란색은 고장은 고장인데 운행은 가능하다는 표시다. 녹색 경고등은 정상적인 작동을 의미한다.

SOLUTION 061

ABS 경고등은 왜 들어오나?

ABS 경고등은 ABS가 장착된 차량이라는 표시다. 시동을 걸면 잠시 켜졌다가 꺼지고, 주행 중에는 계속 꺼져 있다가 코너를 돌 때 잠시 들어왔다 다시 꺼진다. 코너를 돌 때 좌우의 바퀴 회전수가 차이 나게 움직이는 ABS 시스템이 가동되는 것이므로 정상이라 할 수 있다.

만약 주행 중 계속 ABS 경고등이 들어와 있다면, 제동거리가 길어진다는 의미이므로 평소보다 차간 거리를 더 확보한 후 강하게 제동해야 한다. ABS 관련 장치나 배선 불량일 수 있으므로 빠른 시간 내에 전문가의 진단과 수리를 받는 것이 좋다.

ABS란?
Anti Lock Brake System

ABS는 영문의 의미 그대로 '브레이크의 잠김을 막는 장치'다. 주행 중 브레이크를 밟으면 바퀴가 완전히 회전을 멈추므로 타이어가 미끄러지는 현상이 나타난다. 사고 현장에서 차량의 바퀴 자국을 흔히 볼 수 있는데 이것이 바로 타이어가 미끄러진 흔적, 즉 '스키드 마크'다.

스키드 현상이 일어나면 타이어와 노면의 마찰은 적어지고 제동거리는 길어진다. 바퀴가 잠겨버리면 핸들을 돌려도 방향이 바뀌지 않아 무척 위험한 상태가 되는 것이다. 스키드 현상을 막으려면 브레이크를 나눠서 밟아야 하는데, 아주 노련한 운전자가 아니면 위급 상황에서 정확하게 해낼 수가 없다. 그래서 이러한 조작을 자동으로 해주는 장치인 ABS가 차량에 장착되게 된 것이다.

타이어가 스키드 현상을 보이기 시작하면, 이를 파악한 센서가 신호를 보내 브레이크 오일의 압력을 낮추는 밸브를 연다(이때 ON OFF 간격은 전자식으로 컨트롤된다). 급브레이크를 밟아도 스키드 현상이 일어나지 않고 타이어는 구르면서 제동이 된다. 또한 핸들의 방향도 자유롭게 바꿀 수 있다.

SOLUTION 062
운전석 계기판으로 차 건강 상태를 알 수 있다

자동차 계기판은 속도나 연료 부족만 알려주는 단순한 장치가 아니라, 차의 전반적인 건강

상태를 알려주는 바로미터다. 차의 이상 유무는 단순화된 표시로 계기판에 나타난다. 대부분 운전자들이 연료 잔량을 알려주는 표시등은 잘 알지만, 주전자 모양이나 엔진 모양 표시등은 잘 모르는 경향이 있다.

계기판 아래쪽에 표시되는 주전자 모양은 '엔진오일 압력 경고

등'이다. 경고등이 깜박거리거나 계속 켜져 있을 때는 엔진오일이 정상적으로 공급되지 않는다는 의미다. 이럴 때는 차를 세워 두고 5분 정도 지난 상태에서 오일량이 부족하지 않은지 살펴봐야 한다. 오일량이 정상인데도 경고등이 깜박거리면 오일 펌프에 문제가 생겼다

는 신호이므로 되도록 빠른 시간 내에 정비업체를 방문해 점검해 봐야 한다.

배터리 모양은 '충전 경고등'이다. 배터리 전압이 일정 수준 이하로 떨어졌거나 발전기 벨트 절손 또는 장력 부족 등일 때 켜진다. 주행 중 이 경고등이 켜져도 배터리가 보유하고 있는 전기로 어느 정도 운행이 가능하다. 가급적 불필요한 전기장치를 끄고 서행하면서 가까운 정비업체를 찾아가 수리를 의뢰하면 된다.

엔진 모양에 'CHECK'라는 글씨가 쓰여 있는 경고등이 '엔진점검 경고등'인데, 보통 시동을 걸 때 잠시 켜졌다가 사라지는 것이 정상이다. 만약 주행 중 이 등이 켜지면 엔진 센서가 제 기능을 하지 못하거나 관련 배선이 접촉 불량을 일으켰다는 의미다. 운행에 바로 지장을 주는 것은 아니므로 불안해하지 말고 정비업체를 찾으면 된다.

'주차 브레이크 경고등'은 알파벳 'P'와 느낌표로 표시된다. 만약 주차 브레이크를 해제했는데도 소등되지 않는다면 엔진룸 내 브레이크 오일이 부족하다는 경고다. 브레이크 패드나 라이닝이 마모돼도 이 경고등이 켜진다.

브레이크 패드와 라이닝을 먼저 점검해서 정상이라면, 브레이크 오일을 보충하거나 브레이크 오일 센서가 불량이 아닌지 점검해야 한다.

자동차 문제 해결 A to Z

05

최강 연비의 비밀

① 알면 이익인 자동차 연비의 세계

SOLUTION 063
신호 대기 시 기어를 N이나 P에 놓으면 연비가 좋아질까?

신호 대기를 위해 정차할 때, 기어를 P나 N 렌지로 빼는 운전자들이 많다. 연비를 개선하고 변속기 고장을 줄이기 위해서라는데, 결론적으로 이는 잘못된 상식이다.
예전 자동변속기가 기계식이었을 때는 일리가 있었으나 요즘 자동변속기들은 모두 컴퓨터가 제어하는 전자식이므로 해당사항이 없다. 신호 대기 시 브레이크를 밟고 있기 싫다면 어쩔 수 없지만, 자동변속기를 고장 없이 타고 싶다면 정차 시에도 기어를 D 렌지에 유지하는 것

Part 3 자동차 문제 해결 A to Z • 183

이 좋다.

자동변속기의 기어 렌지를 바꿀 때 유압은 8.8~15바에 달하고, 이 압력에 의해 자동변속기 오일이 쉽게 손상되어 고장이 발생하기 때문이다. 기어를 넣었다 뺐다 했던 차들은 10만~15만 km 정도 되면 고장이 발생하므로 주의할 필요가 있다.

SOLUTION 064
연료절감기 달면 연비가 정말 좋아질까?

자동차 연료 가격이 상승하거나 경제 불황일 때 꼭 등장하는 제품이 연료절감기다. 우리나라도 1980년대 후반부터 여러 회사들의 제품이 쏟아져 나왔지만, 지금까지 살아 있는 회사는 하나도 없다. 시골 장터에서나 볼 수 있는 반짝 상품에 지나지 않는다.

연료절감기라는 것이 다 엉터리는 아니지만 자동차는 운행하는 거리나 상황, 무엇보다 운전자의 습관에 따라 연비가 많이 달라진다는 사실이 중요하다.

엔진 RPM을 서서히 올리는 운전자도 있고, 계속 높은 RPM으로 주행하는 운전자도 있다. 연료절감기 하나가 만병통치약일 수 없다는 말이다. 특정 조건에서는 연비가 좋아질 수 있지만, 모든 조건에서 연비를 좋게 하기는 어렵다. 자동차는 어떤 특정 조건에서만 운행할 수 없기 때문이다. 정말 연비 절감 효과가 뛰어나다면 세계적인 자동차 회사들이 지금까지 손 놓고 바라보고만 있겠는가?

SOLUTION 065
자동차 연비가 좋은지 나쁜지 아는 방법

가솔린차나 LPG 차의 연비를 알 수 있는 간단한 방법이 있다. 우선 엔진 시동을 걸고 워밍업을 한 후, 공전 상태에서 머플러 끝에 흰 휴지를 대봐서 아무것도 묻어나지 않는다면 연비가 좋은 차다. 반면 시커먼 카본이 묻어난다면 연비가 불량하다고 봐야 한다.
또 하나는 머플러에서 나오는 배기가스를 손으로 만졌을 때 손바닥이 촉촉이 젖거나 물기가 나온다면 연비가 좋은 차라 판단해도 된다.

SOLUTION 066
카탈로그의 연비, 어디까지 믿어야 하나?

모든 자동차 카탈로그에는 차의 연비가 적혀 있다. 카탈로그를 기준으로 하면 소위 연비가 좋다는 소형차들은 1리터로 16~17km를 달릴 수 있고, 대형차는 8~9km를 달릴 수 있다. 그런데 가끔 이 연비가 틀리다는 소비자들의 항의가 발생한다.

휘발유가 떨어져갈 때, 이 카탈로그의 연비를 기준으로 생각하는 운전자들이 있다. 예를 들어 '연료 부족 경고등'이 들어온 것을 보고 '이 차의 연비가 12이고, 연료를 30리터 넣어 300km를 달렸으니 앞으로 60km는 더 갈 수 있겠군' 하고 생각하는 식이다. 그러나 이런 계산은 위험천만하다.

카탈로그의 연비는 그 차의 운행조건이 최상일 때를 가정한 것이다. 최상의 노면 상태를 가진 도로에서, 경제속도를 잘 지키고, 정체나 과속이 전혀 없어야만 가능한 수치란 말이다. 하지만 연비는 '노면이 아스팔트냐 시멘트냐, 기어를 몇 단으로 놓고 달리느냐, 브레이크를 몇 번 밟았느냐' 등 수많은 변수가 작용한다. 그리고 대부분의 경우는 카탈로그에 기록된 연비에 도달하지 못한다.

현실적인 의미에서의 연비는 카탈로그의 연비에 20%를 더 추가한 것이라 보는 것이 합리적이다.

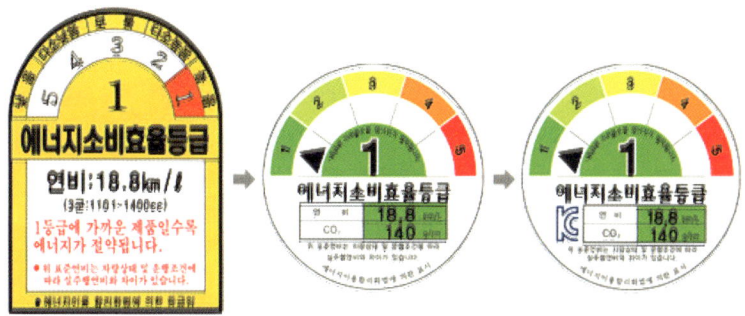

SOLUTION 067
자동차 색상과 연비의 관계

자동차의 색상은 미적 감각뿐 아니라 자동차의 성능과도 밀접한 관계가 있다. 특히 여름철에는 색상에 따라 연비가 최고 5%까지 차이가 난다. 연비는 색깔이 밝은 차일수록 좋고 어두울수록 나빠진다. 즉 흰색 차가 가장 경제적이고, 검은색 차가 기름을 가장 많이 먹는다.

색상이 어두울수록 태양열을 잘 흡수해 실내와 엔진 주위의 온도가 올라가므로, 에어컨이 그만큼 많은 전력을 쓰게 된다. 말하자면 에어컨을 켠 상태에서는 검은색 프라이드와 흰색 엑셀의 연료 소모가 비슷하다. 연비만 생각한다면 흰색 차를 사는 것이 가장 경제적이다.

SOLUTION 068
LPG 자동차 연비의 진실

요즘 도로 위에 LPG 자동차가 많아졌다. 가솔린에 비해 연료값이 싸기 때문인데, 웬일인지 가솔린 엔진에 비해 LPG 차의 연비가 좋지 않다고 난리다. 결론부터 말하자면 LPG 차에 LPG 전용 엔진을 장착하지 않아서 그렇다.
가솔린차가 연료 1l로 10km를 간다면, 공학적으로 계산하면 디젤차는 13km를 가고, LPG 차는 8km를 가는 것이 정상이다. LPG 차의 연비가 가솔린차에 비해 떨어지는 이유는 조금 황당하다. LPG 차에 LPG 전용 엔진이 아닌 가솔린 엔진을 장착하기 때문이다.
LPG 연료의 특성상 가솔린에 비해 연소 속도가 늦기 때문에 연비를 좋게 하려면 가솔린 엔진보다 점화시기가 5~10도 빨라야 하고 압축비 또한 달라져야 한다. 그런데 가솔린 엔진에 연료장치만 LPG로 바꿔서 사용하기 때문에 완전연소가 이루어지지 않는다. 이것이 LPG 차의 출력과 연비가 가솔린차에 비해 떨어지는 진짜 이유다.

SOLUTION 069
알뜰한 경제운전 요령 10가지

① 출발은 부드럽게 한다. 급출발 10번이면 100cc의 기름이 낭비된다.
② 경제속도를 지킨다. 경제속도 10% 초과 시, 연료소비량은 7.2% 증가한다(고속도로는 시속 70km, 일반 도로는 60km가 경제속도다).
③ 시동 후, 3분 워밍업 습관을 기른다.
④ 기어 변속은 속도에 맞춰 제때 한다.
⑤ 에어컨을 사용하면 연료 소비량은 평균 10% 증가한다(특히 한여름에 차에 오르자마자 에어컨을 켜는 것은 연료를 낭비하는 행동이다).
⑥ 급가속, 급정지를 하지 않는다.
⑦ 불필요한 공회전을 하지 않는다.
⑧ 같은 거리라면 포장도로에 비해 비포장도로가 연료를 30% 더 사용한다.
⑨ 불필요한 짐 10kg을 싣고 50km를 달리면 약 80cc의 기름이 더 든다(차에 불필요한 짐을 싣지 않도록 한다).
⑩ 타이어가 표준 공기압보다 30% 높으면 8%의 기름이 낭비된다(항상 표준 공기압을 유지하는 것이 좋다).

2. 연료는 효율적으로, 주유는 경제적으로!

SOLUTION 070
자동차 연료는 밤이나 새벽에 넣는 것이 유리하다

휘발유 주유는 낮 시간보다 밤이나 새벽에 하는 것이 유리하다. 연료탱크에 가득 넣을 경우 약 1리터가 더 들어가므로 그만큼 이익을 보는 것이다. 또한 셀프 주유할 때 더 큰 이익을 볼 수 있는 방법이 있다.

이런 상황이 가능한 것은 기온에 따라 분자 배열이 달라지기 때문이다. 분자는 기체 상태일 때 가장 활발하게 활동하고 액체, 고체 순으로 움직임이 둔해진다. 분자 배열 역시 기체, 액체, 고체 순으로 점점 조밀해진다. 즉 온도가 내려갈수록 분자의 움직임은 둔해지고 배열은 조밀해져 분자간 거리가 좁혀진다. 다시 말해 온도가 낮을수록 분자가 응축되는 것이다.

셀프 주유소에서는 주유 레버를 절반만 당겨 주유하면 거품이 생기지 않아 같은 가격에 더 많은 연료를 채울 수 있다. 분명 같은 가격의 기름을 넣었는데 연료 게이지가 조금밖에 올라가지 않는 경우를 경험했을 것이다. 빨리 주유하다보니 거품, 즉 기체를 넣은 것이다. 시간이 지나 기체가 액체 상태로 변하니, 연료를 적게 주입한 꼴이 된다.

> 주유는 가능하면 낮을 피해 밤이나 새벽에 하고, 속도는 천천히 하는 것이 좋다. 이 2가지 방법을 잘 이용하면 최대 2리터 정도를 이익 볼 수 있다.

 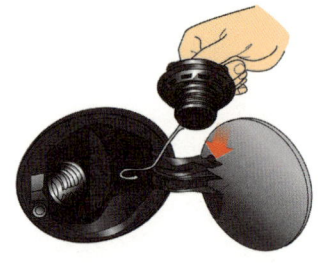 

SOLUTION 071
주유소나 카샵에서 판매하는 연료첨가제를 꼭 넣어야 할까?

연료첨가제는 일반 가솔린이나 디젤 연료가 더 좋은 성능을 발휘하게 해주는 역할을 한다. 연료가 연소되면서 발생하는 카본을 청소하고 연료라인의 세정을 도와줌으로써 엔진 성능을 향상시키고 배출가스를 줄이는 효과를 발휘한다. 가끔씩 넣어주는 것도 나쁘지 않다.

SOLUTION 072
LPG 자동차 연료의 특성

LPG 연료는 계절에 따라 구성이 달라진다. 즉 3월부터 11월까지는 100% 부탄만 사용하고, 12월부터 2월까지는 부탄 70%, 프로판 30%를 섞어 쓰고 있다. 부탄에 프로판을 섞어 쓰는 이유는 증기압 때문이다.

부탄의 경우 날씨가 영하로 떨어지면 연료 압력이 0.5kg/㎠로 떨어져 연료 이송이 안 돼 시동이 잘 걸리지 않는다. 하지만 프로판은 영하에서도 3.5kg/㎠의 압력을 형성하기 때문에 연료 펌프 없이도 연료 이송이 가능해 시동에 문제가 없다. 겨울에 부탄에 프로판을 섞어 쓰는 이유가 바로 그것이다.

부탄에 프로판을 30% 섞어 쓰는 동절기엔 엔진 점화시기를 5도 빠르게 조정하고 점화 플러그 간극 또한 0.7~0.8mm를 넘지 않도록 조정해주어야 한다.

LPG 차량 점검 노하우

일반 플러그는 20,000km마다, 백금 플러그는 10만 km마다 교환해주어야 한다. 10만 km 정도에서는 산소 센서와 듀티 솔레노이드를 교환해주면 출력을 물론 연비 또한 10% 정도 좋아진다.

정차 시 가스 냄새가 나는 것은 가스 누유가 아니라 엔진 연소 불량일 가능성이 크므로 점화장치와 밸브 간극을 자동 조절해주는 오토래시를 점검해봐야 한다.

SOLUTION 073
주유소 연료 혼유 사고를 막으려면?

가솔린차에 경유가 혼유되면 시동만 꺼지고 연료장치 부품의 손상은 없다. 그런데 반대로 경유차에 가솔린이 혼유되면, 연료장치 부품 손상은 물론 엔진 내부 부품까지 손상될 수 있어 매우 심각하다. 차종에 따라 다르지만 국산차는 3백~5백만 원, 수입차는 천만 원 이상의 수리비가 들어가게 된다.

만약 혼유가 된 사실을 알아차렸다면 절대 시동을 걸지 말고 혼유된 연료를 모두 빼내고 청소해주어야 한다. 혼유된 비율에 따라 다르지만, 1시간 이상 운행 시엔 엔진과 연료장치 부품이 손상될 수 있으므로 주의해야 한다.

혼유 사고를 방지하기 위해서는 주유하기 전에 연료의 종류를 알려주거나, 연료 뚜껑 커버 안쪽에 한글로 크게 써놓는 것도 방법이다. 또한 주유 후 영수증을 챙겨 놓아야 사고 시 보상을 요구할 수 있다.

06

자 동 차 문 제 해 결 A t o Z

꼭 알아야할
운전 파트너 4총사

① 냉각 라인의 필수품

SOLUTION 074
부동액은 어떤 기능을 하나?

엔진 냉각수란 물과 부동액을 섞은 것인데, 부동액은 2가지 기능을 갖고 있다. 첫째는 냉각수가 얼지 않도록 하는 것이다. 기온이 영하로 떨어지면 엔진 내부에 있는 워터자켓의 냉각수가 팽창되어 엔진 실린더 블록 및 라디에이터 등이 파손될 수 있기 때문이다. 둘째는 라디에이터 및 관련 부품의 부식을 방지하는 기능이다.

엔진룸 내 냉각수 보조탱크의 수량을 2~3개월에 한 번씩 점검하고, 부족할 때는 4계절용 부동액과 수돗물을 반반씩 섞어서 보충하면 된다. 물과 부동액을 섞는 비율에 따라

어는점이 달라지는데, 물 40% 부동액 60%일 때 가장 낮은 동질 온도를 유지한다고 한다.

부동액(%)	30	40	50	60
물(%)	70	60	50	40
어는점	-14.5℃	-27℃	-35℃	-46℃

• 물과 부동액의 혼합 비율에 따른 어는점 변화 •

냉각수에 사용할 수 있는 물은 순도가 높은 증류수, 수돗물, 빗물 등이다. 지하수를 사용하면 녹이 발생할 확률이 높아지므로 삼가야 한다.

SOLUTION 075
부동액의 종류

부동액에는 에틸렌 글리콜(EG 계열)과 프로필렌 글리콜(PG 계열)이 있다. 국산 부동액은 대부분 EG 계열인데 청록색이나 황록색을 띠고 무색투명하며 단맛이 난다. 가격이 저렴한 대신 독성이 강해서 섭취 시 인체에 치명적이다.

부동액 속에 함유된 방청 성분인 인산염과 규산염 때문이다.
이에 반해 PG 계열 부동액은 적색을 띠고 독성이 없어 환경에도 무해한 것이 특징으로 수입차에 많이 사용된다.

SOLUTION 076
부동액이 녹색이면 안심해도 될까?

부동액은 엔진 동결을 막아주는 역할뿐 아니라 엔진 부품의 부식 방지와 방청작용을 동시에 한다. 부동액 상태가 좋지 않으면 엔진 부품이 녹슬기 시작해 라디에이터는 물론 워터펌프, 실린더블록 헤드 냉각라인에 물때가 끼어 냉각 순환이 어려워진다. 고속주행 시 오버히팅이 일어나고 냉각팬이 자주 돌아 결국 엔진 수명 단축으로 이어지는 것이다.
일반적으로 부동액이 녹색이면 정상이라고 판단하는데 이것은 잘못된 상식이다. 부동액이

제 역할을 하는지 알려면 정확한 비중과 성분 조사를 해야 하는데, 일반인들이 할 수는 없고 카샵을 이용해야 한다. 2년이 지난 부동액은 녹색을 유지하고 있지만, 부동액이 갖춰야 할 화학적 물질에 변화가 생겨 제 역할을 할 수 없다는 사실을 명심해야 한다.

특히 5년 정도 된 차량들은 냉각라인 고무호스 등 관련 부품도 점검해야 한다. 호스 밴드 부분에 흰색이나 녹색의 물 흐른 자국이 있는 차들은 호스 밴드를 다시 조여주거나 교환, 수리가 필요하다.

> 부동액은 녹색을 유지하고 있더라도, 2년 40,000km마다 한 번씩 교환해주어야 한다.

SOLUTION 077
엔진이 오버히팅 하면 냉각수부터 보충해야 하나?

주행 중 갑자기 온도 계기판이 올라가고 심지어 엔진룸에서 연기가 나기 시작하면 당황하지 않을 수 없다. 대부분의 운전자는 차량을 세우고 시동을 끄는데 이것은 가장 좋지 않은 방법이다. 그나마 작동하고 있던 냉각라인이 모두 정지해버리기 때문이다.

오버히팅의 기미가 있어도 엔진은 그렇게 금방 손상되지 않으므로, 우선 안전한 장소를 찾아 차량을 세운 후 엔진을 아이들링 상태로 유지하면서 보닛을 열어 통풍이 잘 되도록 하면 된다. 서서히 수온계의 바늘이 내려갈 것이다. 이때 에어컨을 작동시키면 냉각 팬을 고속으로 돌려 엔진을 식혀주므로 도움이 된다.

라디에이터 캡을 열면 빨리 온도를 낮출 수 있을 거라 생각하기 쉽지만 뜨거운 수증기가 뿜어져 나와 위험할 뿐 아니라 있던 냉각수마저 분출되어 없어지기 때문에 자제하는 것이 좋다. 충분히 냉각된 후에 이상 유무를 점검하는 편이 낫다.

오버히팅의 원인은 냉각 순환이 정상적으로 이루어지지 않기 때문이다. 냉각수가 부족하거나, 냉각팬이 돌지 않거나, 서모스탯이 닫혀

있는 경우가 대부분인데 가끔은 워터펌프 불량일 경우도 있다. 또 팬 퓨즈 단선, 배선 커넥터 접촉 불량일 때도 오버히트가 일어날 수 있으니 주의 깊게 점검해야 한다.

엔진이 오버히팅해 냉각수가 끓으면 부동액에 들어 있는 에틸렌 글리콜로 인해 단 냄새가 난다. 단 냄새가 난다면, 엔진 온도가 너무 올라갔거나 냉각수가 누유된다는 얘기이므로 필히 점검해야 한다.

오버히트란?
overheat

엔진의 냉각수 온도는 엔진에서 발생하는 열량과 라디에이터로부터 방열되는 열량의 밸런스에 의해 결정된다. 냉각이 충분히 이루어지지 않아 냉각수가 비등해 라디에이터 캡에서 증기가 뿜어져 나오는 현상을 오버히트(Over Heat)라 하며, 주행을 계속하면 엔진 성능이 저하되어 결국 엔진이 작동을 멈춘다.

엔진에 특별한 이상이 없는데 수온계가 왔다갔다 한다면 4가지 경우를 의심할 수 있다. 즉 라디에이터를 통과하는 공기량 과소, 송풍(送風)의 온도 과열, 냉각 수량 부족, 가혹한 주행 상황이다.

라디에이터를 통과하는 공기 흐름을 방해할 수 있는 에어로 파츠(Aero Parts) 및 대형 안개등을 설치한 경우, 또는 험한 길을 오랫동안 주행하여 라디에이터가 막힌 경우에 냉각수 온도가 높아지는 것이다. 또 팬벨트가 느슨해지거나 끊어지면 냉각 팬에서 라디에이터로 보내는 풍량이 적어져 오버히트가 될 수 있다.

터보를 탑재한 자동차를 튜닝하여, 라디에이터 앞에 대형 인터쿨러를 설치하면 풍량이 적어짐과 동시에 온도가 높아져 냉각 효과가 나빠진다. 이런 차량을 억지로 주행하면 금방 오버히트 현상이 발생한다. 오래된 냉각수 파이프가 누수되거나 워터펌프를 구동하는 벨트가 느슨해지면 순환하는 냉각 수량이 적어지기 때문에 오버히트의 원인이 된다. 주행 전 일상 점검으로 위급 상황을 방지해야 한다.

SOLUTION 078
냉각수 보충하는 방법과 주의점

시동이 걸려 있거나 엔진이 과열된 상태에서는 절대 냉각수 보조탱크 캡을 열어서는 안 된다. 화상의 위험이 있기 때문이다. 엔진이 충분히 식었다고 판단되면 냉각수 보조탱크의 캡을 서서히 1/4 정도 열면 공기 빠지는 소리가 '칙' 하고 날 것이다. 조금 기다렸다 캡을 연 후, 냉각수를 보충하면 된다. 보충이 끝났으면 시동을 걸고 온도 미터가 1/2에서 조금 더 올라갈 때쯤 냉각팬이 도는지 확인한다.

겨울이 아니라고 부동액 없이 물만 보충하는

경우도 있는데, 냉각장치 관련 부품 부식으로 인한 동맥경화 현상으로 이어져 에어컨이 제 기능을 못하게 될 수 있으므로 주의해야 한다.

🛠 냉각수 보충 후에는 보조탱크 캡을 완전하게 잠가야 한다. 가끔 캡 불량으로도 오버히팅이 생길 수 있으므로 5년이나 10만 km마다 교환해주는 것이 좋다.

냉각수 보조탱크

SOLUTION 079
서모스탯이 하는 일

서모스탯thermostat은 냉각수의 온도 조절기다. 실린더 헤드의 냉각수 통로 출구에 설치되어 엔진 내부의 냉각수 온도 변화에 따라 밸브를 열었다 닫았다 하며, 냉각수가 정상 온도 75~85℃를 유지하도록 한다.

냉각수 온도가 정상 이하이면 밸브를 닫아 냉각수가 라디에이터 쪽으로 흐르지 않도록 하는데, 이때 냉각수는 바이패스 통로를 통하여 순환하게 된다. 냉각수 온도가 76~83℃가 되면 서모스탯이 서서히 열리기 시작해 냉각수가 라디에이터 쪽으로 흐르고, 95℃가 되면 완전히 열린다.

서모스탯이 고장나면 여름철엔 엔진 오버히팅이, 겨울철엔 히터 과열이 일어나게 된다. 약 8만~10만 km마다 교환해주면 트러블을 예방할 수 있다.

서모스탯의 종류

서모스탯엔 벨로즈형(bellows type)과 펠릿형(pellet type)이 있는데, 현재는 거의 펠릿형이 사용된다. 펠릿형은 왁스 케이스 내에 왁스와 합성고무를 봉입한 것이다. 냉각수 온도에 따라 왁스의 팽창 및 수축이 일어나는데 이 현상을 이용해 통로를 개폐하는 방식이다.

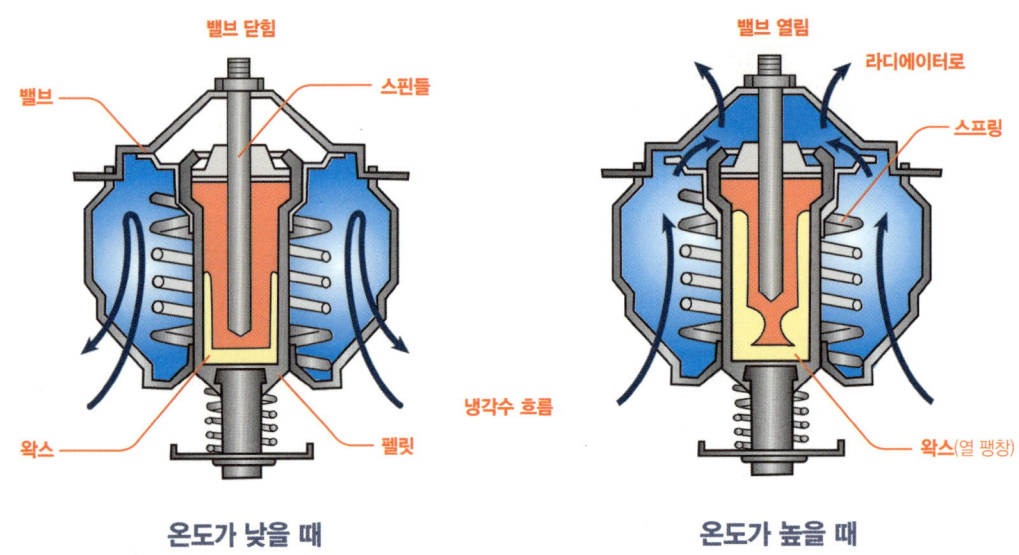

온도가 낮을 때 / 온도가 높을 때

배터리 종류와 트러블 해결

SOLUTION 080
배터리 용량은 계절에 따라 달라진다

배터리는 전기 에너지를 화학 에너지로 일시 저장했다가 필요할 때 전기 에너지로 뽑아 쓰는 장치다. 엔진의 시동 전원뿐 아니라, 발전기의 발전량이 부족할 때 조명등 및 일반 전기 장치의 전원으로 사용된다. 보통 배터리 용량은 CCA(Cold Cranking Ampere)로 표시되는데 숫자가 높을수록 시동성이 좋은 것이다.

그런데 100% 새 배터리라고 해도 기온이 낮아지면 배터리 성능(용량)이 급격히 저하된다. 배터리는 화학반응에 의해 전력을 얻기 때문에 온도가 높아지면 반응이 활발해져 전기 용량이 증가하고 낮아지면 감소하는 것이다. 평소 시동이 잘 걸리던 차들도 영하 10℃만 넘으면 용량이 70%로 떨어지게 된다. 게다가 엔진오일 점도까지 높아져 겨울엔 시동 걸기가 한층 어려워진다. 한랭지를 주행하는 차량이라면 영하 30℃에서도 시동 능력이 있는 고성능 배터리를 장착해야 한다.

배터리의 구조는 플라스틱 재질의 용기 안에 플러스(+)와 마이너스(-)의 극판을 배치하여 전해액에 침전시킨 셀(Cell)을 조합시킨 것이다. 한 개의 셀이 약 2.1V의 전압을 발생하므로 승용차의 12V(실제로는 12.6V) 배터리는 6조의 셀을 직렬로 연결하고 양끝에 단자가 설치되어 있다.

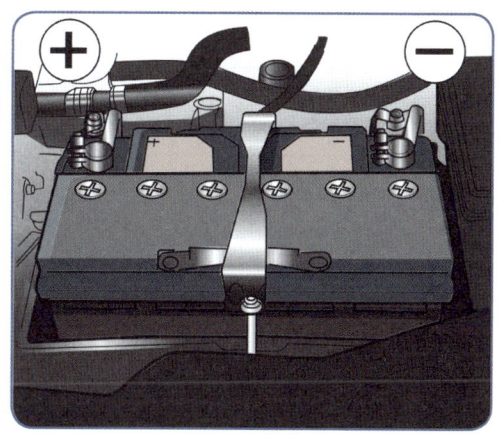

플러그 극판엔 과산화납이, 마이너스 극판엔 납이 각각 전해액에 용해되기 쉽도록 스퍼지 모양으로 가공되어 메워져 있다. 플러스와 마이너스의 단자가 전기회로를 사이에 두고 연결되면 과산화납과 납이 유산(硫酸)과 화학반응을 일으켜 유산납으로 변화되고 전해액 속에 물이 증가한다. 이 과정을 방전(妨電)이라고 하는데 방전이 길게 지속되면 전해액은 물에 가까워져 전기를 발생하는 것이 불가능해진다. 배터리의 방전량은 전해액의 농도로 측정할 수 있다.

반대로 올터네이터에 의해 발전된 전기를 배터리에 공급하면 방전에 의해 형성된 유산납이 각각 원래의 과산화납과 납으로 복귀되어 전해액 속에 유산이 증가한다. 이 과정을 충전 充電이라 한다. 이때 전해액 중의 물은 전기분해 되어 양극엔 산소, 음극에 수소가 생긴다. 배터리를 사용하면 전해액이 점점 감소하므로 보충이 필요하다.

이런 표준형 배터리엔 MF 배터리 Maintenance Free Battery가 있다. 충전 시 전해액이 전기분해 및 자연방전을 하기 어렵게 만들어 물의 보충과 충전의 수고를 적게 또는 없도록 만든 것이다.

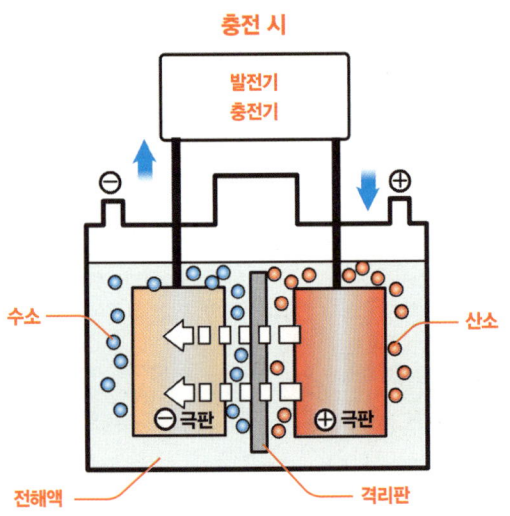
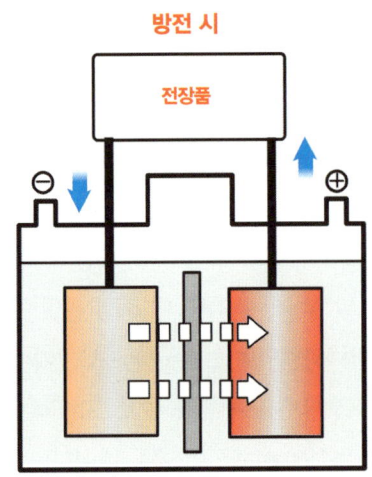

· 배터리의 화학반응 ·

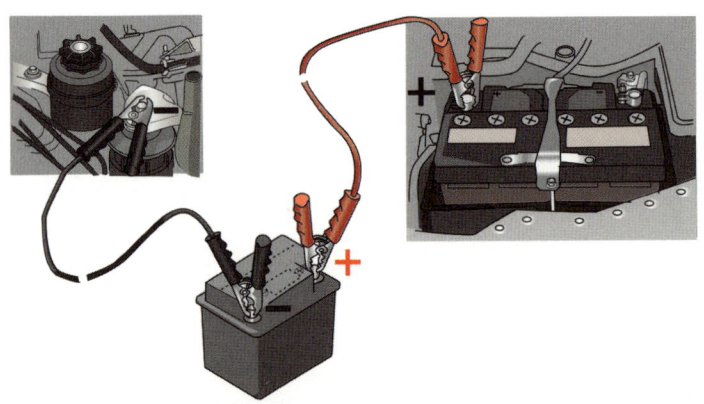

· 방전 시 점프 케이블 요령 ·

SOLUTION 081
자동차 배터리 교환 시기

자동차 배터리는 짧게는 3년, 길게는 5년 정도 사용할 수 있다. 겨울철 영하 10° 이하로 떨어지면 시동이 잘 안 걸리는 이유는 배터리 용량이 100%에서 50~70%로 뚝 떨어지기 때문이다. 온도에 따라 배터리 용량이 늘었다 줄었다 하기 때문에 시동이 잘 걸렸던 차들도 추워지면 문제가 생기는 것이다.

3년 이상 된 차들은 기온이 영하 10℃ 이하로 내려가면 용량이 35~40%만 남게 된다. 겨울철 배터리 교환 없이 오래 사용하려면 보온 처리를 하면 된다. 배터리 터미널 양쪽 주변을 따뜻하게 감싸주고 배터리 위는 수건으로 덮는 것이다. 수도계량기 동파를 막는 방법과 유사하다. 이렇게 관리하면 5년 이상 사용할 수 있다. 단, 봄이 오면 보온 처리한 것을 제거해주는 것을 잊으면 안 된다.

하지만 5년 이상 된 차라면 날씨가 추워지기 전에 배터리를 교환해주는 것이 좋다.

SOLUTION 082
MF 배터리 충전지 시계 보는 법

배터리 터미널엔 일반 배터리 배터리액을 보충하는 타입와 MF 배터리 무보수, 배터리 액을 보충하지 않는 타입가 있다. MF 배터리의 경우, 상단면에 있는 충전지 시계로 배터리 충전 상태를 확인할 수 있다. 하지만 충전지 시계를 너무 믿어서는 안 된다. 배터리 극판 6개 중 1개의 상태만 표시되는 것이기 때문이다.

충전지 시계	충전 상태	필요 조치
초록색	정상	없음
흑색	충전 부족	배터리 충전
투명	액 부족	시동이 걸리지 않을 때 배터리 교환

※ 점프 시, 혹은 배터리 교환 시, 메모리 삭제 후 전원을 연결한다.

SOLUTION 083
배터리 제조일자 확인하기

배터리 제조일자는 회사마다 표기 방식이 달라 혼란스러웠으나, 최근 표기 방식이 표준화되어 누구나 쉽게 확인할 수 있다. 예전 표기 방식은 제조 연월일, 그리고 제조사 참고 코드로 구성되어 있다. 제조 월이 알파벳으로 표기되었다는 것 정도는 알아두는 것이 좋다. 즉 A는 1월, B는 2월, H는 8월과 같은 식이다.

· 예전 표기방식(예) ·

	A사	B사	C사	D사	E사
표기방식	K I 3 H 16	A X 5 0 K H	8 G KJ 20	O L R 11	KB 3 H 20
제조일자	2013. 8. 16	2013. 7. 15	2008. 7. 20	2010. 11. 11	2013. 8. 20

· 개선된 표기방식(예) ·

06-04-2016(일월년 순) → 2016년 4월 6일 제조·(제조사 공통)

타이어 제대로 알기

SOLUTION 084
타이어는 언제 교환해야 하나?

타이어는 차체 중량 및 하중 지지, 노면으로부터 충격 완화, 구동력 및 제동력을 노면에 전달, 자동차의 방향을 전환시켜주는 중요한 역할을 한다. 타이어가 마모되면 브레이크 제동거리가 길어지고 빗길 눈길에서 미끄러질 수 있으므로 타이어 트레드 깊이가 1.6mm 이하일 때는 타이어를 교환해주어야 한다.

타이어는 1만 km 주행 시 약 1mm 정도 마모되기 때문에, 5~6만 km마다 교환해주는 것이 좋고, 더 오래 사용하려면 2만 km마다 위치를 교환해주어야 한다.

타이어는 재질의 속성상 공기에 노출되면 재질이 산화되어 갈라지기 시작하고, 차량 무게와 짐의 하중에 취약해지므로 고속주행 시 타이어가 파손될 우려가 있다. 트레드 높이에 문제가 없더라도 5년 이상이면 교환해주는 것이 안전하다.

요즘 타이어는 대부분 4계절 타이어이므로 눈이 많이 오는 산간지방이 아니라면 4계절 사용이 가능하다. 타이어 교환은 장마 시작 전 7~8월과 겨울이 오기 전 12월 초 정도가 적기이다.

타이어 편마모로 인해 핸들이 한쪽으로 쏠린다면, 휠 얼라인먼트 조정을 하면 된다. 주행 중 일정 속도에서 핸들이 떨 때는 타이어 휠 밸런스 조정을 하면 해결된다.

• 트레드 패턴 •

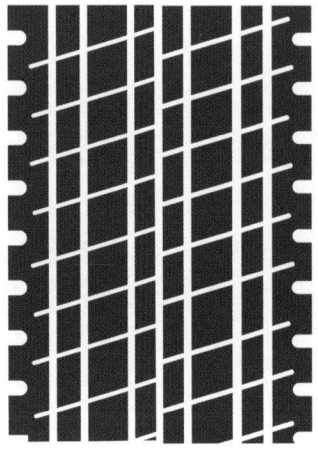

리브형 패턴

소음이 적으며 균형감이 뛰어난 가장 일반적인 패턴이다. 포장도로 주행에 적합하므로 승용차부터 버스까지 폭넓게 사용된다.

러그형 패턴

마찰력이 강하며 강한 힘을 확실하게 노면에 전달할 수 있으나 승차감이 좋지 않고 소음이 크다. 상태가 나쁜 길의 주행에 적합해 공사 현장 차량에 주로 사용된다.

블록형 패턴

세밀하고 복잡한 형태의 블록이 많아 마찰력이 뛰어나므로 노면을 확실하게 '잡는' 느낌을 준다. 스터드리스 타이어 등에 사용된다.

리브 러그형 패턴

리브형과 러그형의 장점을 두루 갖춘 패턴이다. 공사 현장 등의 험한 길과 포장도로 모두를 달려야 하는 덤프 트럭 류에 사용된다.

스틸 래디얼 타이어

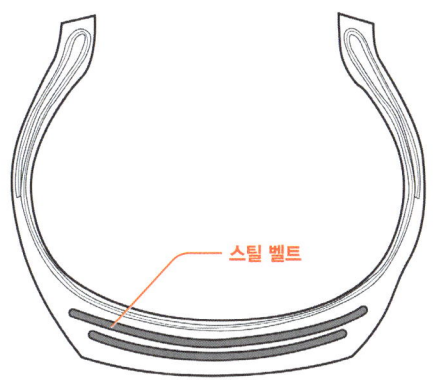

튜브리스 타이어 중에서 타이어 안쪽에 철을 넣어 펑크를 방지하는 기능의 타이어를 통칭한다. 래디얼이란 벨트를 감는 구조를 가졌음을 의미한다. 현재 사용되는 타이어 대부분이 여기에 속한다.

스터드리스 타이어

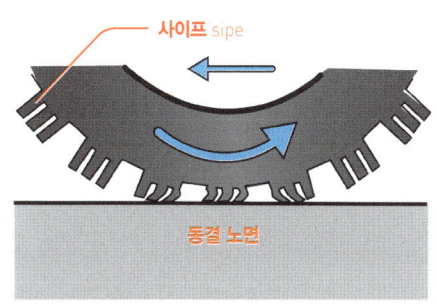

블록 패턴의 타이어에 '사이프'라고 하는 작은 홈을 파서 눈과 빙판길에서 마찰력을 좋게 만든 타이어를 말한다. 고무 안에 딱딱한 섬유나 호두껍질 같은 것을 섞어 노면과의 마찰 저항을 향상시킨다.

SOLUTION 085

타이어 교환 시기를 알려주는 슬립 사인

타이어 가장자리를 자세히 보면 △표시(작은 빨간색 화살표)가 되어 있는데, 이곳에서 노란색 화살표를 따라가다 보면 마모한계 돌출 부분(큰 빨간색 화살표)을 찾을 수 있다.

타이어 가장자리부터 이 부분의 높이(1.6mm)까지 트레드가 마모되면 교환을 해야 한다는 표시다.

마모된 높이가 불확실하면 백 원짜리 동전을 이용해 확인할 수 있다. 타이어 트레드 깊이에 동전을 넣어보아 '100'이란 숫자가 잘 안 보이면 정상, 숫자가 선명하게 보이면 교환 시기라 봐야 한다.

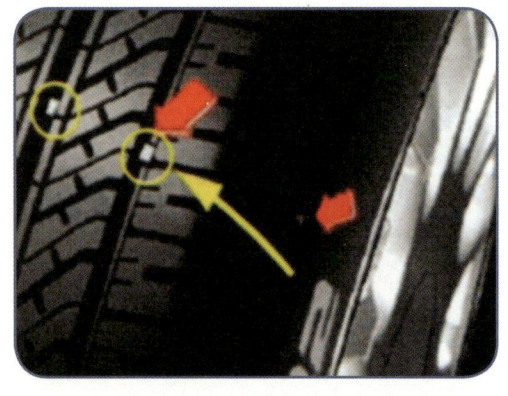

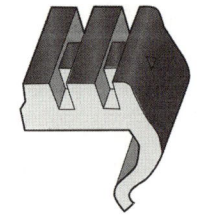

슬립 사인이 노출되지 않은 상태

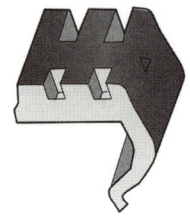

슬립 사인이 노출된 상태

돌기가 타이어 표면에 노출되어 노면에 접하게 되면 타이어를 교환해야 할 시기이다.

SOLUTION 086
타이어 발열 사고를 막으려면

차가 달릴 때는 타이어에 열이 발생한다. 과속, 과다 적재, 공기압 부족 등의 경우에는 열이 더 많이 생기고, 이 열은 타이어 내부에 축적된다. 기온이 높은 여름철에는 타이어 내부가 더욱 뜨거워진다. 타이어 내부의 한계온도는 125도 정도로, 그 이상 올라가면 타이어를 구성하는 고무나 타이어 코드 등의 접착력이 떨어져 펑크가 날 수 있다.

타이어 발열로 인한 사고를 막으려면 타이어 메이커가 지정한 공기압과 하중을 지켜야 한다. 휴가를 떠나기 전에는 반드시 정비업체에 들려 타이어 공기압을 조정해야 한다. 고속도로를 달릴 때는 2시간에 한 번씩 휴게소에 들러 타이어의 열을 식혀주는 것이 좋다. 10분 휴식으로 타이어 내부 온도가 20도 정도 떨어지기 때문이다.

참고로 고속도로 운행 시, 규정 공기압에서 10% 더 넣어주면 연비가 약 5% 향상된다.

🔴 타이어 공기압 차이가 연비를 좌우한다

타이어의 적정 공기압 수치는 운전석 문을 열면 도어 근처에(B 필러 안전벨트 쪽) 표시되어 있다. 규정량보다 10% 부족할 때는 약 5% 연료가 더 소모되고, 규정량보다 10% 초과 시는 5%의 연비 절감 효과를 볼 수 있다. 또한 트렁크에 불필요한 짐을 넣지 않고, 연료는 가득 채우지 않고 절반 가량 넣고 다니는 것 또한 연비 절감에 도움이 된다.

SOLUTION 087
타이어 위치 교환하는 방법

타이어는 네 개를 한 번에 교체하는 것이 가장 좋다. 그러나 위치 교환을 제때 하지 못해 구동 바퀴만 많이 닳았다면 두 개씩 교환해 주는 것도 괜찮다.

휠 얼라인먼트에 이상이 생겨 편마모나 핸들의 쏠림 현상이 생길 수 있기 때문이다.

🔴 타이어가 펑크 났다고 절대 한 개씩 교체해서는 안 된다.

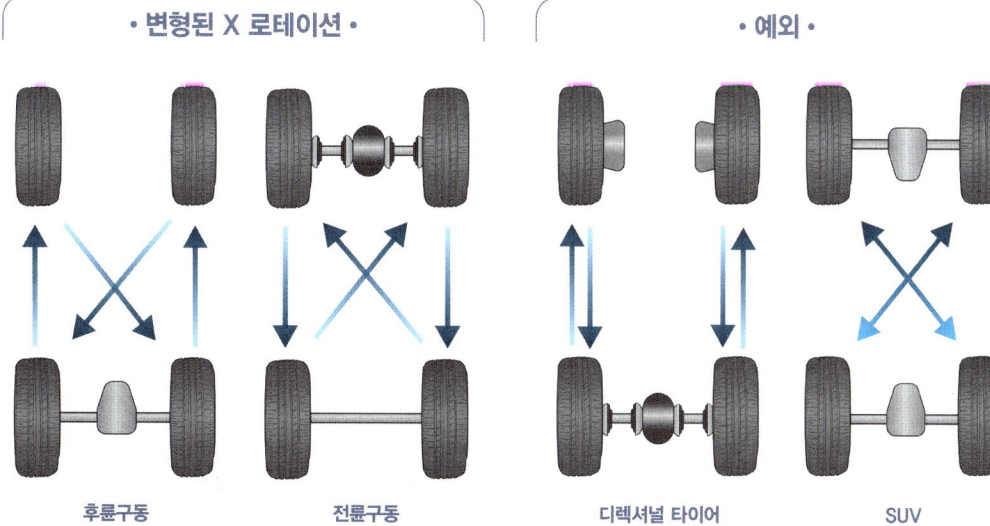

· 변형된 X 로테이션 ·　　　　· 예외 ·

후륜구동　　전륜구동　　디렉셔널 타이어　　SUV

SOLUTION 088
타이어 제조일자 확인하는 방법

타이어는 재질의 속성상 주행을 하지 않더라도 산화되므로, 제조일자가 최근의 것일수록 유리하다. 타이어 제조일자는 다음에 소개할 2가지 형태로 표기되는데 꼭 알아두는 것이 좋다.

'DOT5 5MC4 BJ H 3217'로 표기된 경우

5M은 생산 공장, C4는 모델명, BJ는 타이어 규격, H는 제조사를 나타낸다.
제조일자는 뒤의 4개 숫자인데, 뒤의 숫자 2개는 제조 연도, 앞의 숫자 2개는 제조된 주를 의미한다. 즉 3217이란 2017년 32번째 주에 생산된 제품이란 뜻이다.

'6 C R 30'으로 표기된 경우

맨 앞 숫자는 제조년도의 끝자리이므로 2016년을 나타낸다.
C는 알파벳 순서로 제조월을 나타내므로 3월을 의미한다.
(즉 1월은 A, 2월은 B, 3월은 C, 11월은 L, 12월은 M이다.)
R은 제조라인을 표시한다.
마지막 숫자는 제조일을 표시하므로 30일을 나타낸다.
즉 위의 표기는 2016년 3월 30일 제조를 의미한다.

SOLUTION 089
타이어 속도기호 읽는 방법

타이어 사이드월에 쓰인 숫자를 속도기호라고 하는데, 안전에 관한 많은 정보가 담겨 있다.

P205/65R15 94H라고 표기되어 있다면
P는 승용차용 Passenger을 뜻한다.
205는 노면에 닿는 폭이다.
65는 편평비 타이어 단면 폭에 대한 높이의 비율을 의미한다.
R은 래디얼 타이어 Radial tire를 표시한다.
15는 타이어 림, 즉 직경을 말한다.
94는 하중지수 타이어 하나가 지탱할 수 있는 중량이다.
H는 안전 최고속도를 나타낸다.

안전 최고속도는 영문자로 표기하는데, 각 영문자에 대응하는 최고속도는 다음과 같다.
Q = 160, R = 170, S = 180,
T = 190, U = 200, H = 210,
V = 240, W = 270, Y = 300,
Z = 240 이상

숫자는 시속(Km/h)을 나타내고, 그 속도 이하로 주행하라는 의미이므로, W는 270Km/h 이하로 주행할 때 안전하다는 뜻이다.

SOLUTION 090
타이어의 수명을 늘리는 8가지 비결

1. 적당한 공기압을 유지한다.
2. 불필요한 짐은 싣지 않는다.
3. 급가속이나 과속 주행을 하지 않는다.
4. 급커브를 고속으로 돌지 않는다.
5. 급정지, 급출발을 하지 않는다.
6. 될 수 있으면 도로 조건이 좋은 곳을 운행한다.
7. 앞 차륜의 정렬 상태를 점검한다.
8. 장시간 연속 주행을 삼가고, 2시간에 한 번 정도 휴식을 취해 타이어를 냉각시킨다.

SOLUTION 091
타이어 휠에 대한 불편한 진실

요즘은 자동차가 출고될 때 나온 휠 대신에 디자인이 좋은 휠로 교체하는 마니아들이 많은데 보다 신중을 기해야 한다. 자동차 회사에서 출고될 때 나온 휠은 자동차 구조 및 시스템과 잘 맞도록 안전하게 만들어졌기 때문이다. 안정성 면에서도 검증된 것이다.

하지만 시중에서 판매되는 휠은 자동차에 딱 맞는 맞춤형 휠이 아닐 수 있다. 특히 타이어 고정볼트(휠 볼트)와 휠 사이가 잘 맞지 않으면, 타이어 수명은 물론 안전까지 위협할 수 있다. 휠 교체 시는 디자인만 생각하지 말고 안전성 문제에 더 비중을 두어야 한다.

대부분의 자동차 휠은 거의 주조형인데, 스포츠카나 명품 차들은 단조 휠을 쓰기도 한다. 단조 휠이 주조 휠보다 안전하고 좋은 것은 사실이나, 요즘은 주조 휠도 첨단기술의 발달로 성능이 나무랄 데가 없다. 굳이 큰돈을 들여 단조 휠로 교체하거나, 튜닝 휠을 교체하는 것은 한 번쯤 생각해볼 문제다.

주조 휠 VS. 단조 휠

주조 휠은 알루미늄을 액화시켜 합금재료를 첨가한 뒤, 금형에 부어 굳히는 방식으로 생산이 쉬우나 상대적으로 강성이 떨어진다. 이에 비해 단조 휠은 알루미늄 합금 덩어리를 강한 압력으로 눌러 형태를 만든다. 강성이 좋아 가볍고 날렵한 제품을 만들 수 있다.

에어컨과 히터, 유비무환 점검법

SOLUTION 092
에어컨 공기필터(실내 항균필터)가 건강을 좌우한다

미세먼지와 황사, 자동차 배기가스로 인해 마음 놓고 숨도 쉴 수 없는 세상이 되었다. 그래서 자동차 회사들은 좀 더 쾌적한 환경에서 운전하라고 자동차에 공기필터를 장착했다. 공기필터는 꽃가루와 황사를 잡아주고, 자동차 배출가스와 미세먼지를 제거해주는 역할을 하는데 안전 수명이 10,000km까지다.

공기필터를 제때 교환해주지 않으면 곰팡이와 세균이 발생하게 된다. 자동차에 있는 시간 동안 썩은 공기를 마신다는 것은 끔찍한 일이다.

자동차 공기 필터는 10,000km마다 교환해야 깨끗한 공기를 마실 수 있다. 공기필터 교환 시, 공기필터 내부와 주변의 먼지를 에어로 깨끗이 불어주거나 닦아주면 더욱 좋다.

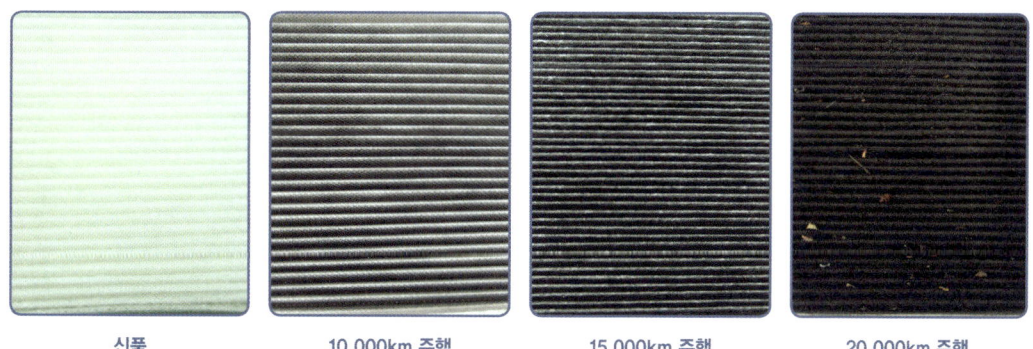

신품 / 10,000km 주행 / 15,000km 주행 / 20,000km 주행

SOLUTION 093
자동차 에어컨과 히터 작동 시 악취 안 나게 하려면?

에어컨을 오랜만에 켜면 실내에 퀴퀴한 냄새가 나는 경우가 있다. 에어컨 부품인 '에버에어컨 증발기'에 붙어 있던 먼지들이 습도와 만나 부패해 있다가, 에어컨을 작동시키면 곰팡이 냄새가 실내로 퍼지면서 냄새가 나는 것이다. 세정제를 뿌리면 일시적으로 냄새는 가시지만, 시간이 지나면 다시 냄새가 난다.

근본적이자 최선의 해결법은 '에버'를 신품으로 교체하고 에어컨 주변에 붙어 있던 곰팡이를 제거하는 것이다. 하지만 부품을 교환했다 하더라도 관리를 해주지 않으면 같은 현상이 반복되기 때문에 다음에 제시하는 방법을 꼭 실천하는 것이 좋다.

여름철 에어컨 관리법
① 에어컨을 켠 상태에서 시동을 걸지 않는다. 기동 모터와 에어컨 콤프레셔가 함께 가동되므로 기동 모터에 부담을 주기 때문이다.
② 실내 바닥에 먼지가 쌓이지 않도록 관리한다.
③ 목적지에 도착하기 5~7분 전에 에어컨을 끈다. 에어컨 증발기에 묻어 있던 물방울이 증발되어 곰팡이가 서식할 수 없는 환경을 만들기 때문이다.

SOLUTION 094
에어컨이 시원하지 않고, 히터가 따뜻하지 않은 이유

에어컨이 시원하지 않을 때는 먼저 에어컨 가스 상태를 점검해봐야 한다. 저압, 고압이 부족할 때는 보충하면 된다. 에어컨 바람 세기를 '강'으로 맞춰도 바람이 약하게 나온다면 블로워 모터 저항이 고장이거나, 에어컨 공기필터 막힘이 원인이므로 주의 깊게 점검해야 한다. 히터가 따뜻하지 않은 이유는 냉각라인의 막힘, 즉 냉각라인 순환 계통에 동맥경화 현상이 생겨서 그럴 수 있다. 하지만 서모스탯 불량인 경우도 많으므로 점검이 필요하다.

SOLUTION 095
에어컨이나 히터를 저단으로 작동했을 때 소리 나는 차

에어컨이나 히터를 약하게 작동했을 때, 차 안에서 풀벌레 소리 비슷한 '찌르르 찌르르' 소리가 약하게 났다 안 났다 하는 경우가 있다. 이때는 블로워 모터 붓싱에 오일이 부족하거나, 블로워 모터 팬 사이에 낙엽 찌꺼기가 끼어 있을 가능성이 크다.

SOLUTION 096
히터 관리 방법

히터를 켰을 때 매캐한 곰팡이 냄새와 단내가 나고 통풍구에서 먼지가 날린다면, 히터 주변이 심각하게 오염됐다는 증거다. 항균필터 차내 필터를 점검해 오염이 심하다면 수명에 관계없이 교환하는 것이 좋다.

곰팡이 냄새가 심할 때는 분무기에 겨자 탄 물을 넣어 히터에 살포하거나, 곰팡이 제거제를 뿌린 뒤 히터를 5분쯤 강하게 작동시키면 효과를 볼 수 있다. 실내 청소는 먼지를 닦아내는 방법이 아니라, 압축공기로 불어내는 것이 좋다. 물론 더 확실한 방법은 히터 라디에이터 자체를 교환하는 것이다.

Part 3 자동차 문제 해결 A to Z

07

자 동 차 문 제 해 결 A to Z

유비무환
안전 매뉴얼

---

①

생명을 지켜주는 안전장비 점검

SOLUTION
097
안전벨트가 정상 작동하는지 점검하기

사고 상황에 따라 다르겠지만, 안전벨트는 사망률을 50% 줄일 수 있는 생명띠라 할 수 있다. 어떤 학자는 자동차 기술 중 가장 간단하지만 가장 안전한 기술이라 평가한 적도 있다. 사고 회피를 위한 기술이 나날이 발전하고 있지만, 안전벨트만큼 사람의 생명을 지켜줄 확률이 높은 장치는 없기 때문이다.

안전벨트의 정상 작동 여부를 알아보는 방법이 있다. 안전벨트를 서서히 당길 때는 가볍게 풀어지다가 빨리 당겼을 때는 바로 탁탁 걸리는지 확인하는 것이다. 다시 말해 빠르게 당겼을 때 급 브레이크를 잡는 것처럼 벨트가 바로 고정되어야 정상이다. 브레이크가 잘 잡혔다가 안 잡혔다 한다든가 당길 때 무겁게 풀어지거나 걸리는 느낌이 있다면 필히 교환해주어야 한다.

고속도로를 운행할 계획이라면 안전벨트와 함께 프리텐셔너 기능, 즉 에어백이 터지기 전 인체를 시트에 바싹 당겨주는 기능도 점검해 보는 것이 좋다.

안전벨트의 종류

안전벨트에는 2점식, 3점식, 4점식이 있다. 여기서 숫자는 탑승자의 몸을 잡아주는 고정점을 의미하므로 숫자가 높을수록 안전한 반면 불편하다고 이해하면 된다. 2점식은 골반 양쪽을 고정하는 방식으로 자동차 뒷좌석에 많이 쓰인다. 3점식은 골반 양쪽과 한쪽 어깨를 고정하는 방식으로 앞좌석에 사용된다. 4점식은 골반 양쪽과 양쪽 어깨를 고정하는 방식으로 경승용차 등에 사용된다.

SOLUTION 098
첫 시동 시 계기판을 보면, 급발진을 예방할 수 있다

자동차의 역사는 130년에 달한다. 그런데 자동차가 만들어진 후 100년 동안은 급발진이 없었다. 자동차에 센서와 컴퓨터가 탑재되기 시작하고 나서, 즉 전자화가 되면서 운전자의 의도와 상관없이 자동차가 자기 맘대로 오작동을 하기 시작했다.

우리나라는 1986년부터 자동차 전자화가 시작됐다. 그 후 1999년에는 뉴스에서 심심찮게 급발진 소식을 접하게 되었다. 당시엔 급발진은 가솔린차에만 해당되는 것으로 알았다. 디젤차가 급발진했다는 뉴스는 없었기 때문이다. 그러다 2005년 들어서면서 디젤차도 급발진 대열에 합류했다. 디젤차에도 전자화 시스템이 탑재되면서부터이다.

이 두 가지 사실만 보아도 급발진의 원인은 전자화 시스템 때문인 것으로 볼 수 있다. 또 하나의 증거는 1,500cc 이하 소형차는 급발진이 거의 없는데 2,000cc 이상 고급 차일수록 급발진 발생 빈도가 높다는 것이다. 그 이유는 뭘까? 고급 차일수록 센서나 컴퓨터 전자화가 더 많다는 얘기다. 컴퓨터만 보더라도 소형차는 20~30개, 대형차는 많게는 100개가 넘기 때문이다. 그렇다고 차를 타지 않을 수도 없다. 재수 없게 뽑기에 당첨되지 않기를 기도하는 수밖에.

하지만 급발진은 100% 우연의 영역이 아니다. 우리가 시동을 걸 때 조금만 조심하면 사고를 막을 수 있는 방법이 있다.

급발진 50%로 줄이는 방법!

급발진을 막으려면 한 번에 시동을 걸지 말고, 1단을 켠 후 계기판 경고등이 들어왔다가 꺼진 후 시동을 걸면 된다. 또 하나는 바로 출발하지 말고 1~2분 워밍업을 한 후 출발하면 급발진 현상을 50% 이상 줄일 수 있다.

SOLUTION 099
자동차 각종 안전장치 점검하기

자동차 사고 회피 기술이 발전하면서 첨단 장치들로 무장된 차들이 경쟁적으로 출시되고 있다. 기본적인 안전장치 점검 방법을 숙지하고 있어야 자신과 가족의 생명을 지킬 수 있다.

① ABS 브레이크 점검 방법

지하주차장과 같은 미끄러운 길에서 브레이크를 빠르게 밟아보면 된다. '두두둑' 치는 느낌이 나야 ABS 브레이크가 정상 작동하는 것이다. 만약 이런 느낌이 없으면 점검 후 운행해야 한다. 하지만 ABS 브레이크가 작동하지 않는다고 일반 브레이크에 문제가 생기는 것은 아니다.

일반 브레이크는 작동되지만, 타이어를 록업시키지 않고 잡았다 풀었다 하는 ABS 기능이 작동되지 않는 것이다. 이로 인해 조향 기능까지 문제가 생겨 사고와 연결될 수 있으므로 점검은 필수다.

② 에어백 점검 방법

시동 걸기 전, 계기판에 에어백 경고등이 들어왔다가 시동을 걸었을 때 꺼지면 정상이다. 하지만 경고등이 계속 들어와 있다면 에어백 시스템 고장이다. 고장의 원인은 2가지 정도로 요약된다.

첫째, 접촉 사고 후 수리가 안 되었을 수 있다.
둘째, 운행 중 경고등이 들어왔다면 배선 커넥터 트러블일 확률이 70% 정도 되므로 배선 커넥터를 재접속 시켜보면 의외로 쉽게 해결할 수도 있다.

③ 속도제어 조향장치

속도제어 조향장치란 저속에서는 핸들이 가볍지만 고속도로에서는 핸들이 무거워지는 시스템으로, 고속도로 안전 운행의 필수 기능이다. 하지만 최근 출시되는 전기 모터식 핸들 또한 속도제어 방식이므로 갑자기 핸들이 무거워지거나 잘 안 꺾일 경우는 조향기어 모터 퓨즈 단선일 가능성도 있다.

SOLUTION 100
안전운전 습관 10가지

① 교통 여건을 무시하지 않는다. 언제 어디에 위험이 있을지 모르므로 방어하는 자세를 갖는 것이 중요하다.
② 노면이 젖어 있거나 비가 내릴 때는 반드시 속도를 줄인다.
③ 안전띠는 반드시 올바르게 착용한다.
④ 긴 내리막길에서는 엔진 브레이크를 사용한다(기어 단수를 낮춤).
⑤ 물이 고인 웅덩이는 되도록 피해 간다.
⑥ 내리막길에서 엔진을 절대 끄지 않는다.
⑦ 차 안에 어린이만 남겨두면 위험하다. 당겨놓은 사이드 브레이크라도 건드리면 큰 사고로 이어지므로 각별히 주의해야 한다.
⑧ 야외 주차 시에는 마른 풀밭은 피하는 것이 좋다.
⑨ 큰 고장이 나기 전에 미리 정비하는 습관을 들인다.
⑩ 안전과 관계있는 브레이크, 타이어 등은 반드시 정기적으로 점검한다.

SOLUTION 101
운전용 선글라스는 황색이 좋다

운전용 선글라스를 선택할 때는 갈색이나 황색 렌즈가 가장 좋다. 황색은 효과적으로 빛을 차단하기 때문에 눈의 피로를 막아주고, 멀리서도 신호등을 뚜렷이 구별할 수 있도록 한다.

2
눈길, 안개길도 OK

SOLUTION 102
체인 없이 눈길 주행하기

눈길에서는 체인을 채우고 운행하는 것이 안전하지만, 체인이 없을 때 안전 운행할 수 있는 방법이 있다. 타이어 공기압을 규정 압력보다 약 20~30%만 빼면 노면과 타이어 접지 면적이 넓어져 체인 없이도 미끄러지지 않고 운행할 수 있다. 다만 운행 후 다시 규정 공기압으로 회복시켜야 한다는 것을 잊지 말아야 한다.

스노우 타이어

SOLUTION 103
체인의 종류와 안전 상식

체인을 구입할 때는 가능한 우레탄 체인을 선택해야 타이어 손상은 물론 아스팔트 노면도 보호할 수 있다. 타이어에 체인을 끼우기 어려운 여성의 경우, 인형옷처럼 타이어에 간단하게 입히는 천으로 된 체인도 있으니 하나쯤 장만해두면 좋다. 눈길 빗길에서 많이 운행하는 차들은 후륜구동보다 전륜구동이 유리하고, 2륜차보다 4륜차가 더 안전하다는 것은 이미 상식이다.

스프레이 체인	쇠사슬 체인	직물 체인	우레탄 체인
	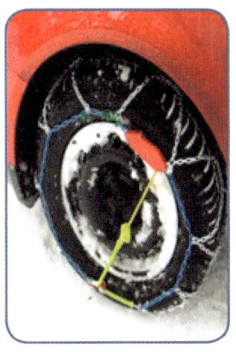		

SOLUTION 104
눈길 내리막길과 오르막길 안전하게 운행하려면?

눈이 많이 온 날은 가능한 평지로 운행하는 것이 좋지만, 어쩔 수 없이 가파른 내리막길을 운행해야 한다면 기어를 저단에 넣고 브레이크를 살짝살짝 '밟았다 놓았다'를 반복해야 한다. 그때그때 차가 쏠리는 시점에서 핸들 각도를 조금씩 좌측, 우측으로 톡톡 치면서 차가 똑바로 진행하게 하면 안전하게 주행할 수 있다.

언덕을 올라갈 때는 오르막의 기울기와 거리를 측정해보고 앞차와의 거리를 충분히 길게 확보하면서 천천히 쉬지 않고 단숨에 올라가는 것이 요령이다. 중간에 브레이크를 밟거나 핸들 각도를 조금 크게 틀면 언덕 올라가기가 힘들고 미끄러질 수 있으므로 주의해야 한다.

SOLUTION 105
안개 도로를 안전하게 운행하는 방법

2015년 2월, 인천국제공항고속도로 영종대교 구간에서 해무로 인해 일어났던 100중 연쇄 추돌사고를 기억할 것이다. 자동차가 속도를 내는 도로에서 안개는 치명적일 수밖에 없다. 안개가 끼면 시야 확보가 어려워 대부분 차선만 보고 주행하는데, 그나마 안개등과 전조등 불빛에 차선이 잘 보이기 때문이다.

하지만 노란색 안개등은 안개를 잘 통과하지만, 백색 빛을 내는 전조등은 어떤 경우엔 시야에 방해가 될 수 있다. 안개 도로에서는 전조등을 안개등처럼 만들면 안전 운행할 수 있다.

전조등을 안개등으로 활용하는 방법
문방구에서 파는 노란색 셀로판 종이를 전조등에 붙이면 안개등이 또 하나 생긴 효과를 얻을 수 있다. 당장이라도 차 안에 노란색 셀로판 종이를 비치해두자. 언젠가 요긴하게 쓸 수 있을 것이다.

자동차 문제 해결 A to Z

08

차 사기 전에 꼭 알아야 할 것

① 새 차, 똑똑하게 구입해라

SOLUTION 106
새 차를 싸게 살 수 있는 방법은 없을까?

연말이나 연초에 차를 싸게 살 수 있다는 것이 상식이 된 지 오래다. 연식이 바뀌기 전에 재고 차를 처리하다 보니 혜택도 많고 가격도 저렴한 것이다. 그런데 수입차의 경우는 싸게 살 수 있는 시기가 따로 없다. 외국은 다음 연식에 해당되는 차를 초가을쯤 생산해서 판매하는 방식을 취하기 때문이다.

수입차도 할인 판매를 하긴 한다. 수입차 업체들은 연 판매 목표량을 미리 정해 주문생산 하는 시스템인데, 판매 부진이 생기면 다음 연도 물량이 들어와야 하기 때문에 차를 싸게 파는 것이다. 차를 세워두고 관리하는 비용 또한 만만치 않기 때문이다. 무이자나 할부 얘기가 나온 광고 문안을 보면 업체들의 급한 마음을 알 수 있다. 친한 딜러를 통해 언제 할인을 하는지 정보를 얻고, 그 시기를 기다렸다 구입하는 것이 유리하다.

국산차나 수입차나 가격 경쟁에 뛰어든다는 것은 분명 사연이 있다고 봐야 한다. 좀 더 차를 저렴하게 구입하고 싶다면 여러 딜러들에게 견적을 알아보고 비교한 후 선택하는 것이 현명한 방법이다.

SOLUTION 107
2륜차와 4륜차, 내겐 어떤 것이 유리할까?

2륜구동 차는 연비가 좋고, 직진하다 빠르게 회전해도 코너링이 좋다는 것이 장점이다. 반면 눈밭에서 미끄러지기 쉽고, 모래밭이나 진흙길에 빠졌을 때 탈출하기가 힘들다는 것이 단점이다. 2륜구동 차의 장점이 4륜구동 차의 단점이고, 단점이 장점이다.

즉 4륜구동 차는 눈밭이나 진흙길에서 구동력이 좋아 쉽게 탈출할 수 있는 장점이 있는 반면, 2륜구동 차보다 연비가 떨어지고 직진하다 빠른 회전을 해야 하는 코너링 구간에서 부드럽게 회전하기가 어렵다.

4륜구동 방식4WD, four wheel drive은 동력을 전후륜에 나누어 전달하는 '트랜스퍼'라는 장치를 갖추고 있다. 4개 타이어의 구동력을 전체적으로 이용할 수 있으므로 급경사의 언덕길이나 요철이 많은 험한 길, 미끄러워지기 쉬운 노면 등에서 주파성이 양호해 고가의 RV 차량과 일부 고급 승용차에 적용되고 있다.

4륜구동 차에는 항상 4륜이 구동할 수 있는 풀타임 4WD와 평상시엔 2륜으로만 구동하다가 필요할 때만 4륜을 구동하는 파트타임 4WD가 있다.

4륜 구동차는 직진 안정성이 우수한 반면, 급회전 시 4개의 바퀴가 다른 속도로 선회하면 이것을 등속으로 하려는 힘이 발생해 브레이크 현상 동력 전달 계통에 무리가 발생할 수 있다. 이를 방지하기 위해 '센터 차동장치center differential gears'가 삽입되어 있으며, 이 장치를 이용해 구동력의 전후 배분을 변경할 수 있는 차량도 있다.

RV 차량의 경우, 4륜구동이 좋을까 2륜구동이 좋을까?

차량 가격은 4륜이 2륜보다 조금 비싸고(200~300만 원) 연비는 좀 떨어지지만, 겨울철 타이어에 체인 치는 수고를 덜어주고 더 안전하다는 점을 고려하면 장점이 더 많다고 봐야 한다. 운행 환경에 따라 선택하는 것이 좋다.

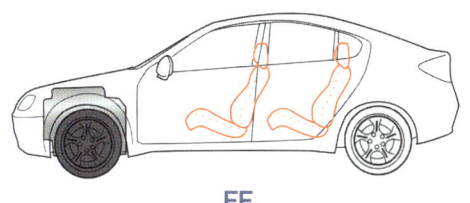

FF
프런트 엔진 Front Engine 프런트 드라이브 Front Drive

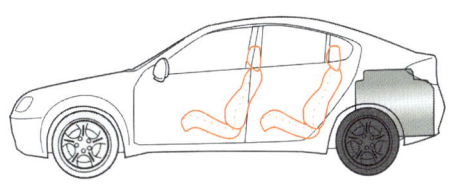

RR
리어 엔진 Rear Engine 리어 드라이브 Rear Drive

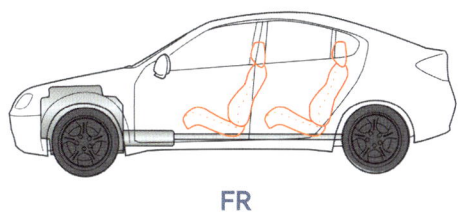

FR
프런트 엔진 Front Engine 리어 드라이브 Rear Drive

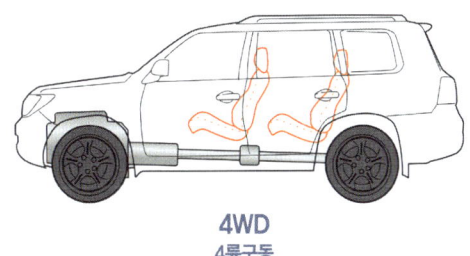

4WD
4륜구동

SOLUTION 108
새 차를 구입했을 때 꼭 해야 하는 것 2가지

새 차 구입 시 꼭 해야 할 것 하나는 언더코팅 하체코팅이다. 국산차는 아연 도금율이 적은 철판을 사용하기 때문에 섀시 장치를 보호하기 위해서는 언더코팅이 필수다. 특히 염분이 많은 바닷가 지역은 해풍으로 인해 철판이 부식되기 쉽다. 고무 성분이 많은 언더코팅제를 선택해 철판과 철판을 용접한 곳이나 접힌 부분에 두껍게 뿌려 주면 녹이 스는 것을 방지할 수 있다. 참고로 독일 뷔르트 Wurth 제품이 가격 대비 성능이 우수하다.

유리 썬팅 또한 새 차를 구입하면서 할 일이다. 알다시피 유리 썬팅은 영업사원 서비스 품목 1순위로, 보통 선심 쓰듯 서비스를 해준다. 색깔과 밝기를 선택하게 되는데 여기서 주의할 것이 있다. 공짜에는 항상 빈틈이 있기 마련이다. 썬팅지는 자외선과 적외선을 차단하는 기능, 사생활 보호, 냉난방 효율 증대, 안전 효과까지 다양한 기능을 갖춰야 하는데 시중에 나와 있는 제품들은 성능이 천차만별이므로 주의 깊게 선택해야 한다.

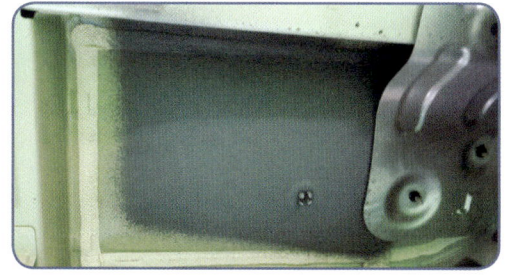

언더코팅

내 차의 썬팅지 성능을 알고 싶다면?

차 안에 신문지를 넣고 다녀보아서, 여러 날 동안 신문지 색깔이 변하지 않아야 좋은 썬팅지다. 만약 신문지 색깔이 누렇게 변하면 썬팅의 효과는 거의 없다고 보면 된다.

썬팅지 종류와 자외선 차단율

① 컬러필름 7~10%
② 금속코팅 단열필름 30~40%
③ 특수코팅 단열필름 75%

SOLUTION 109
새 차 구입 후 엔진오일 교환해야 할까?

새 차 구입 후 약 1천~2천 km 운행 후 엔진오일을 한 번 교환해주는 것이 좋다. 오일 속에 엷은 연마 성분이 포함된 차의 경우, 그로 인해 엔진 마모가 빨리 올 수 있기 때문이다. 또 한 가지 이유는 엔진 조립 시 작은 이물질들이 들어갈 수 있기 때문이다. 이물질로 인해 엔진오일 순환 계통에 작은 동맥경화 현상이 생기게 되면 엔진 부품에 손상을 줄 수 있다.

SOLUTION 110
국산차와 수입차 장점과 단점 분석

우리나라 자동차 등록대수가 2,000만 대를 넘어섰다. 수입차 시장 또한 매년 급증해 15%대를 육박하고 있다. 명품 차 빼고는 국산차 가격과 크게 다르지 않을 정도로 가격 경쟁력 또한 갖추다보니, 신차를 구입하는 사람들이 행복한 고민에 빠졌다.

국산차의 장점은 수입차에 비해 부품 값이 20~50% 싸다는 것이다. 수리비 또한 저렴하고 정비 기술이 대중화되어 쉽게 고칠 수 있다. 단점이라면 엔진 성능, 브레이크 제동력, 내구성이 좀 떨어지는 것이다. 물론 브랜드 가치에서도 차이가 나는 것은 사실이다.

수입차는 부품의 내구성, 섀시 장치의 안전성, 브랜드 가치 등은 매우 높지만 부품 가격과 수리비가 비싸고 차를 고치는 기술이 대중화되어 있지 않다는 것이 단점이다.

SOLUTION 111
하이브리드 자동차와 전기자동차의 불편한 진실

세계적으로 자동차 메이커들은 환경오염의 주범인 배출가스를 줄이기 위해 최첨단 기술을 연구하고 있다.

그 결과 커먼레일 디젤, GDI 엔진, LPG 엔진, CNG 엔진과 하이브리드 자동차, 전기자동차, 수소 자동차 등을 개발해 마치 춘추전국 시대처럼 기술 세계를 열고 있다. 하지만 가격 대비 성능 때문에 아직까지는 커먼레일 디젤 엔진과 GDI 가솔린 엔진 비중이 높다.

하이브리드 자동차와 전기자동차는 미래의 차라 불리고 있다. 일반인들의 관심이 커지고 있는 것은 물론이고, 정부가 지원 제도를 시행하고 있는 유럽의 택시 회사들은 앞 다투어 하이브리드 차로 대체하고 있다.

이런 차들이 연비가 좋고 배출가스가 적은 것은 사실이다. 하지만 고장이 났을 때 부품비가 많이 들고 정비 기술자들이 대중화 되어 있지 않아 꼭 메이커 지점에 입고시켜 수리해야 함

은 물론 수리기간도 길고 수리비용 또한 일반 차들의 몇 배가 더 소요된다는 단점이 있다.

특히 보증기간이 지난 차들의 경우, 배터리 교환이나 동력 모터 시스템을 수리하려면 어떤 경우는 차의 가격보다 부품비가 더 들어가서 차를 포기해야 할 때도 있다. 차량 구입 시 사후의 경제적인 면도 철저히 따져봐야 할 것이다.

SOLUTION 112
새 차 길들이기

자동차는 주행을 통해 운전자의 뜻대로 부드러워지고, 기능을 원활하게 발휘하기 시작한다. 자동차 성능에 맞게 운행하면 길들여지는 기간이 단축되고, 난폭하게 몰아 차에 무리를 가하면 야생마처럼 길이 들지 않는다. 따라서 새 차를 구입하면 갓난아기를 보살피듯 해야 한다. 조건이 나쁜 길은 피하고 도로 환경, 기후 조건, 운전자의 습성 등에 적응해 가도록 주의를 기울여야 한다는 뜻이다.

1,000 ~ 2,000km 운행하면 엔진오일을 교환해주고 그 후 10,000 km마다 엔진오일을 교환해 주는 것도 잊지 말아야 한다.

최근 차들에는 컴퓨터ECU가 운전자의 습관을 학습하게 하는 프로그램이 적용되어 있다. 운전자의 습관에 맞춰 가장 좋은 연비와 성능을 발휘할 수 있도록 주행 모드의 패턴을 바꾸는 것이다. 또 다른 운전자가 다른 습관의 운전을 하면 그 역시 모니터링 하다가 그 사람에 맞게 다시 주행 모드를 바꾸게 된다. 굳이 길을 들이지 않아도 자동차가 스스로 조절하는 것이다.

SOLUTION 113
자동차 제어장치 스위치 기능을 알아두자

요즘 출시되는 차들은 기본으로 각종 제어장치가 탑재되어 있다. 기능도 많고 스위치도 많아 작동 방법을 잘 익혀야 하는데, 대부분은 잘 모르는 상태에서 운행하는 경우가 많다. 차는 첨단 장비로 무장되어 있는데, 재래식 자동차처럼 사용하는 것이다.

첨단 장치들은 고장이 나면 수리비용도 만만치 않으므로 제대로 된 관리가 필요하다. 각종 스위치나 장치 부품에 먼지가 쌓이지 않도록 청소를 해 주어야 하는데 진공청소기를 이용하면

좋다. 또한 음료수나 설탕 성분이 든 먹거리는 스위치나 장비 근처에 두지 않는 것이 좋다.

❷ 중고차에 속지 않는 방법

SOLUTION 114
중고차 살 때는 꼭 리콜 이력을 확인하라

자동차 회사는 중요한 안전상의 결함이 발견되면 소비자에게 이를 통보하고 제품을 무상수리 해줄 의무가 있다. 이것이 바로 자동차 리콜 제도다. 문제는 리콜 대상인 자동차들이 수리되지 않은 채, 그대로 중고차 시장에서 유통된다는 것이다.

메이커에서 리콜을 시행해도 소비자들이 실제로 수리 받는 비율은 50~55% 수준에 불과하다. 그 이유는 리콜 대상 차주가 주소지를 옮기거나, 다른 사람한테 소유권이 넘어가면 리콜 정보를 받지 못하기 때문이다.

현재 자동차 제조업체는 리콜 정보를 신차 구입자에게만 알려주고 소유권이 바뀐 사람에게는 알려주지 않는다.

리콜 정보를 받았더라도 당장 자동차를 운행하는 데 문제가 없다고 판단한 소비자들이 시간이 없다는 이유로 차일피일 미루다 리콜을 받지 않는 경우도 많다.

리콜정보 무료 안내 사이트
- 보배드림(www.bobaedream.co.kr)
- 건설교통부 자동차제작결함정보전산망(www.car.go.kr)
- 한국소비자원 소비자위해감시시스템(ciss.or.kr)
- 매일경제 오토월드(car.mk.co.kr)

SOLUTION 115
자동차 색상에 따라 중고차 가격이 다르다

우리나라 사람은 차량 색상을 선택할 때 흰색과 검정색을 선호한다. 그래서 중고차로 팔 때도 흰색과 검정색 차의 가격이 높게 형성된다. 차 크기가 작을수록 검정색 계열에서 흰색 계열로 선호도가 옮겨가는 경향이 있다. 즉 2,000cc 이하는 흰색을 선호하고, 대형차들은 검정색을 좋아한다. RV 차량은 흰색이나 옅은 회색이 인기이고, 경차는 젊은 층과 여성들의 성향에 따라 레드와 블랙 계통이 선호된다.

똑같은 색상이라도 메이커마다 차이가 있다. 검정색도 블랙, 클래식 블랙으로 구분되고 화이트도 노블 화이트, 갤럭시 화이트, 바닐라 화이트로 나눠진다. 골든 엘로, 서니 엘로, 살사 레드, 사이버그린, 새도 블루, 블루 티타늄 등이 그 예이다.

자동차 색상이 중고차 가격을 결정하는 중요한 요인이 되는 것은 색깔은 유행을 타기 때문이다. 중고차로 팔 생각이라면 튀는 색상보다는 여러 사람이 선호하는 색상을 선택하는 것이 유리하다. 색상에 따라 가격이 5~10% 정도 차이가 날 수 있기 때문이다. 특히 투톤 칼라 같은 경우, 신차일 때는 좋지만 중고차로서는 인기가 없다.

SOLUTION 116
중고차의 사고 이력 확인하기

사고가 난 차라고 모두 나쁜 차는 아니다. 펜더를 교환한 차, 단순하게 범퍼를 교환한 차라면 주행거리가 너무 길지 않다면 선택해도 무방하다. 이런 차들은 기준 가격보다 좀 더 싸게 살 수 있으므로 경제적으로 따져보면 실속 있는 선택이다.

일단 마음에 드는 중고차를 발견했다면 맨처음 사고 경력이 없는지부터 확인해야 한다. 보험개발원의 카히스토리 www.carhistory.or.kr 사이트에 들어가면 보험으로 처리된 사고 이력을 알려주므로, 카히스토리의 사고 내역과 판매자가 제공하는 내용이 일치하는지 비교하면 된다. 그런데 주의할 것이 있다. 조회 결과 사고 경력이 없더라도 그것이 무사고를 증명해주는 것은 아니란 사실이다.

보험개발원 사이트는 14개 손해보험사의 수리비 지급 내역만을 담고 있기 때문에 택시, 버스, 화물 공제조합 등에서 지급한 보험금은 나타나지 않기 때문이다. 중고차 성능기록부를 보면서 다음에 설명하는 내용들을 다각도로 검증해야 한다.

SOLUTION 117
사고차 쉽게 식별하는 방법

① 엔진룸 열어 쇽업소버 점검하기
엔진룸을 열어보아 양쪽 바퀴가 있는 부분 위의 쇽업소버 마운틴충격흡수기 뚜껑 주변의 용접 상태와 찌그러진 흔적을 확인한다. 만약 용접을 다시 한 흔적이 있으면 충격이 쇽업소버 부분까지 밀려들어온 경우이므로 차체가 휘어 있을 확률이 높다.

② 트렁크 바닥 살펴보기
트렁크에서 스페어타이어를 꺼낸 뒤 트렁크 바닥 전체를 살펴본다. 매끄럽지 못하고 쭈글쭈글한 부분이 있다면 사고를 의심해야 한다.

③ 하체 확인하기
사고로 인해 차량 앞뒤가 심하게 파손되어 거의 두 동강난 차를 붙이는 경우도 있는데, 이럴 경우 차를 리프트에 올려놓고 하체를 점검하면 쉽게 찾아낼 수 있다. 중고차를 사고 골탕 먹는 경우는 대부분 엔진과 더불어 하체 때문이다. 고장은 아니어도 바퀴나 조향장치들을 붙잡고 있는 고무 부싱 등은 소모품으로 오래되면 느슨해지고, 그 부분에서 잡소리가 나게 돼 수리비 또한 많이 들어갈 수 있으므로 확인은 필수다.

> RV 차량은 특히 차량의 하체 부식 여부를 반드시 확인해야 한다.

SOLUTION 118
문짝, 펜더, 보닛, 휠하우스 교환한 차 식별하기

문짝이나 보닛을 교환한 차는 좀 더 자세히 점검할 필요가 있다. 단순히 문짝이나 보닛을 교환했다면 안전에 크게 문제될 것이 없지만, 이런 차량 중에는 문짝을 받치고 있는 기둥, 즉 필러 기둥까지 수리한 차가 있으므로 가급적 선택하지 않는 것이 좋다.

보닛을 교환한 차는 보닛을 열어보고 확인해야 한다. 전면 충돌 차일 가능성이 크기 때문이다. 만약 휠하우스 쪽까지 수리했다면 절대 구입하지 말아야 한다. 차량 사고 중 자동차 안전에 치명적인 것은 전면이나 후방 사고가 아니라 측면 사고다. 차의 측면에 충격을 주면 차체가 뒤틀릴 수 있으므로 안전 문제가 발생할 수 있고, 차 수리도 가장 까다롭기 때문이다.

문짝이나 펜더, 보닛 교환 차는 볼트 하나로 확인할 수 있다. 차체에 해당 부품을 고정하는 볼트에 빛을 비추어보면 공구를 사용한 흠집이 보인다. 또는 볼트를 고정시키는 넓은 스페이서가 움직인 자국이 보이면 문짝, 펜더, 보닛을 교환한 차일 가능성이 높다.

휠하우스를 교환한 차는 보닛을 열고 쇽업소버가 장착된 쪽을 자세히 살펴보면 알 수 있다. 용접을 했거나, 실리콘 처리가 매끄럽지 않거나 균일도가 떨어질 것이다. 또한 보닛 안쪽과 휠하우스 주변 좌우의 무광택 도색 부분의 차이를 비교해봐도 알 수 있다. 이런 차는 큰 사고가 난 차일 수 있으므로 구입하지 않는 것이 좋다.

뒤 트렁크도 꼭 확인해야 하는데, 이때 스페어타이어 쪽 바닥까지 살펴봐야 한다. 단순히 트렁크만 교환했다면 괜찮은데 스페어타이어의 바닥 부분을 수리한 흔적이 있다면 후방 사고가 크게 발생한 차이기 때문이다.

SOLUTION 119
침수차 확인하는 방법

태풍과 장마, 폭우로 매년 침수된 차들이 발생하고 있다. 자동차가 수해를 입을 경우, 자차보험에 들어 있는 차들은 보험 수리를 하게 되므로 대부분 보험개발원의 '카히스토리' 사이트에서 침수 여부를 알 수 있다. 하지만 자차보험이 없는 차들의 경우 침수차들이 중고차 시장에 나와도 일반 소비자 입장에서는 속을 수밖에 없다.

침수차를 확인하는 방법을 소개하겠다.

첫째, 운전석이나 뒷좌석에 앉아 창문을 다 닫고 실내에서 냄새를 맡아보는 것이다. 만약 오징어 냄새나 다른 차에서는 나지 않는 쾌쾌한 냄새가 난다면 시트 아래 스펀지 가까운 부분의 냄새를 맡아본다. 그곳에서 냄새가 심하게 난다면 침수차로 의심해야 한다. 특히 차 안에 강한 방향제를 놓아두었다면 더 세밀히 살피는

것이 좋다.

둘째, 안전벨트 끝에 있는 배선 커넥터 부분에 묻어 있는 흙탕물 찌꺼기를 살펴보는 것이다.

셋째, 보닛을 열고 엔진과 자동변속기 사이의 배선 커넥터들과 부품들, 특히 천이나 알루미늄 보호 커버 사이에 흙탕물이나 이물질 등이 있는지 살펴보면 된다.

물론 가장 확실한 방법은 실내 B 필러 커버를 벗겨보거나 앞문, 뒷문 스태프 커버를 벗겨 배선이나 바닥 매트 천, 철판과 철판을 용접한 사이를 살펴보는 것이다. 중고업자나 전문가도 그쪽까지는 잘 확인하지 않기 때문이다.

SOLUTION 120
중고차 고를 때 가장 먼저 해야 할 일

중고차를 구입하려고 결정했다면, 우선 중고차 전문 업체인 'SK엔카' 또는 지역별 대형 매매업체나 '보배드림' 등 각종 중고차 사이트, 신문 정보를 통해 구입하려는 차의 평균 시세부터 확인해야 한다.

또 하나 중고차 딜러 여러 명에게 전화를 걸어 가격과 차 상태를 직접 비교해보는 것도 좋은 방법이다. 이때 주의할 것은 시장 조사에서 나온 평균 가격보다 300~500만 원 정도 저렴한 차다. 허위 매물이거나 사고차일 가능성이 높기 때문이다. 딜러 개인이 보유한 차가 다른 딜러들보다 2~3배 많다면 이 또한 의심해봐야 한다. 그 많은 차를 구입하거나 보관하려면 많은 비용이 들기 때문이다.

딜러가 내놓은 매물 중 마음에 드는 차가 있다면 성능 및 상태 점검 기록부와 자동차등록증을 팩스나 이메일로 받은 후, 보험개발원의 자동차 사고 이력정보 서비스(카히스토리)에서 사고 유무를 확인해야 한다. 여기서 주의할 것이 하나 있다. 만약 딜러가 기록부와 등록증이 없다며 나중에 보내주겠다고 한다면, 이는 허위 매물이거나 거짓일 확률이 높다. 매매업체 소속 딜러들이 판매하는 중고차는 법으로 정해진 성능 점검을 받은 뒤 사진을 찍고 쇼핑몰에 게재되기 때문이다.

🗣️ **첫 등록지가 바닷가 섬 지역인 중고차는 구입하지 않는 것이 좋다. 눈에 잘 띄지 않더라도 부식 확률이 높기 때문이다.**

SOLUTION 121
중고차 구입 시 꼭 해야 할 일

중고차 매매 시엔 계약서를 작성한 뒤 1부는 교부받아 보관해야 한다. 계약서에 판매자 이름이 적혀 있는지, 품질보증 기간과 범위가 명시돼 있는지도 살펴봐야 한다. 특이 사항(엔진 시동 꺼짐 발생, 침수차, 자동변속 상태, 편의장치 고장 등)은 구두로 하는 것보다 서면으로 기재하거나 녹취해두면 나중에 판매자와 다툼이 발생했을 때 유리한 위치에 설 수 있다.

매매업체에서 차를 살 때는 성능 및 상태 점검 기록부를 받은 뒤 판매자가 설명하는 내용과 꼼꼼히 비교해야 한다. 자동차 대금 영수증 및 이전 비용 관련 영수증도 챙겨두면 차를 잘못 샀거나 고장이 났을 때 좀 더 쉽게 피해를 보상받을 수 있다.

마지막으로 분쟁이 생겼을 때는 얼굴 붉히면서 판매자와 싸울 필요 없이 YMCA 시민중계실, 한국소비자원, 건설교통부 민원실, 대한법률구조공단을 이용하면 된다. 전화로 문의하는 것보다 직접 방문해 피해 사례를 정확히 설명하고 대책을 듣는 것이 좋다. 방문하기 어려운 상황이라면 피해 사례를 적은 뒤 팩스로 보내도 된다.

중고차는 꼭 시운전을 해봐야 한다. 주행 중에 잡소리는 없는지, 브레이크와 핸들 쏠림은 없는지, 기어 변속은 충격 없이 잘 이루어지는지, 주행 중 차체가 흔들리지 않는지 등을 세심하게 점검한다. 또한 편의장치와 옵션 장치가 정상 작동되는지 확인해야 한다.

SOLUTION 122
중고차 성능기록부 너무 믿지 마라

자동차 성능기록부에 '엔진 미세 누유, 자동변속기 미세 누유'라고 기록된 차를 구입할 때는 주의가 필요하다. 이런 차량을 구입할 때는 반드시 확인서를 받아 놓아야 한다. 왜냐하면 조금만 오일이 새거나 묻어 있어도 '미세 누유'로 기록하기 때문에 수리비 또한 상황에 따라 천차만별이기 때문이다.

예를 들어 보겠다. 엔진 헤드 커버 개스킷 불량으로 인한 미세 누유는 수리비가 5만 원 정도지만, 헤드와 실린더 사이 헤드 개스킷 불량일 경우는 엔진 헤드를 분해해야만 작업할 수 있어 차종에 따라 다르지만 100만 원 이상의 비용이 든다. 또 크랭크축 앞 리테이너 불량으로 인한 미세 누유는 타이밍벨트를 분해해야 작업할 수 있어 50~60만 원 비용이 예상된다. 엔진과 자동변속기 사이의 미세 누유일 경우는 자동변속기를 탈착해야 수리가 가능하다.

이런 상황이므로 성능기록부에 '미세 누유'라고 적혀 있다면 구체적인 설명을 듣고 확인서를 받아야 분쟁 발생 시 손해를 보지 않을 수 있다.

특히 수입차를 중고로 구입할 때는 각별히 조심해야 한다. 수입차의 미세 누유 시, 국산차와는 비교가 되지 않는 수리비가 들기 때문이다. 배보다 배꼽이 더 큰 상황이 발생할 수 있다.

성능기록부

09

자 동 차 문 제 해 결 A to Z

자동차 관리와 사고 대처법

① 자동차 사계절 관리와 정비

SOLUTION 123
자동 세차를 자주 해도 괜찮을까?

자동 세차의 장점이라면 가격이 저렴하다는 것이다. 하지만 단점은 훨씬 더 많다. 짧은 시간에 오염을 제거하기 위해 독성이 강한 세제를 사용하고, 자동차를 천으로 부드럽게 닦는 게 아니라 세차 브러시의 회전력을 이용해 닦기 때문에 잔 흠집이 생기기 쉽다. 또한 차체의 노화를 방지해주는 광택층과 페인트면도 훼손되기 쉽다는 단점이 있다. 자동 세차를 자주 하는 차는 세차를 해도 깨끗해지는 느낌이 적고 광택이 사라져 마치 오래된 차처럼 변하게 되므로 주의해야 한다.

SOLUTION 124
셀프 세차가 좋은 이유

한번 손상된 도장면은 원래의 색상과 광택으로 되돌리기 어렵다. 평소에 차 관리를 잘하고 가능한 한 자동 세차 대신 셀프 세차장을 찾아 손으로 직접 닦아주는 것이 차를 오랫동안 깨끗하게 쓰는 방법이다.

셀프 세차하는 요령 2가지를 소개하겠다. 첫째, 황사나 이물질, 먼지 등이 쌓인 곳에 위에서 아래 방향으로 물을 뿌리고 충분히 때를 불린 다음, 세차 호스에서 나오는 압력을 이용해 이물질을 제거해주어야 차체 도장면에 흠집이 생기지 않는다.

둘째, 물을 충분히 뿌린 뒤 세제를 이용해 차를 닦으면 되는데 세제를 이용한 세차는 한 달에 한 번 정도로 제한한다. 세제의 독성 때문에 도장면이 손상될 수 있기 때문이다.

비 온 후 바로 세차할 것!
자동차가 산성비를 맞으면 수분은 증발하고 산은 그대로 남는다. 이때 햇빛을 받으면 산도가 더 높아져

자동차 외부의 페인트를 부식시키고 빗방울이 튄 것 같은 흠집을 남긴다. 어두운 색상의 자동차나 외부가 금속 성분으로 처리된 차일 경우, 흠집이 더 두드러지는 효과가 난다. 일단 생긴 흠집은 세차로도 제거되지 않고 다시 도색을 해야 하므로 비가 내린 후에는 가급적 곧바로 세차하는 습관을 들이는 것이 좋다.

세차를 할 때는 주방세제를 이용해도 좋고, 세차 후 2~3개월에 한 번 정도는 왁스 작업을 해주면 차체에 먼지도 덜 쌓이고 도장면도 보호된다.

SOLUTION 125
세차를 해도 깨끗해지지 않는 차

세차를 해도 깨끗해지지 않으면 흠집이 원인일 수 있다. 맑은 날 햇볕 아래서 보면, 차의 표면에 미세한 스크래치가 원형이나 직선으로 퍼져 있을 것이다. 이런 흠집은 빛을 난반사시켜 도장면을 뿌옇고 탁하게 보이게 만든다.

흠집이 심각하지 않다면 시중에서 쉽게 구할 수 있는 컴파운드와 광택제로 상당한 효과를 볼 수 있다. 부드러운 천에 컴파운드를 묻혀 스크래치가 난 방향과 직각으로 문지르면 작은 흠집은 대부분 제거된다. 컴파운드 작업이 끝난 뒤엔 광택 작업을 하면 좋다. 그늘에 차를 주차시킨 뒤 차체를 지붕, 보닛, 도어, 트렁크 부분으로 나눠 단계별로 실시하고, 광택을 오래 보존하고 싶다면 코팅 작업까지 추가하면 된다.

컴파운드 작업

컴파운드

SOLUTION 126
자동차 광택 작업이란?

광택 작업이란 도장된 페인트를 연마해서 잔 흠집이 없어지는 깊이까지 깎아 내려가는 것이다. 다른 효과로는 표면의 산화된 페인트를 제거해 본래의 색상을 되찾도록 해준다. 아무리 좋은 컬러 코팅제를 쓰는 것보다 광택작업을 해주는 것이 확실하다. 하지만 광택 작업을 자주 할수록 페인트칠이 점점 얇아지므로 남용해서는 안 된다.

광택과 코팅의 차이
광택과 코팅이 비슷하다고 생각하는 사람들이 많은데 엄연히 다른 작업이다. 광택 작업이란 연마제로 흠집을 제거함으로써 광택도를 향상시키는 것인 반면, 코팅 작업은 매끈하게 광택을 낸 도장면을 보호하고 오랜 시간 광택이 지속될 수 있도록 하는 것이다.

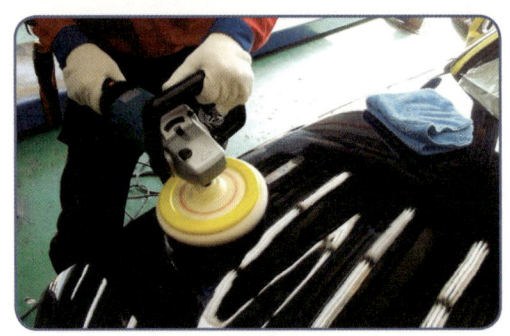

기계를 이용한 광택 작업

SOLUTION 127
가죽 시트 세척 방법

가죽 시트는 전용 세척제로 닦아야 손상을 막을 수 있다. 구두 판매점에서 가죽 전용 세척제를 구입한 후, 젖은 걸레에 세척제를 조금 묻혀 시트를 닦아낸 뒤 다른 깨끗한 물걸레로 다시 닦아내면 된다. 흔히 콜드크림을 써서 가죽을 닦기도 하는데 닦은 후 콜드크림의 기름 성분이 남아서 옷에 자국을 남길 수 있으므로 주의가 필요하다. 또 직물 시트용 세척제를 사용하면 가죽의 질감이 푸석푸석해지므로 주의해야 한다. 인조가죽 시트일 경우는 직물 시트 세척제를 사용해도 무방하다.

· 자동차 시트 ·

SOLUTION 128
앞 유리가 뿌옇게 잘 안 닦이는 이유

아무리 워셔액을 뿌리고 와이퍼를 움직여도 유리가 깨끗하게 닦이지 않는다면 '부식'이 원인이다. 유리가 부식된다는 사실을 아는 운전자는 거의 없다. 하지만 잘못된 주차 및 세차 습관은 유리를 손상시킨다.

유리의 부식 여부는 비 오는 날 쉽게 알 수 있다. 와이퍼를 교환했는데도 유리가 깨끗하게 닦이지 않고 뿌연 때가 낀 것처럼 보이고, 헝겊으로 힘껏 문질러도 지워지지 않고 '뿌드득' 소리가 난다면 유리가 이미 손상된 것이다.

유리에 부식이 일어나는 이유는 나무 수액이나 낙진, 알칼리성 세제 등으로 생긴 얼룩에 유리가 오염되었기 때문이다. 또한 겨울철 유리에 쌓인 눈과 성에를 도구를 이용해 무리하게 제거하다가 표면에 흠집이 났을 수도 있다.

또한 유리에 물기가 남아 있는 상태로 습도가 높은 지하주차장에 장시간 방치했을 때도 유리 부식이 일어난다. 유리에 뭉쳐 있던 물방울이 오랜 시간에 걸쳐 건조되면서 유리가 높은 농도의 알칼리성으로 바뀌고, 결국 부식이 진행되어 유리 표면이 미세한 요철 형태로 바뀌는 것이다. 유리 부식을 예방하려면 지하주차장처럼 습기가 많은 장소에 장시간 주차하지 않는 것이 좋다.

마지막으로 와이퍼 상태도 점검해봐야 한다. 와이퍼 작동 시 '삐익' 소리가 난다면 수명이 다

했다는 뜻이다. 성능이 떨어진 와이퍼를 계속 사용하면 유리가 손상될 수 있다. 유리가 황사로 더러워졌다면 먼지를 털어내고 워셔액을 충분히 뿌린 뒤 와이퍼를 작동해야 유리에 흠집이 나지 않는다.

SOLUTION 129
유리 부식을 해결하는 방법

부식이 심하다면 새 유리로 교환해야 하지만 가벼운 상태일 때는 연마제를 사용하면 처음 상태로 회복할 수 있다. 화공약품이나 연마제 취급점에서 산화세륨을 구입해 물과 1대 1로 혼합한 뒤, 오염 부위를 집중적으로 문질러주고 물로 닦아내면 해결된다. 또 유리 전문 세정액인 스테인리무버를 스펀지에 묻혀 골고루 잘 닦아내도 웬만한 부식은 사라진다.

아세톤과 면도날로 유리 부식을 해결한다!
대부분의 가정에서 갖고 있는 물건으로 유리 부식을 해결할 수 있는 방법이 있다. 아세톤이나 신나, 즉 휘발성 물질로 깨끗하게 한 번 닦아낸 후 면도날로 전면 유리 전체를 가볍게 긁어주고 주방세제나 유리 전문 세정제로 닦아내는 것이다.

SOLUTION 130
워셔액 대신 물을 써도 될까?

워셔액도 운전 시야 확보에 중요한 역할을 한다. 워셔액은 카센터에서 공짜로 보충해 주거나 자동차용품점과 할인마트에서 일이천 원이면 살 수 있는 저렴한 제품이지만 물과는 하늘과 땅 차이다. 워셔액의 주성분은 기름기를 녹이고 어는 것을 방지해주는 알코올이다. 그 밖에 오물이 유리에 붙는 것을 막아주는 계면활성제, 금속의 부식을 예방하는 방청제, 물 등으로 이루어져 있다.

워셔액 대신 물을 사용하면 겉으로 드러나는 차이점은 없는 것처럼 보인다. 그러나 물은 먼지와 기름 성분을 깨끗하게 닦아내지 못해 노즐에 녹이 발생할 수 있다. 노즐뿐 아니라 금속으로 이루어진 자동차는 물과 상극임을 명심해야 한다.

황사나 미세먼지가 많은 날에는 유리를 덮은 오물 덩어리를 물로 닦아내는 데 한계가 있다. 운전자 시야를 흐려 사고 날 가능성을 높인다는 의미다. 물은 워셔액을 구할 수 없는 상황에서 잠시 사용하는 데 그쳐야 한다.

SOLUTION 131
워셔액도 여름용과 겨울용이 있다

워셔액도 계절에 맞춰 사용해야 한다. 겨울에는 영하 25℃까지 얼지 않는 워셔액을 사용해야 워셔액 탱크를 보호하고 워셔 장치의 고장을 막을 수 있기 때문이다. 워셔액의 색깔은 대부분 청록색이지만 가끔 옅은 분홍색도 있다. 수입차 워셔액 중에는 윈도브러시 고무가 딱딱해지는 것을 방지하는 기능이 추가되었다는 제품이 있다. 그런데 굳이 이런 고가의 워셔액을 쓸 필요는 없다. 국산 워셔액을 사용한다고 윈도 브러시가 손상되지는 않기 때문이다.

워셔액을 뿌릴 때는 '내기 모드'로 바꿔야 한다!
시중에 판매되는 워셔액은 대부분 메타놀 성분이다. 메타놀은 독성이 있어 공기순환 스위치를 '외기 모드'로 할 경우 독성 물질을 흡입할 수 있어 위험하다. 워셔액을 뿌릴 때는 반드시 '내기 모드' 상태로 바꿔야 하고, 가격이 좀 비싸더라도 에타놀 성분의 워셔액을 사용하는 것이 좋다.

워셔액 탱크

사계절 워셔액

SOLUTION
132
워셔액을 뿌렸을 때 방향이 안 맞으면?

워셔액의 분사 방향이 맞지 않을 때 사용할 수 있는 방법이 있다. 바늘이나 옷핀 등 뾰족한 물체를 워셔액 노즐에 끼우고, 원하는 방향으로 살살 돌리면서 워셔액을 뿌려보면 정확한 위치로 조정할 수 있다.

SOLUTION
133
차창에 서린 김을 제거하려면

김을 제거하는 첫 번째 방법은 에어컨을 작동시키는 것이다. 서리 제거제 혹은 김 방지제를 차창 안쪽에 바르는 것도 좋은 방법이다. 운전석이나 조수석의 차창을 1cm쯤 열어 실내와 바깥의 온도가 비슷하도록 하는 것도 쉽게 효과를 볼 수 있는 방법이다.

이런 방법이 여의치 않다면 마른 수건에 비눗물을 묻혀 차창 안쪽에 골고루 발라준다. 하루 정도는 김이나 서리가 끼지 않을 것이다. 간혹 김을 제거하겠다고 히터를 틀어 놓는 사람이 있는데 이는 잘못된 방법이다. 주행 중엔 히터의 효과가 없고 차 안의 온도만 급상승시켜 불쾌감만 높아질 뿐이다.

SOLUTION 134
봄철 차량관리 매뉴얼

① 겨울 동안 사용했던 타이어 앞뒤 마모 상태를 살펴보고 타이어 위치를 교환한다. 가능한 마모가 적은 타이어를 앞바퀴에 끼운다.

② 자동차 섀시 장치, 각종 볼트, 로어암, 쇽업소버, 전후 멤버, 각종 브래킷, 부싱 고무 변형으로 잡소리가 날 수 있으므로 고정볼트들을 풀었다 조여준다.

③ 염화칼슘으로 인한 이물질은 차체를 부식시키므로 증기 세차를 통해 제거한다. 섀시 장치 부품들과 바디 사이를 용접한 접합 부품들을 구석구석 깨끗이 세차한다.

④ 보닛을 열고 엔진 부품과 커넥터, 센서 부품에 쌓인 먼지와 이물질을 깨끗하게 세정한다(엔진과 연결되는 전자부품과 회로장치 고장 발생을 줄이는 효과).

⑤ 엔진오일, 미션 오일, 브레이크 오일, 파워 오일 등을 점검한다. 오염되었거나 규정 주행 거리가 넘었다면 교환한다.

⑥ 실내 바닥과 시트 사이에 묻어 있는 이물질을 세정한다. 온도가 올라가면 세균 번식의 우려가 있기 때문이다.

⑦ 트렁크에 들어 있는 체인 등 무거운 월동 용품을 정리해 트렁크를 가볍게 한다.

⑧ 팬벨트가 균열되거나 손상되지 않았는지, 소리가 나지 않는지 상태를 점검한다.

⑨ 전조등과 안개등을 점검한다. 봄과 가을은 안개가 심하므로 노란 셀로판 종이를 구입해 차에 비치하고 있다가, 안개 도로를 달릴 때 전조등에 붙이면 안전하게 주행할 수 있다.

SOLUTION 135
여름철 차량관리 매뉴얼

① 에어컨을 작동시켜 냉방 상태를 확인 후, 공기필터를 교환 점검한다.
② 엔진 정상온도에서 냉각 팬 작동 상태를 점검한다(온도 게이지가 2분의 1 이상 될 때 냉각팬이 돌아야 한다).
③ 브레이크 오일은 수분 여부를 점검한 후 베이퍼록 방지를 위해 DOT4 등급의 오일로 교환해준다.
④ 윈도 브러시가 잘 닦이는지 고무 상태와 워셔액 분사 노즐 방향을 점검한다.
⑤ 윈도 브러시 작동 시, 앞 유리의 닦인 상태를 확인하고 뿌옇거나 잘 닦이지 않으면 유리의 작은 흠집 때문이므로 깨끗하게 세정하고, 그래도 되지 않으면 유리를 교환한다.
⑥ 세차 후 차체 도장면 보호를 위해 왁스칠을 해준다.
⑦ 유리의 썬팅 상태를 확인한다. 실내에 신문지를 일주일 이상 비치했을 때, 누렇게 변색되면 썬팅 효과가 없는 것이므로 피부 보호를 위해 교체해야 한다.
⑧ 차 안의 습기 제거를 위해 숯을 의자 밑에 둔다. 습기 제거는 물론 냄새 제거에도 탁월한 효과를 발휘한다.

SOLUTION 136
겨울철 차량관리 매뉴얼

① 부동액을 교환한 지 2년이 지났거나 4만 km가 넘었다면 교환한다. 물과 부동액을 50:50으로 섞어서 냉각수를 보충하면 된다.
② 라디에이터와 히터의 호스 상태를 점검하고, 누유되는 곳은 없는지 확인하고 조임 밴드 상태를 점검한다.
③ 타이어는 겨울철 눈밭에서 충분히 구동할 수 있는 트레드 높이가 되는지 확인한다.
④ 체인은 쉽게 채울 수 있는 제품으로 준비한다. 성에가 끼었을 때 제거하는 용품과 기본 용품 세트를 비치한다.
⑤ 배터리 상태를 점검해, 5년 이상 되었으면 교환한다.
⑥ 윈도 브러시가 잘 닦이는지 고무 상태를 점검하고, 워셔액은 영하 25℃까지 얼지 않는 제품으로 교환한다.

⑦ 엔진오일, 변속기 오일, 브레이크 오일, 파워 스티어링 오일을 점검한다. 변질되거나 오래되었다면 교환한다.
⑧ 엔진룸 내의 부품과 센서, 배선 커넥터에 묻어 있는 먼지와 이물질 등을 깨끗하게 세정한다.
⑨ 실내 공기필터를 교환하고 히터가 온도에 따라 정상 작동하는지 여부를 확인한다.
⑩ 디젤차는 연료 필터를 교환하고 수분을 배출시킨다. 연료 필터는 3만 km마다 잊지 말고 교환해준다.
⑪ 디젤차는 엔진 가열 장치가 정상 작동해야 시동이 잘 걸리므로 꼭 확인한다.
⑫ 아침에 첫 시동을 걸 때는 반드시 2~3분 워밍업 후 출발한다.

SOLUTION 137
자동차 정비 견적의 불편한 진실

요즘 가장 못 믿을 곳, 3군데가 국회, 병원, 정비소라는 우스갯소리가 있다. 자동차 정비에 몸담고 있는 사람으로서 가슴 아픈 얘기다. 정비업계가 이런 불신을 받게 된 데는 업계의 과다경쟁과 비숙련 기술자가 자동차 고장의 원인 분석을 제대로 못하기 때문일 것이다. 하지만 그뿐만이 아니다.

요즘 차들은 전자부품이 많아 시스템 별로 진단하기가 어렵다. 그러다보니 시간과 노력을 들여 찾아낸 원인을 소비자에게 알려주면, 다음에 와서 고친다 하고 다른 정비업체로 가버리는 경우가 있다. 타 정비업체에 가서 고장 부위를 가리키며 흥정을 하는 얌체 고객들이 이런 풍토를 부추긴 셈이다.

정확한 고장 진단을 위해서는 고가의 첨단 장비들이 필요한데, 소비자에게 장비 사용료를 받을 수 없으니 수리비에 붙여서 받는 업체가 있다. 이런 요인들이 어우러져 신뢰관계가 깨진 것이다. 중요한 것은 일단 자동차 정비에 대해 일정 수준의 지식을 갖고 있어야 한다는 것이다. 즉 아는 것이 힘이다. 또한 믿음이 가는 업체를 내 차 주치의로 둘 수 있다면 더 이상 바랄 것이 없다.

정비 견적 받기 전에 꼭 알아야 할 것들!

① 여러 정비업체에 비교 견적을 받아보고, 어떤 부품을 사용하는지 꼼꼼히 따진다.
② 유난히 저렴한 견적은 조심한다. 미끼상품을 내세워 과잉정비를 하거나, 미끼 품목 이외에는 오히려 바가지를 씌울 수 있기 때문이다.
③ 정비를 받고 난 뒤 가격을 흥정하지 말아야 한다. 사전에 견적을 받고, 예상보다 많이 나왔을 때는 다른 정비업체의 견적을 받거나 조언을 구하는 것이 낫다.
④ 자동차 정비 명세서를 교부받아 보관해두면 분쟁 시 구제받을 수 있다.

2

튜닝, 안전하게 하려면

SOLUTION 138
자동차 튜닝 시 주의해야 할 핵심 포인트

여성들은 좀 더 멋있고 세련된 외모를 갖기 위해 옷과 가방에 투자한다. 그와 똑같이 남자들은 자신의 차를 멋지게 만들고자 하는 욕구가 강하다. 자기만의 차를 만든다는 것은 무척 행복한 일이기 때문이다. 하지만 자동차 튜닝은 화장품을 바꾸는 것과는 차원이 다른 문제다. 안전과 관련된 일이니 만큼 주의해야 한다.

고장은 막고 안전은 지키는 튜닝 수칙

① 가능하면 차 바디에 구멍을 뚫어서는 안 된다. 철판이 부식될 우려가 있기 때문이다.
② 어떤 부품을 바디에 장착할 경우엔 물이 스며들지 않도록 마무리해야 한다.
③ 전기 장치를 연결할 때는 장치에 맞는 배선 굵기를 선택해야 한다. 과부하가 걸리면 화재의 위험이 있기 때문이다.
④ 배선과 배선을 연결할 때는 필히 납땜을 하고, 보호 비닐로 잘 감싸주어야 접촉 불량은 물론 부식으로 인한 부품 산화를 막을 수 있다.
⑤ 하체 튜닝 시엔 차량 무게와 시스템 장치에 잘 맞는 부품을 선택해야 고장을 막고 안전을 지킬 수 있다.

SOLUTION 139
전기장치 튜닝과 차 성능과의 관계

자동차에 관심이 많다면 집안 인테리어를 하듯 이것저것 자동차에 편리한 장치들을 달고 싶을 것이다. 자동차에 부착하는 전기장치와 차 성능과의 관계를 알아보자.

헤드라이트나 안개등을 더 밝게 하기 위해 와트 수가 높은 전구로 개조하는 차들이 있는데, 이는 자동차 발전기에 무리를 주어 고장을 유발할 수 있다. 특히 노후된 차량은 배선 용량 초과로 화재의 위험이 있으므로 조심해야 한다. 또한 배터리 용량을 더 큰 것으로 교환하면 전기 트러블도 적고 출력도 좋아진다는 상식은 이번 기회에 잊어버리도록 하자.

차량 여러 곳에 밝은 조명등을 달아 야간에 현란한 빛을 내는 차들도 있다. 이런 경우엔 사전에 배선 용량을 점검하고, 반드시 퓨즈를 통해서 배선이 연결되도록 해야 한다. 특히 전류가 많이 흐르는 회로를 만들 때는 꼭 릴레이를 사용해야 고장과 화재를 방지할 수 있으니 주의해야 한다.

최근 차들은 편의장치가 많이 장착되어 있으므로 가능하면 전기장치 개조는 안 하는 것이 트러블을 줄이면서 자동차를 더 안전하고 오래 탈 수 있는 비결이다.

③ 사고 대처 및 보험 활용

SOLUTION 140
교통사고 처리 방법

① 사고 차량의 블랙박스 영상을 확보한다. 가해 차와 피해 차의 영상이 없다면 주변 차량의 블랙박스 영상을 확보하고, 그것마저 어렵다면 주변 차들까지 보이도록 현장 사진을 찍어 나중에 문제가 생길 때 증인을 세울 수 있도록 한다.
② 사고 현장을 보존하면서, 사고 당시 차의 상태와 파편 흔적 등을 표시하거나 스마트폰으로 동영상이나 사진을 찍어둔다. 사고를 객관적으로 설명할 수 있는 목격자의 연락처를 알아둔다.
③ 가입한 보험회사와 경찰서에 사고 사실을 알린다.
④ 상대 차의 운전자 신분과 연락처를 확인한다. 신분증을 서로 교환한 후, 신분과 차량번호 등을 메모하거나 스마트폰으로 찍어둔다.

보험사별 24시간 긴급출동 서비스

보험사들은 가입자의 차량이 운행 불가능한 경우를 대비해 긴급출동 서비스를 실시하고 있다. 비상구난 서비스, 사고 또는 고장으로 인한 긴급견인 서비스, 연료완전 소진 시 비상급유 서비스, 도어 잠금장치 해제 서비스, 타이어 파손 시 예비 타이어 교체 서비스 등이 포함된다.

삼성화재	1588-5114	에르고다음다이렉트	1544-2580
동부화재	1588-0100	교보AXA	1566-1566
현대해상	1588-5656	더케이손해보험	1566-3000
LIG손해보험	1544-0114	차티스손해보험	1544-0911
메리츠화재	1566-7711	전국택시공제조합	02-555-1334
롯데손해보험	1588-3344	전국개인택시공제조합	02-563-8034~6
한화손해보험	1566-8000	전국화물차공제조합	02-3483-3700
흥국화재	1688-1688	전국버스공제조합	02-3465-7000
그린화재	1588-5959	전국전세버스공제조합	02-794-0561

SOLUTION 141
사고 났을 때 주의해야 할 사항

① 피해 차량 운전자에게 운전면허증을 주거나 각서를 쓰면 안 된다.
② 피해자가 가벼운 부상이니 괜찮다 해도, 반드시 신고하고 경찰관이 도착할 때까지 현장에 머물러야 뺑소니로 몰리지 않는다.
③ 형사 합의란 형사처벌을 가볍게 하기 위해 금전적 보상을 하는 것으로 처벌이 무거운 사고를 냈을 때 필요하다. 보험사와 손해사정인, 변호사 등 전문가의 도움을 받는 것이 좋으며, 피해자와의 합의가 원만히 이루어지지 않으면 공탁제도 등을 이용할 수 있다.
④ 보험사에 사고 처리를 맡겼다면 보험사가 법률상 모든 손해에 책임을 지므로 더 이상의 민사 책임은 없다. 보험사가 보상하지 않는 손해는 가해자도 책임이 없다는 것이다. 단, 각서 등을 써줘서 늘어난 손해는 보험사가 책임지지 않는다.
⑤ 보험으로 사고 처리를 한 후, 피해자가 추가 보상을 요구할 때는 보험사를 통하라고 미루는 것이 좋다.

형사 처벌을 받는 10대 중대사고

보험 가입 여부와 상관없이 다음의 10가지 경우는 사망 사고, 뺑소니 사고와 함께 형사처벌을 받게 된다.
- 신호 또는 지시 위반
- 중앙선 침범 또는 고속도로에서의 횡단, 회전, 후진을 위반한 자동차가 중앙선을 완전히 넘어 반대 차선으로 들어가는 경우. 차체의 일부가 중앙선을 살짝 물고 넘어가는 경우
- 제한속도를 20km 초과해 운전하다 사고를 낸 경우
- 횡단보도 사고
- 무면허 운전
- 음주운전
- 앞지르기 위반
- 건널목 통과 방법 위반
- 인도 돌진
- 개문 발차

SOLUTION 142
접촉사고를 당했을 때

접촉사고를 당했을 때는 가해 차량의 보험계약 사항을 확인하고 구체적인 사고 경위를 기록한 종이에 서명을 받아둘 필요가 있다. 만일 가해자가 서명을 거절하면 차량번호와 이름을 자필로 써달라고 요청하거나 상대방이 믿을 만한 사람이라면 명함을 받아두도록 한다. 그런 다음 가해자가 가입한 보험회사에 즉시 '보험접보'를 해주도록 요청한다.
상대방이 보험회사에 '접보'를 하지 않으면 피해자가 연락해도 된다. 보험회사끼리는 자기

차량은 자기 보험으로 우선 보상하고 나중에 보험회사끼리 정산할 수 있도록 협정이 체결되어 있기 때문이다. 다만, 보험회사가 상대방에게 구상할 수 있도록 위임하는 등 필요한 협조는 해야 한다.

주차시켜 놓은 차가 망가졌다면

주차 중 누군가에 의해 차가 망가질 경우, 매우 난감하다. 이럴 때는 보험회사에 알리면 수리비를 전액 보상받을 수 있다. 또는 의심 가는 용의 차량을 보험회사에 알려주면 보험회사에서 철저하게 조사해 진범 여부를 확인한 후 보상해준다.

SOLUTION 143
고속도로 견인차의 불편한 진실

고속도로에서 고장이나 사고가 났을 때, 빠른 시간에 차를 견인해 정비업소에 맡겨주고 사고 처리를 도와주는 존재가 견인차다. 하지만 여기에도 숨어 있는 불편한 진실이 있다. 결론적으로 견인차가 선택한 공장으로는 가능한 안 가는 것이 유리하다. 대부분은 견인차와 뒷거래가 이루어지는 곳이기 때문이다.

공장에서는 차를 입고시켜주는 대가로 견인차에게 견인비는 물론 견적에 따른 커미션까지 지급한다. 공장은 이런 비용을 사고차에서 뽑아야 하므로 보험 수가가 올라가고 수리 내용 또한 장담할 수 없게 된다. 뜨내기 손님이라 생각해 이래저래 겉만 멀쩡하게 수리해서 나올 확률이 높다.

될 수 있으면 자동차 보험회사에서 연결해주는 견인차를 이용하고, 어쩔 수 없는 상황이라면 견인비를 흥정한 후 내가 평소 알고 있는 단골 정비업소로 견인 조치하는 것이 내 차도 보호하고 보험료도 적게 나오게 하는 현명한 방법이다.

SOLUTION 144
종합보험은 어떻게 구성되나?

보험은 피해의 유형에 따라 4가지로 구분된다. 첫째 남을 죽게 하거나 다치게 하였을 때는 대인 배상사고, 둘째 남의 자동차나 물건을 파손시켰을 때는 대물 배상사고, 셋째 차주와 운전자 및 그 가족이 죽거나 다쳤을 때는 자기 신체사고(또는 자손사고), 넷째 자기 차량이 파손되었을 때는 자기 차량 손해사고(또는 차량사고)라 한다. 따라서 보험료도 4가지로 구성되어 있다.

즉 대인배상 보험료, 대물배상 보험료, 자기 신체 사고보험료, 자기 차량 손해보험료가 그것이다. 종합보험은 이 4가지에 모두 가입하는 것으로, 보험료를 5% 깎아주는 '전담 할인'을 제공해준다.

한편 가입자가 지닌 사고 위험의 정도에 따라서는 개인용 종합보험, 업무용 종합보험, 영업용 종합보험의 3가지로 나뉜다. 이중 개인용은 출퇴근 등 오직 가정용으로만 쓰이는 자가용 승용차만 가입할 수 있다.

종합보험 저렴하게 가입하는 방법

운전자의 성향(결혼 여부, 연령, 성별 등)에 따라 보험료가 달라지므로, 보험회사에 차를 주로 운전할 사람과 보조적으로 운전할 사람이 누구인지를 한정하는 특약을 이용하는 것이 유리하다. 만약 차주의 부모, 배우자, 자녀 등 직계가족만이 운전한다면 '가족 운전 한정 특약'을 이용하면 보험료가 훨씬 저렴해진다.

SOLUTION 145
자동차 보험료 아끼는 각종 특약 알아두기

앞서 설명한 운전자 제한 특약뿐 아니라 주행거리, 요일제, 무사고 등 다양한 특약이 존재한다. 단, 보험사마다 할인율이 다르고 특약은 중복이 안 되므로 어떤 것이 가장 유리한지 확인해보고 가입해야 한다.

특약	내용
주행거리 연동 특약	연간 주행거리(7천 km)에 따라 5~13% 할인
승용차 요일제 특약	전체 보험료 8.7% 할인 / 선할인 시 8.3% 할인
운전자 및 연령 범위 제한 특약	- 부부 한정은 '누구나 운전'보다 약 20% 저렴 - 35세 이상 등 특정 연령 이상은 할인 가능 (21세 / 24세 / 26세 / 30세 / 35세) 특약
무사고 운전 및 교통법규 준수 특약	- 보험기간 중 무사고면 보험 갱신 시 보험료 5~10% 할인 - 무사고 경력 18년 유지하면 보험료 최대 70%까지 할인
차량 옵션 안전장치 특약	블랙박스, 도난방지장치, ABS, 에어백, MTS 등을 갖추면 할인

※보험개발원에서 제공하는 '자동차 환급금 조회'를 활용하면 잊고 있던 보험료를 환급받을 수 있으니 꼭 한 번 해보기 바란다.

SOLUTION 146
차량을 바꾼 후 사고가 발생하면 어떻게 하나?

보험 가입 기간 중에 차량을 바꾼 경우에는 그 사실을 즉시 보험회사에 알리고 보험회사의 승인을 받아야 새 차량으로 보험 계약이 승계된다. 만약 이러한 승계 절차 없이 새 차로 사고가 났다면 보험 처리가 되지 않는다.

한편 차량이 출고된 지 얼마 되지 않아 사고가 발생했는데 수리비용이 차량가액을 초과하거나 수리가 불가능한 경우라면 새 차로 교환해준다.

SOLUTION 147
보험 가입 시 꼭 짚고 넘어가야 할 포인트

보험에 가입할 때는 반드시 보험 약관을 읽어보고 아래의 사항들을 꼭 확인해야 한다.

① 보상이 되는 손해, 보상이 되지 않는 손해는 무엇인가?
② 보험 혜택을 받을 수 있는 사람은 누구누구인가?
③ 언제부터 보험 혜택을 받을 수 있나?
④ 보험금은 어떻게 산출되는가?
⑤ 사고가 발생했을 때 어떤 절차를 밟아야 하는가?
⑥ 보험회사로부터 보상받을 수 있는 범위와 가입자가 부담해야 할 범위는?
⑦ 피해자로부터 손해배상 청구를 받으면 어떤 조치를 취해야 하는가?
⑧ 보험금을 청구하려면 어떤 절차를 거쳐야 하는가?

SOLUTION 148
가해자가 종합보험 대물배상에 가입하지 않았을 때

사고를 낸 가해자가 종합보험 대물배상에 가입하지 않았을 때는 직접 손해배상을 받아야 하므로 한결 세심한 주의가 필요하다. 이런 경우엔 가능한 한 빨리 합의해 손해배상을 받는 것이 좋고, 나중에 번복할 때를 대비해 목격자나 증거 확보에 만전을 기해야 한다.

앞서 밝혔듯 자기 차량의 종합보험으로도 우선 보상받을 수 있으므로 이를 적극 활용하도록 한다. 보험회사들은 '교통사고 처리 협조 요청서'라는 서식을 가입자들에게 배포하고 있으므로 이를 차 안에 비치해 두고 유사시에 이용하면 편리하다.

사고 발생 후 개인적으로 처리할 때 주의점

사고를 냈으나 피해 상태가 가벼워 보험 처리를 하지 않는 경우가 있다. 이럴 때는 나중에 문제가 발생할 수도 있으므로 반드시 피해자와 합의서를 작성해두는 것이 좋다. 합의서를 작성할 때는 다음의 내용을 기록해야 한다.
• 가해자와 피해자 인적사항
• 사고 차량번호
• 사고 일시 및 장소
• 합의 금액
• 청구권 포기에 관한 문구
• 가해자와 피해자의 서명

SOLUTION 149
사고 후 뒤늦게 보험처리를 하려면

교통사고 발생 당시에는 보험처리를 하지 않을 생각이었다가, 나중에 너무 많은 금액이 나와 그때서야 보험처리를 하고 싶다면 어떻게 해야 할까? 이럴 때는 구체적인 사고 발생 사실과 늦게 통보하게 된 경위를 보험회사에 알리면 보험처리를 받을 수 있다. 또한 그때까지 지급한 영수증을 함께 제출하면 그 금액도 보상이 가능하다. 단 보험회사에 늦게 통보한 경우, 피보험자가 지출한 치료비 또는 수리비 중에 지연 통보로 인해 늘어난 손해에 대해서는 보험회사가 보상해주지 않는다.

또한 보험회사에 통보하지 않은 상태에서 피해 차량의 수리가 끝났을 때 역시 보험 처리가 가능하다. 물론 손해액을 입증할 수 있는 자료, 예를 들면 차량 파손 사진이나 견적서 등을 제출해야 한다.

그러나 차량 수리 후에 보험 처리를 의뢰할 경우에는 사고 사실 여부와 손해액 적정 여부에 대한 분쟁이 발생할 소지가 많고 지연 통보로 인해 확대된 손해에 대해서는 인정받지 못하므로 유의해야 한다.

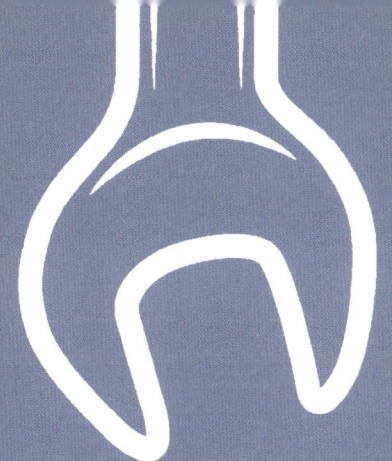

PART 04

중고차 매매의 모든 것

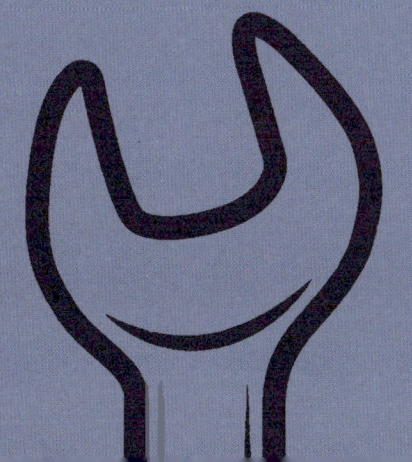

01

중 고 차 매 매 의 모 든 것

신차와 중고차 사이에서

① 나에게 맞는 자동차 찾기

"신차와 중고차, 어느 쪽이 이득일까요?" 필자가 평소 귀에 못이 박이도록 받는 질문이다. 솔직히 말해서 대답하기 곤란한 문제다. 도대체 무엇을 기준으로 이득과 손해를 판단할 수 있단 말인가? 이 주제를 가지고 밤샘토론을 한다 해도 의견이 모이지 않는다. 결국 가장 중요한 문제는 '나에게 딱 맞는 자동차를 얼마나 수완 좋게 잘 살 것이냐'다.

그런데 '나에게 딱 맞는 자동차'란 무엇일까? 나의 어떤 부분에 맞출 것인가? 연령, 경제력, 가족 구성인가? 아니면 용도나 운전 능력인가? 아니면 취향인가? 승차감, 안전성, 주차공간 등등 생각해보면 끝이 없을 정도로 조건과 항목이 많아진다. 하나에서 열까지, 모든 조건을 만족시켜주는 자동차는 있을 수 없다. 적당한 선에서 매듭지어야 하지만 절대로 이것만큼은 양보할 수 없다는 조건은 있을 수 있다. 예를 들면, 5인 가족인데 4인승을 사면 곤란할 것이고, 차고에 들어가지 못할 정도로 큰 자동차를 사서도 안 될 것이다.

이런 필수조건을 기본으로 자신이 원하는 조건들을 순서대로 쭉 나열해보는 것이 좋다. 원하는 조건들이 많이 충족될수록 만족감이 큰 까닭이다. 다음으로 메모해둔 조건들을 꼼꼼히 체크하면서 물건을 고르면 된다. 판매점을 들르기 전부터 '바로 그것'이라고 결정할 필요는 없다.

그렇게 돌아다니다 보면 자연스럽게 주목할 만한 물건의 범위가 좁혀진다. 차종과 차의 크기가 거의 결정될 즈음에서 신차와 중고차를 선택하면 된다. 중고차는 적어도 4~5년을 탈 생각으로 구입해야 이득이다. 자동차는 소유하는 그 순간부터 돈이 들어간다. 신차의 큰 매력 중 하나는 차량수리 보증기간이 중고차에 비해 길다는 것이다. 하지만 중고차보다 더 빨리 가격이 하락한다는 단점 또한 있다.

❷ 신차나 중고차나 가격 하락 폭은 같다

"한 대를 오래 탈 생각이면 신차로 하라!"
필자가 지인에게 자주 하는 말인데, 나름대로의 몇 가지 근거를 가지고 있다. 최근 자동차 기술의 발전은 눈부시다. 신차에는 분명 중고차에 없는 획기적인 신기술이 서너 가지는 적용되어 있을 것이다. 게다가 신차는 무엇보다 품질 면에서 큰 불안요소가 없다. 대부분 구매자들은 신차를 살 때 제조사를 신뢰한다.

기계이기 때문에 신차에도 약간의 '뽑기 실패'가 존재한다. 그러나 중고차의 '뽑기 실패'와 비교하면 극히 미미한 수준이다. 중고차는 사실 판도라의 상자와 같다. 어떤 리스크가 숨겨져 있을지 짐작할 수 없다. 눈에 보이지 않는 부분이 마모되었거나 부품의 일부에 금속 피로가 있을 수 있고, 그것들이 원인이 되어 느슨함이나 풀림 현상이 발생할 수도 있다. 아무리 무던한 사람이라도 일 년 내내 계속되는 고장과 트러블을 감당하기가 어렵다.

신차의 큰 메리트 중 하나는 보증기간 3년이다. 판매점에 따라 중고차에도 보증제도를 시행하고 있지만, 신차와는 비교가 되지 않는다. 필자가 이런저런 이유로 신차를 권하면, 지인들은 이런 얘기를 하며 망설인다. "신차를 사면 1~2년 사이에 엄청나게 가격이 떨어지잖아요. 그런 면에서 중고차 쪽이 감가상각률이 완만할 것 같아요."

어디서 무슨 얘기를 들었는지는 모르겠지만 전혀 근거 없는 소리다. 신차든 중고차든 구매

가격이 같다면 가격 하락 폭도 비슷하다고 생각해야 한다. 지인들에게 그것을 이해시키는 데는 꽤나 오랜 시간이 걸린다. 물론 머릿속에 감가율에 대한 개념 자체가 없는 덜렁이들보다는 훨씬 낫지만 말이다.

신차를 사서 2년간 5,000km밖에 주행하지 않았다고 말하는 지인이 있었다. 차고 안에 고이 장식해뒀다는 말이나 마찬가지다. 더구나 그는 2년 만에 싫증이 나서 새 차를 사겠다고 타던 차를 중고차 시장에 내놓았다. 아무리 덜렁대던 사람들도 이쯤 되면 기겁을 한다. 신차나 다름없는 자기 차를 거저먹겠다고 덤벼들지 않는가? 머리끝까지 화가 치솟지만 어쩔 도리가 없다. 자동차 유통시장은 원래 그런 식으로 돌아가기 때문이다.

> **명장의 특급 advice**
>
> 아무리 중고차라 해도 1~2년 만에 교체를 반복한다면, 그것이야말로 집안에 방탕한 자식이 한 명 있는 것이나 마찬가지다. 중고차를 살 결심을 했다면 적어도 4~5년은 탈 생각을 해야 한다.

❸ 주인이 한 번 바뀌면 세금이 확 떨어진다

이번엔 중고차와 관련된 세금에 대해 알고 넘어가자. 중고차를 사면 명의이전을 해야 비로소 소유권이 이전된다. 명의이전비는 등록비용, 이전비용으로도 불리는데 여기에는 등록세, 취득세, 공채 구입비 등이 포함된다.

> 명의이전비(등록비용, 이전비용) = 등록세 + 취득세 + 공채 구입비

(1) 등록세

등록세란 재산권이나 기타 권리의 취득, 이전, 변경 또는 소멸에 관한 이동사항을 공부에 등기 또는 등록(등재 포함)해줌으로써 권리를 보전하여 주는 행정행위에 대해 과세하는 수수료적 성격의 유통세. 승용차의 등록세는 차량 과표의 5%, 경승용차는 2%, 승합차는 3%이다.

- 납세의무자 : 재산권, 기타 권리의 취득, 이전, 변경 또는 소멸에 관한 사항을 공부에 등기 또는 등록을 받는 자
- 과세표준 : 등기 등록 당시의 가액이 시가표준액보다 적은 경우에는 시가표준액으로 책정
- 납부할 세액 : 등기 등록 당시 가액 × 세율

· 자동차 등록 세율 및 세액 ·

구분	등록 내용		세율 및 세액
비영업용	신규 및 소유권 이전		50/1000
	저당권 설정		2/1000
기타 승용차	신규 및 소유권 이전	영업용	20/1000
		비영업용	30/1000
	저당권 설정		2/1000
	기타 등록		건당 7,500원

(2) 취득세

취득세는 자동차, 건설기계 등 과세 대상 물건을 취득한 자가 납세의무자이며, 과세 물건을 취득한 날로부터 30일 이내에 구, 군에 신고 및 납부하여야 하며 기간 내 납부하지 않으면 가산세가 추가된다. 자동차 취득세는 차종에 관계없이 차량 과표의 2%(20/1000)가 부과된다. 자동차의 경우, 취득세와 연계된 농어촌특별세는 부과되지 않는다.

(3) 공채 구입비

지역에 따라 도시철도채권이나 지역개발채권을 구입해야 한다. 도시철도채권은 건설을 촉진하고 그 운영에 소요되는 재원 조달을 위해 발행되며 자동차, 건설기계를 등록할 당시에 매입해야 한다.

승용차는 해당 차량 과표의 6%, 경승용차는 4%, 승합차는 13~43만 원인데 금융기관을 통해 즉석에서 매도할 수 있으므로 실제 금액은 과표의 3% 미만이라 봐야 한다.

· 매입대상 및 금액표 ·

구분	차종	배기, 인원, 적재	신규	이전 · 전입
비사업용 (자가용)	승용 (6인 이하)	1,000cc 미만	면제	면제
		1,000~1,600cc 미만	과표의 4/100	과표의 4/100
		1,600~2,000cc 미만	과표의 4/100	
		2,000cc 이상	과표의 7/100	
		다목적형	과표의 4/100	
	승합	7~15인승 이하	390,000원	130,000원
		16~25인승 이하	650,000원	215,000원
		26인승 이상	1,300,000원	435,000원
	화물	2.5톤 미만	195,000원	65,000원
		2.5~4.6톤 미만	390,000원	130,000원
		4.6톤 이상	650,000원	215,000원
사업용 (영업용)	택시	승용	과표의 3/100	과표의 3/100
		다목적형	과표의 2/100	과표의 2/100
	버스	7~15인승 이하	130,000원	45,000원
		16~25인승 이하	215,000원	70,000원
		26인승 이상	435,000원	145,000원
	화물	2.5톤 미만	65,000원	20,000원
		2.5~4.6톤 미만	130,000원	45,000원
		4.6톤 이상	215,000원	70,000원
건설기계			과표의 5/100	

※ 배기량 1,000cc 미만 경형 자동차는 도시철도채권 면제

과세표준액이란?

앞에서 설명했듯 중고차 구매 시 명의이전비용엔 등록세, 취득세, 공채 구입비가 포함되는데, 이는 모두 차량 연식에 의한 과세표준액(과표)을 기준으로 한다. 부동산 거래 시 공시지가처럼, 과표는 대부분 실거래가보다 낮게 책정되어 있다.
중고차의 과표는 신차보다 낮은데, 이는 잔가율로 표시된다.

· 최초등록일 기준 과세표준액 잔가율(2010년 기준) ·

2010	2009	2008	2007	2006	2005	2004	2003	2002
0.768	0.650	0.563	0.422	0.316	0.236	0.178	0.133	0.100

예를 들어 2010년에 공급가가 2,000만 원인 신차를 구입한다면 2,000만 원에 대한 세금을 납부하게 된다. 한편 2010년도에 최초 등록된 중고차를 구입한다면 2,000만 원의 0.768배에 해당하는 금액, 즉 15,360,000원에 대한 세금을 내면 된다.

2009년식 중고차는 잔가율이 0.650%이므로 13,000,000원이 과표고, 2008년식 중고차는 잔가율이 0.563이므로 11,260,000원이 과표가 된다. 해가 지날 때마다 이 잔가율은 낮아진다.

(4) 환경개선부담금 제도

유통 소비과정에서 환경오염 물질의 다량 배출로 인하여 환경오염의 직접적인 원인이 되는 건물이나 시설물, 경유자동차에 대하여 환경오염 물질의 처리에 필요한 재원을 부담시키는 제도이다.

- **부과 기준 및 납기**: 3월, 9월 연 2회 납부

- **환경개선부담금 면제 대상 자동차 등에 관한 규정**
  - 외국 정부 및 국제기구 소유 시설물과 자동차
  - 자동차관리법에 의해 사동차 매매업자가 판매 목적으로 전시하고 있는 자동차
  - 경유와 다른 연료를 혼합 사용하거나 배출가스 여과장치를 부착하는 등 배출가스가 현저하게 저감된다고 환경부장관이 인정·고시하는 자동차

- **면제기간**
  - 저공해 자동차: 등록일로부터 5년간 면제

> **저공해 자동차란?**
>
> 환경개선 부담금이 면제되는 차량을 말한다. 수도권 대기환경 개선에 관한 특별법에 의하여 대기오염 물질의 배출이 없는 자동차 또는 대기환경보전법 규정에 의한 제작차 배출 허용 기준에 적합한 자동차보다 오염 물질을 현저히 적게 배출하는 자동차를 의미한다.

  - 운행차 중 배출가스 저감장치 부착 자동차: 부착일로부터 3년간 면제
  - 저공해 엔진으로 개조 또는 교체한 자동차: 개조 또는 교체의 지속기간 동안 면제
  - 2009.5.1~12.31 신차로 등록한 자동차 중 유로4 기준 적용 경유차(등록일로부터 4년간 면제): QM5
  - 2009.5.1~12.31 신차로 등록한 자동차 중 유로5 기준 적용 경유차(등록일로부터 5년간 면제): 쌍용 렉스턴, 카이런, 엑티언
  - 국내 출시된 SUV 차량 중 환경개선부담금이 면제된 차량: 윈스톰, 윈스톰 맥스, 산타페 2.2 그리고 2009년형이라는 이름을 달고 나오는 차 중 일부

- **혜택**
  - 환경개선부담금이 면제가 되므로 1년에 내는 비용은 10만 원이 조금 넘음
  - 지정된 공영주차장에서 주차요금 50% 할인

혜택도 가능(시,군,구청에 저공해 증명서 제출하면 저공해 표지 교부)

(5) 중고차 명의이전비 계산해보기

• 사례 1

2002년식 1,800cc EF소나타(형식번호YS-18D-M1)를 4,500,000원(과세표준액 5,013,000원)에 구입할 경우

- 과세표준액: 5,013,000원
- 등록세: 5,013,000원 × 5% = 250,650원
- 취득세: 5,013,000원 × 2% = 100,260원
- 공채 구입비: 5,013,000원 × 4% = 200,520원(채권은 매입 후 즉시 매도 가능함(시세율은 매일 변동)
- 수입인 · 증지대: 4,000원
- 총 등록비용: 555,430원

• 사례 2

2003년식 12인승 베스타(형식번호R2-9B-(S))를 5,000,000원(과세표준액 4,902,000원)에 구입할 경우

- 과세표준액: 4,902,000원
- 등록세: 4,902,000원 × 3% = 147,060원
- 취득세: 4,902,000원 × 2% = 98,040원
- 공채 구입비: 130,000원
- 수입인 · 증지대: 4,000원
- 총 등록비용: 379,100원

• 사례 3

1998년식 1톤 포터(형식번호HD-100)를 500,000원(과세표준액 509,000원)에 구입할 경우

- 과세표준액: 509,000원
- 등록세: 509,000원 × 3% =15,270원
- 취득세: 509,000원 × 2% = 10,180원
- 공채 구입비: 65,000원
- 수입인 · 증지대: 4,000원
- 총 등록비용: 94,450원

신차와 중고차 선택 기준

대기업 부장으로 정년퇴직을 앞둔 지인이 BMW 520D 시리즈를 샀다. 그는 '큰 결심을 하고 BMW로 샀다'고 말했다. 나는 그의 선택이 나쁘지 않다고 생각했다. 그에게는 정년 이후, 인생 제2막이 기다리고 있었다. 65세가 될 때까지 종업원 15인 정도 규모의 자회사에서 사장으로 일할 예정이었던 것이다.

그렇게 되면 당연히 여러 사람들과 골프 모임도 있을 것이고 사모님과 둘이 느긋하게 온천여행도 즐길 것이다. 수십 년 국산차만 타서 싫증이 났다니 더욱 그럴 만하다. BMW7 시리즈를 산 것도 아니지 않느냐 말이다. 소중히 다룬다면 아마 고령 운전자 표시를 부착할 때까지 탈 수 있을지도 모르겠다.

나는 '어떤 차를 사야 할지 모르겠다'는 사람들에게 항상 '자동차와의 좋은 관계'란 측면에서 생각해보라고 하는데 'BMW 520D 시리즈가 인생 최고의 사치'라고 했던 지인의 말과 겹쳐진다.

'신차와 중고차 중에 무엇이 이득일까'란 문제의 정답은 운전사 각자가 가지고 있다. 자동차를 소유하려는 목적이 무엇인지, 자신에게 적합한 것이 무엇인지부터 따져야 한다. 자동차와 좋은 관계가 만들어지지 않는다고 자동차를 탓할 수는 없다. 모든 책임은 그 차를 선택한 운전자의 몫이다.

차를 선택할 때 가장 중요한 것은 브랜드가 아니다. 기본적으로 아래 5가지 항목을 먼저 결정해야 한다.

첫째, 중고차라면 연식이 가장 중요할 것이다.
둘째, 차량의 등급을 선택해야 한다.
셋째, 변속기 형식이 중요하다. 스포츠 타입이면 MT, 세단이라면 AT가 당연하다.
넷째, 옵션을 생각한다. 가죽 시트보다는 내비게이션이나 멋진 오디오가 더 좋을지 모른다.
다섯째, 바디 컬러를 선택한다.

하나 더 덧붙이자면 2도어, 4도어도 정해 놓아야 한다. 이런 것들을 결정할 때는 당연히 자신의 연령, 직업, 직위, 취미, 자동차 주행 습관 등을 생각해야 된다.

드라이브를 좋아하는 20대 청년이 빨간색 스포츠카를 산다면 아무도 고개를 갸웃하지 않을 것이다. 자녀가 있는 30대 후반의 주부가 그런 차를 산다면 모두가 의아해 할 것이다. 용도가 달라지면 자동차의 타입도 달라진다.

신차와 중고차, 어느 쪽이 이득일까? 이 문제는 어찌 보면 경제성만을 최고의 가치로 보는 관점이다. 경제성을 무시할 수는 없지만 전부는 아니다. 안전하고 재미있고 쾌적한 드라이빙 역시 중요하기 때문이다.

02

중고차 매매의 모든 것

중고차 매매의 달인이 되는 법

① 중고차 대차 가격의 진실

할부판매법이 제정, 시행되어 자동차를 구입할 때 계약금 대신 '대차' 매입된 중고차로 충당할 수 있게 되었다. 대차란 자신이 타던 차를 팔고 다른 중고차를 사는 것을 말한다. 지금부터 조금은 거북한 업계 사정에 대해 말해보려고 한다. 중고차 매매에 입문하려는 이상, 피하고 지날 수는 없는 문제이고 알아두어서 손해 볼 것은 없기 때문이다.

중고차 대리점 간의 과당경쟁으로 인해 대차 가격이 올라가게 되었다. 심지어는 팔기 어려운 중고차를 비싸게 매입하는 경우도 생겼다. 대리점은 이렇게 매입한 자동차들을 방치해둘 수 없다. 장기 재고가 된 중고차는 상품성이 떨어지고 재고로 인한 금리 부담도 크기 때문이다. 더 이상 손해 보는 고가 매입 경쟁으로 스스로 목을 조이는 일은 하지 말자는 쪽으로 업계가 변화하게 되었다.

그러자 이번엔 소비자 쪽에서 불만의 목소리가 나왔다. '도대체 어떤 기준으로 그렇게 후려쳐 깎느냐'는 것이다. 문제는 소비자들의 이런 불만에 업계가 어떤 평가 기준도 제시할 수 없다는 것이다. 그저 손해 보지 않겠다는 것이 기준이라면 기준이다. 이러한 시대적 배경으로 '중고차매매협회'가 탄생했다.

그러나 협회가 발족했다고 곧바로 중고차의 공정한 유통이 이루어질 리는 만무하다. 대리점에 따라, 평가하는 사람에 따라, 또는 상품에 따라 평가가 들쭉날쭉하다. 지역 간에도 차이가 있다. 업계에서는 중고차의 '기준가격' 설정이 시급하다고 보았다. 연식, 주행거리, 자동차검사까지의 잔여기간 등은 바로 지표화할 수 있다.

문제는 각 차량의 손상 정도를 '어떻게 평가할 것인가'다. 수많은 토의 끝에 체크 항목이 정해졌다. 업계 공통의 사정표, 즉 중고차 카르테기록카드가 만들어진 것이다. 카르테는 사정 기준에 맞추어 기입된다.

주로 체크되는 항목은 다음과 같다.
- 엔진 관련(자동차의 심장 부분)
- 하체(스티어링, 브레이크, 서스펜션 등 안전 관련 항목)
- 내장(인테리어) 관련
- 외장 및 도색(색상은 일반적인 표준색이 유리)
- 배터리, 전장품
- 섀시, 프레임
- 타이어의 마모도
- 부속품의 기능 및 외관
- 주행거리
- 사고 이력
- 자동차검사까지의 잔여 개월 수

중고차 성능상태기록점검부

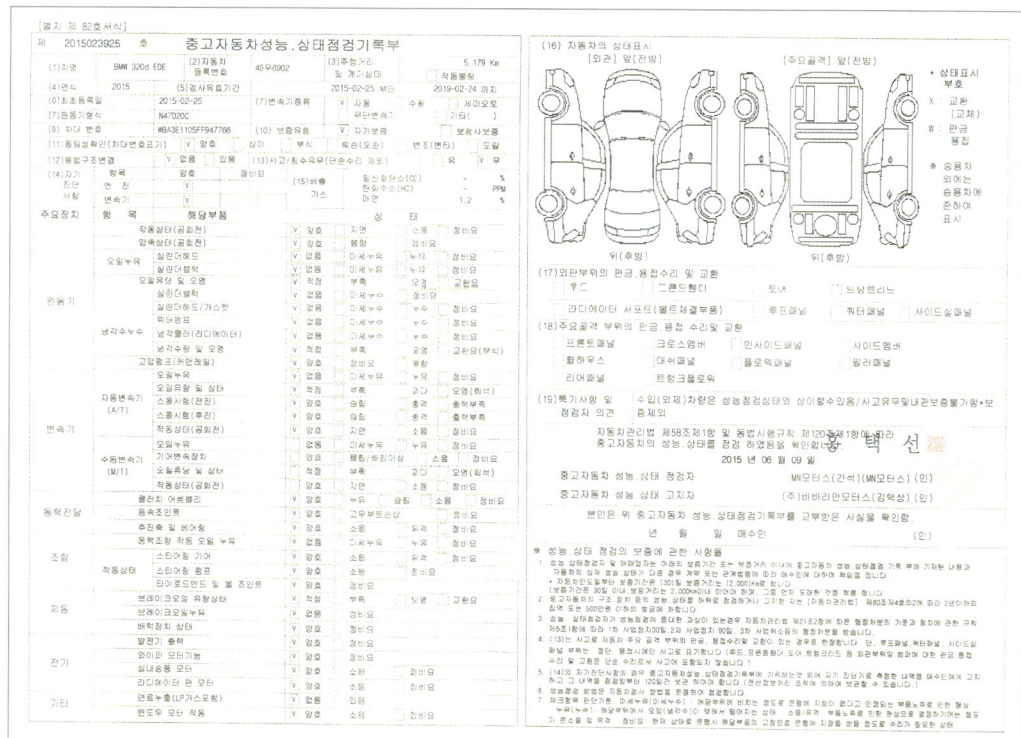

위의 주요 항목부터 세부 항목까지 상세하게 점검한 후 기준치에 대해 가점, 또는 감점을 한다. 예를 들어 배터리의 경우, 6개월 이내라면 감점이 없지만 25개월을 넘겼다면 10점 감점하는 식이다. 시트에 담뱃불이 떨어져 구멍이 나도, 조금 탄 자국이 있어도 감점이다. 비흡연자일 경우 차내의 재떨이나 시거 라이터를 빼서 없애는 사람이 있는데, 그것도 사정을 할 때엔 없는 것보다 있는 편이 점수를 많이 얻는다.

차고를 극단적으로 낮게 개조한 자동차, 일반 운전자들이 볼 때 얼굴을 찌푸리는 개조 차량은 상당히 심하게 감점된다. 본인은 독특하고 멋있다고 생각하겠지만, 막상 차량을 팔려고 하면 몹시 후회할 일이 된다.

그런데 일반 소비자가 중고차 가격의 기준치를 알기 위해서는 어떻게 해야 할까? 시판되는 중고차 전문 잡지나 인터넷으로 어느 정도까지는 시장의 시세를 알 수 있다. 단, 오래 전부터 신뢰를 쌓아온 매체를 선택해야 한다.

명장의 특급 advice

사고가 난 차나 큰 수리가 필요한 물건에 관해서는 상당한 경험을 쌓은 베테랑이 아니면 잘못 진단할 수 있으므로 주의해야 한다. 의심스러울 경우, 계약서를 쓸 때 특약으로 기재해 두면 분쟁 발생 시 유리하다.

---

② 중고차는 2~3년 된 것 중에서 골라라

중고차를 한마디로 정의하라면 필자는 망설이지 않고 이렇게 말한다. "누군가가 운행해서 반드시 어딘가에 손상이 있는 차!" 손상된 부분이 수리되었다 해도 신차는 아니다. 따라서 똑같은 중고차는 세상 어디에도 없다. 신차 역시 완벽하게 균일할 수는 없다. 동일 부품, 동일 라인에서 조립되었다 해도, 기계인 이상 상태가 좋은 것이 있고 나쁜 것이 있다. 하지만 신차는 나름대로의 일정한 수준을 유지한 상태로 출하된다. 바디에 흠집도 없고 녹도 없다. 덜거덕거

림도 없고 너트가 느슨하지도 않다. 설령 그런 물건이 있다 해도 말끔히 고쳐준다. 고칠 수 없다면 다른 신품으로 교체해준다.

그러나 중고차의 경우는 다르다. 형식이나 연식이 같아도 각각의 자동차가 그때까지 달려온 발자취, 즉 히스토리가 다르다. 우선 가장 쉽게 숫자로 나타낼 수 있는 것이 주행거리다. 다음으로 이전 운전자의 사용습관이 있다. 조심스럽게 사용한 사람도 있고 거칠게 다뤘던 사람도 있다. 이는 중고차의 건강 상태를 결정하는 중요한 포인트가 된다.

최초 등록된 연도에 생산된 자동차를 '추년두 등록차'라고 하고, 그것이 중고차가 되어 그해 안에 시장에 나오면 업계에서는 올해 자동차라고 부른다. 1년이 경과했으면 1년 된 물건이라고 한다. 4년 된 물건, 6년 된 물건, 이런 식으로 차령연식을 일컫는 것이다.

중고차 구매자들은 대체로 차령에 관심이 가장 많은데, 일류 브랜드의 특수한 차를 제외하면 대부분 6년 이내의 차를 찾는다. 6년이란 어떤 의미일까? 일반 승용차가 원래 가치의 10분의 1까지 감가되는 시점이다. 1,000만 원짜리 신차가 6년 후에 100만 원이 된다는 뜻이다. 어찌 보면 100만 원이란 공짜와 다름없다. 감가상각법으로는 8년이 지나든 15년이 지나든, 말소등록할 때까지는 계속 100만 원이 남아 있기 때문이다. 회사 차량의 경우도 말소시키지 않는 한, 회사 장부에 100만 원의 재산으로 기재된다.

물론 6년 이상 된 물건 중에서도 300~400만 원의 가치가 있는 것도 있다. 그러나 일반적으로 연식이 오래된 것보다는 2~3년 된 물건 중에 건질 것이 많다. 뽑기 실패의 확률이 적다는 점에서도 그렇다. 정해진 예산 안에서 등급이나 차급을 낮춰도 좋으니 최근 연식의 물건 중에서 제대로 된 것을 찾는 것이 좋다.

정해진 예산으로 허세를 부려 고급차를 사는 것까지는 좋겠지만, 일 년 내내 트러블에 시달리게 될지도 모른다. 실제로 세간에는 터무니없는 물건을 구입해 이루 말할 수 없는 고초를 겪는 소비자들이 아주 많다.

③ 가격대별 중고차 구입 요령

중고차를 구입하기로 마음먹은 소비자가 가장 먼저 할 일은 구입 예산을 정하는 것이다. 여유자금, 대출, 할부 등을 고려해 원하는 차를 선택해야 한다. 중고차는 신차보다 살 수 있는 차종이 많고 가격도 천차만별이기 때문에 차의 사용 목적과 예산을 먼저 정하지 않으면 구입 부담이 늘어나기 십상이다.

(1) 100만 원대 예산

만약 운전에 익숙해질 때까지 연습하고 싶은 초보 운전자라면 구입 예산을 100만 원 이하로 책정하는 것이 좋다. 크고 작은 접촉사고가 날 가능성이 크므로 흠집이 나거나 찌그러져도 부담이 적은 차가 좋다. 그 정도 가격의 중고차는 겉모습이 그다지 깨끗하지 못하고 사고 경력도 있다는 것은 감안해야 한다.
이런 차를 고를 때는 겉모습보다는 차체 결함이나 기능에 이상이 있는지 자세히 살펴봐야 한다. 차량 구입비 외에 별도의 비용을 마련해 타이어, 오일류, 브레이크 부분 등을 점검하고 필요하다면 수리 및 교환을 해야 한다. 초보 운전자라면 유지비 및 수리비가 적게 드는 1500cc 이하 소형차가 좋을 것이다.

(2) 300만 원대 예산

예산을 300만 원 정도로 책정했다면 출고된 지 7~9년 된 소형차는 물론 중형차까지 살 수 있다. 주행거리는 대개 8만~12만 km 정도다. 이런 차는 30~50만 원 정도 투자하면 광택은 물론 도색까지 할 수 있고 미심쩍은 소모품도 교체해 외관은 물론 성능도 쓸 만하게 만들어 2년 정도는 안심하고 탈 수 있다. 또한 인기 차종보다 비인기 차종을 선택하면 같은 비용으로 연식이 1~2년 짧은 차를 탈 수 있다.

(3) 500만 원대 예산

500만 원으로는 출고된 지 5~7년 된 소형차와 준중형차는 물론 일부 대형차도 살 수 있다. 5~7년 된 차는 소모품을 교환하고 점검과 관리만 잘 해주면 새 차 부럽지 않다. 현재도 같은 모델이 신차로 출시되는 경우도 있어 중고라는 이미지에서도 자유롭다. 이 가격대의 차를 살 때는 실내 편의장치를 비롯해 ABS와 같은 고급 옵션, 엔진 제어장치 등 전자식 옵션에 이상이 없는지, 소모품이 교체되었는지 살펴보는 것이 좋다.

(4) 800만 원대 예산

800만 원 정도의 예산을 생각한다면 출고된 지 4~5년 된 비교적 젊은 차를 살 수 있다. 연식도 짧은 편이기에 큰 사고가 나지 않는 한 별다른 문제를 일으키지 않는다. 명의이전 비용이 많이 들지 않는 것도 장점이다. 출고된 지 3년 이상 된 차부터 가치가 많이 떨어져 세금 부과 기준이 되는 과표가 낮아지기 때문이다.

(5) 1,000만 원대 예산

새 차에 버금가는 중고차를 찾는 소비자는 구입 예산을 1,000만 원 정도로 설정한다. 차종에 따라 다르긴 하지만 이 가격으로는 대개 출고된 지 1~3년 된 차를 살 수 있다. 새 차를 사려는 사람들도 한 번쯤은 고려해볼 수 있는 중고차다. 대부분 외관도 깨끗하고 소모품만 점검하면 새 차와 다름이 없다. 또 소형차, 중형차, 대형차, 레저용 차량RV 등 선택의 폭도 넓다. 그러나 중요한 결함이 있거나 큰 사고가 난 차가 섞여 있을 가능성이 있으므로 꼼꼼히 차 상태를 살펴야 한다.

> **명장의 특급 advice**
>
> 출고 후 1년이 안 된 차를 할부금융이나 신용카드로 구입할 때는 반드시 신차와 비교하는 과정을 거쳐야 한다. 일단 중고차가 되면 할부금리가 신차의 2배 이상 높아지기 때문이다.

4
리콜 이력을 꼼꼼히 살펴라

자동차 메이커는 자동차에 안전상 결함이 발생해 소비자에게 피해를 줄 우려가 있을 경우, 소비자에게 결함 사실을 통보하고 시정해야 한다. 바로 리콜 제도다. 그런데 문제는 리콜 대상 자동차 두세 대 중 한 대는 수리를 받지 않은 채 중고차 시장에 나온다는 것이다. 보통 리콜 대상 중 수리 받는 경우는 50% 정도에 그친다.

리콜 시정률이 이렇게 낮은 이유는 대상 자동차 소유자가 주소지를 옮겼거나 리콜이 발생하기 전 중고차로 판매되어 소유권이 이전되었기 때문이다. 물론 귀찮거나 시간이 없다는 이유로 결함을 고치지 않는 사람들도 있다.
현재 자동차 메이커들은 신차 구입자에게만 안내문을 발송한다. 신차 구입 후 주소를 옮긴 뒤 바뀐 주소를 메이커에 통보하지 않으면 리콜 안내문을 받을 수 없다. 중고차를 구매한 소비자라면 리콜 관련 보도 등을 통해 스스로 확인하지 않으면 리콜 사실을 알 길이 없다. 치명적 결함이 있는 차를 구입하게 되면 경제적 손해는 물론이고, 생명까지 위협을 받게 된다.

중고차 구입자들은 가격이나 사고 이력에만 신경을 쓰고 리콜에는 상대적으로 둔감하다. 자동차 정보에 밝은 중고차 딜러들도 리콜 이력을 알려주지 않는다. 판매에 나쁜 영향을 미칠 수 있기 때문이다. 따라서 소비자 스스로 대책을 강구해야 한다.

가장 쉬운 것은 중고차를 살 때 리콜 이력을 제공해주는 사이트에서 확인하는 것이다. 신차 제작사에 문의해도 리콜 서비스를 받았는지 알 수 있다. 리콜 서비스 기간이 지났어도 결함을 고쳐주는 경우가 종종 있으니 적극적으로 알아보는 것이 좋다. 리콜 이력은 사고 유무 못지않게 중요한 자동차 정보이며 소비자로서의 권리를 보장받기 위한 첫걸음임을 간과하지 말아야 한다.

자동차 리콜센터란?
http://www.car.go.kr

교통안전공단 자동차안전연구원에서 운영하는 사이트로, 자동차 결함 정보의 수집 및 분석을 담당하고 있다. 자동차등록번호만 입력하면 리콜 이력을 쉽게 확인할 수 있다.

⑤ 보증 내용과 정비기록부를 놓치지 말라

중고차 구매 후, 계속되는 고장으로 몹시 후회하는 사람들이 정말로 많다. 대부분의 신차는 3년 혹은 5년 미만, 또는 7만 km 혹은 10만 km까지 보증을 해준다. 최근 추세는 5년 이내 또는 10만 km까지가 대세다. 그렇다고 모든 것을 다 보증해주는 것은 아니다. 1년 만에 망가진 와이퍼 블레이드를 보증해줄 제조사는 없다.

보증되는 것은 엔진 본체나 변속기와 같이 그 기간 동안 거의 고장이 나지 않는 것들이다.

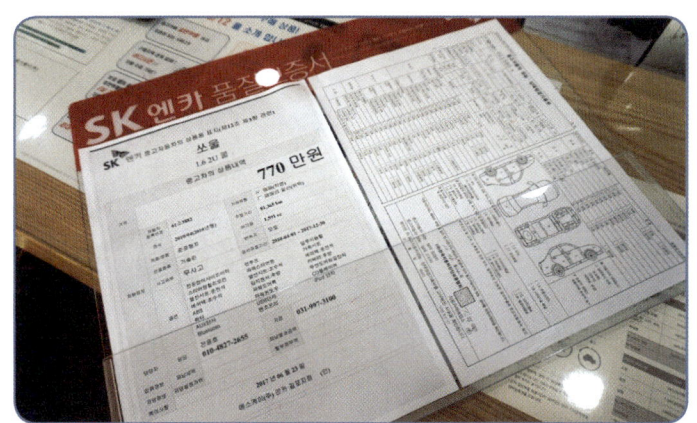

중고차 성능, 상태점검 기록부

바꿔 말하자면 메이커가 자신 있어 하는 부분이다. 그렇다 해도 보증제도가 없는 것보다는 있는 것이 백배 낫다.

그렇다면 중고차의 보증제도는 어떨까? 전혀 아무런 보증 없이 중고차를 판매하는 곳은 없을 것이다. 보증을 해주지 않는 것을 알고도 구입하겠다면 뭐라고 할 말은 없지만, 나라면 절대 그런 판매점을 가까이하지 않을 것이다. 중고차의 보증제도는 판매점에 따라, 혹은 상품에 따라 내용이 달라진다. 제조사 계열의 대리점이라 해도 보증 내용에 상당한 차이를 보인다. 사기 전에 어떤 것을 어느 기간 동안 보증해주는지 잘 알아보고, 다른 판매점과 비교해보는 것이 현명하다.

예를 들어 2년 된 중고차를 샀다고 하자. 그런데 다음해, 그러니까 3년째 되어 배터리 전압이 떨어져버렸다. 배터리 수명을 생각하면 별로 이상한 일이 아니다. 매번 단거리를 들락날락거리는 경우라면 더욱더 방전되기 쉽다. 아무튼 방전이 너무 빨리 됐다고 생각하고 보증서를 읽어보면, 대개 보증 항목에서 제외되어 있을 것이다. 최근엔 내구성이 대폭 향상되었지만, 예전에는 팬벨트가 그랬다.

중고차를 사는 쪽에서 잊지 말고 체크해야 할 것이 바로 자동차의 '정비기록부'이다. 어떤 의미에서는 그 자동차의 카르테 같은 것이다. 과거에 어떤 고장이나 사고가 있었는지, 어떤 수리를 했는지, 그것에 대한 기록이 남아 있기 때문이다. 하지만 모든 차가 정확한 기록부를 갖고 있다고는 할 수 없다. 없는 물건도 상당히 많다.

분실한 거라면 어쩔 수 없지만 전 주인이 고의로 감추는 것도 충분히 가능하다. 사고가 나서 크게 수리했다는 사실을 자진해서 밝히고 싶지는 않을 것이다. 그 물건을 매입한 업자의 눈은 속일 수 없었을 테니, 판매하는 쪽에서 기록부를 없애버렸을 수도 있다

6
만져보고 젖혀보고 타보는 7단계 점검 방법

눈에 확 띄어서, 혹은 한눈에 반해서 중고차를 사는 경우가 있다.

판단이 빨라야 할 때는 도로 한복판에서 시동이 꺼졌을 때와 화재 현장에서 대피로를 찾을 때 정도다. 중고차 구입 시 섣부른 선택은 대부분 실패의 원인이 된다. 사려는 물건이 차이니 만큼 충동구매는 안전을 위해서도 치명적이다. 중고차를 살 때는 다음의 7가지 기초 동작을 잊지 말고 반드시 실행하기 바란다.

(1) 바라보라
떨어져서 그리고 다가가서, 뒤에서도 앞에서도 옆에서도, 똑바로 또 비스듬히 눈을 크게 뜨고 바라보라. 흐린 날보다는 쨍쨍하게 해가 난 날이 더 좋다. 이 작업을 통해 바디의 울퉁불퉁함이나 흠집을 찾아낼 수 있다.

(2) 비교하라
다른 것과 비교해보지도 않고 결정해서는 안 된다. 좋고 나쁨은 다른 것과 비교해 보았을 때 비로소 알게 되는 것이라 이해해라.

(3) 마구 만져보라
상대가 싫어할 정도로 만져보라는 것이다. 바깥쪽과 안쪽을 다 만져봐라. 성추행으로 고소당할 걱정은 없다.

(4) 차 밑 부분을 꼭 들여다봐라
다리가랑이 사이로 몸을 굽혀 차량의 하체를 자세히 봐라. 적어도 머플러의 손상 정도, 타이어 트레드의 마모 상태 정도는 확인하자.

(5) 걷어 젖혀봐라
옷자락을 걷어 젖히라는 것이 아니다. 보닛, 트렁크를 걷어 젖혀서 머리를 들이밀고 구석구석까지 점검하라.

(6) 시승하라
1에서 5까지가 끝났다면 마지막으로 타서 달려보아야 한다. 승차감, 주행감이 자신이 추구하는 느낌과 부합하는지 체크하라.

(7) 충분히 확인하라
모르는 것, 불안감을 느낀 점 등 무엇이든지 판매점 담당자에게 물어보라. 집요하다고 생각될 정도가 딱 좋다. '뭘 그런 것까지'라고 생각하는 똑똑한 사람은 이 페이지를 대충 읽고 지나가도 좋다. 하지만 어느 대리점의 베테랑 중고차 담당자로부터 이런 얘기를 들은 적이 있다. "충동구매하는 사람이 꽤 있어요. 우리로서는 큰 고객이지요." 소비자 입장에서는 절대 충동구매를 해서는 안 된다는 말이다. 상대방에게 큰 고객이란 '구매 하수'란 말과 똑같다.

03

중 고 차 매 매 의 모 든 것

어떤 판매점에서 사야 유리할까?

① 종업원의 태도와 표정을 읽어라

직원의 표정과 태도는 판매점의 우열을 가리는 중요한 포인트다. 회사의 사정이 좋지 않고 경영자가 고용인을 함부로 대하면 그것들은 자연스럽게 직원들의 말과 행동에 스며들게 된다. 일을 아무리 열심히 해도 보상받지 못하니 고객과의 상담이 달갑지가 않다. 그런 상태를 방임하고 있는 사장 역시 문제다.

필자는 물건을 사러 갈 때 반드시 상대의 눈을 본다. 아무리 못생긴 얼굴이라도 눈에 성실함이 배어 있으면 잘 생겨 보이는 법이다. 눈은 입만큼 많은 말을 한다. 직원들이 모두 밝은 표정으로 응대하고 활기차게 움직이는 판매점이 좋다. 표면상으로 접객 매너가 좋더라도 말하는 내용이 엉터리라든지, 핵심을 피한 대답을 한다든지 하면 더 이상 상대할 가치가 없다. 이해하기 쉽게, 좋은 부분과 나쁜 부분을 숨기지 않고 명쾌하게 설명해주는 판매점을 선택해야 한다.

프로 세일즈맨이라면 사는 사람의 입장이 되어 상담에 응한다. 손님의 만족이 곧 자신의 이익이라는 것을 알고 있는 것이다. 그들은 결코 무리하게 판매하려고 하지 않는다. 사무실 내에 '고객제일주의'란 표어를 덕지덕지 붙여 놓고 고객만족CS 운동을 한다고 요란하게 내세우는 판매점들이 많다. 필자는 그런 것보다 널려 있는 쓰레기 하나라도 더 줍는 편이 낫다고 생각한다.

제대로 청소도 하지 않은 사무실과 세상만사 귀찮은 표정을 짓는 직원이 있는 판매점이라면 과감히 패스하는 것이 좋다. 이런 것들을 사소하다고 생각하는 사람들이 많은데 절대 놓쳐서는 안 될 중요한 포인트 중 하나다.

❷ 이런 판매점에서는 절대 사지 말라

중고차 소비자들이 판매점을 경계하는 것 이상으로, 판매점도 소비자를 두려워한다. 중고차 판매점은 소비자의 신뢰를 저버리면 결정적 데미지를 입는다. 지나가는 손님을 상대로 하는 장사가 아니기 때문에 안 좋은 소문이나 평판은 순식간에 퍼져 손님이 끊어지게 되기 때문이다. '그 가게에 가면 바가지 쓴다'는 얘기를 듣고 굳이 그 판매점을 찾을 사람은 없을 것이다.

판매점 측도 소비자로부터 높은 평가를 얻기 위해 필사적으로 머리를 쥐어짠다. 갖가지 방법을 동원한 호객행위에 넘어가지 않으려면, 다음에 소개하는 판매점들은 피하는 것이 현명하다.

(1) 어떤 차 한 대를 집중적으로 팔려고 애쓴다

고객이 어떤 차를 살지 망설이는데 영업사원이 어느 한 대만 밀어붙이는 경우가 있다. 이런 경우엔 그 자동차에 복잡한 사정이 있다고 봐야 한다. 상당히 오랜 기간 재고로 남아 있는 차량이거나 하루빨리 처분하고 싶은 물건일 경우가 많다. 정말 그렇게 좋은 차라면 입이 닳게 말하지 않아도 팔릴 것이다.

중고차에는 유동품流動品과 완동품緩動品이 있다. 전자는 유통이 손쉬운 차, 후자는 유통이 어려운 차다. 완동품은 가격 하락에 따른 손해와 장기 재고로 인한 금리 부담까지 있어 판매점 경영을 압박한다. 강매 수법을 동원해서라도 팔고 싶은 것이다. 이런 판매점은 결코 양심적이라고 말하기 힘들다. 분위기를 감지하는 즉시 한시라도 빨리 줄행랑을 치는 것이 좋다.

(2) 요란한 개조 차량이 눈에 띈다

스포츠카, 스포티카, 스페셜티카 전문점이라면 무방하지만, 일반 세단 중에 너무 튀는 차들이 있다면 일단 조심해야 한다. 가끔 화려한 노란색이나 보라색으로 도장한 자동차들이 있는데, 까딱하면 날림 공사로 인해 1년도 되지 않아 미려함이 사라질 우려가 있다. 또 흠집이 나기 전 상태가 어땠는지 비전문가 입장에서는 웬만해서는 알 수가 없다.

두꺼운 화장에 가려져 쌩얼을 알아보기 어려운 경우와 마찬가지다. 화려한 도장 아래 상처와 곰보투성이 얼굴이 있을지 그 누구도 알 수 없다. 그런 요란한 물건들을 어수선하게 늘어놓고 있는 판매점이라면 그냥 지나치라고 권하고 싶다. 유유상종이라고 그런 물건에만 관심을 보이는 사람들도 있기 때문에 그들에게 맡겨두는 것이 좋다.

(3) 주변이 어수선하고 직원이 단정하지 않다

상상해보라. 낡은 부품들이 어지럽게 널려 있고, 공구는 사용한 상태 그대로 내팽개쳐져 있고, 기름이 흘러도 닦지 않고 휴지통에 휴지가 넘치고 있다. 사무실 안도 어수선하고 책상 위 서류도 흩어져 있다. 판매점의 환경이 그런 상태라면, 그들이 파는 상품도 그와 비슷하다고 판단하면 된다. 어수선한 집단이 꼼꼼하게 일할 리가 없지 않는가? 판매점의 환경을 대수롭지 않게 스쳐 지나가지 말고 중요한 포인트로 생각해야 한다.

(4) 큰 규모에 다량의 재고를 가지고 있다

비록 좁은 공간에 적은 수량이지만, 최상의 물건을 깨끗하게 진열해 놓은 판매점도 있다. '규모는 클수록 좋다'는 말은 중고차 판매점에 반드시 해당된다고 할 수 없다. 차량이 너무 많아서 오히려 선택하기 힘든 점도 있고, 아무래도 많은 고객을 응대하다 보니 세밀한 곳까지 손이 미치지 못하고 고객의 집요한 질문에 친절하게 대답해주기 어렵다는 단점이 있다.

(5) 상대방의 질문에 싫은 기색을 한다

고객이 아무리 거북한 질문을 하더라도 장단점에 대해 진실을 말해주는 판매점이 좋다. 고객이 단점을 지적할 때 얼굴색이 바뀌거나 말투가 거칠어진다면, 대충 이야기를 마무리하고 발길을 돌리자. 사실 소비자 입장에서 자신이 원하는 물건의 결점을 가지고 가격을 흥정하는 것은 당연한 일이다. 당연한 일에 정색을 하는 판매점은 상대하지 않는 게 좋다.

명장의 특급 advice

주변이 정리되지 않고 어수선한 판매점, 직원들이 친절하지 않고 질문에 퉁명스럽게 대답하는 판매점은 피하는 것이 좋다. 판매점의 분위기가 물건의 가치와 연결되기 때문이다.

대기업 간판을 건 대리점은 무엇이 좋을까?

대기업 계열 대리점에서 중고차를 사는 것이 이득이라고는 할 수 없다. 이득일 수도 있고 손해일 수도 있다. 대기업 입장에서는 신용이 중요한 신차 대리점에 신경을 많이 쓸 것이다. 하지만 기업 이미지를 무엇보다 중시하므로 그런 생각은 중고차 대리점까지 계승된다고 봐야 한다. 대기업 대리점에서 중고차를 산다면 쓸데없는 걱정을 하지 않아도 되는 것이 사실이지만, 이것이 이득이라는 의미로 연결되지는 않는다.

그렇다면 계열 대리점에서 구입하는 것의 장점을 찾아보자. 예를 들어 당신이 지금 닛산의 스카이라인에 빠져서 다른 차종엔 전혀 관심이 없다고 해보자. 그렇다면 우선 닛산 프린스 계의 대리점에 가야 한다. 스카이라인 재고 대수가 압도적으로 많기 때문이다.

스카이라인처럼 고정 팬을 가지고 있는 자동차의 경우, 고객이 차를 바꿀 때도 다른 스카이라인 모델로 바꾸는 경우가 대부분이다. 따라서 대차 매입된 스카이라인의 재고가 풍부할 수밖에 없다. 모든 메이커의 물건들을 골고루 갖춰야 하는 일반 전문점은 도저히 따라갈 수가 없다. 정말 마음에 드는 물건을 만날 확률이 현저히 떨어지므로, 대개는 적당한 선에서 포기하고 타협해서 구매해버린다.

계열 대리점이라면 자신이 원하는 물건을 찾을 확률이 높고, 물건이 없더라도 나타나기를 기다리면 된다. 영업사원에게 부탁해두고 열흘쯤 기다리면 연락이 오게 되어 있다. 영업사원이 그 자동차에 대해 전문 지식을 갖고 있다는 점도 이점이다. 충분히 이해가 될 때까지 설명을 들을 수 있다.

다른 이점은 대리점에서 대부분의 자동차를 점검, 정비한다는 것이다. 회사에 따라 약간의 차이는 있지만 확실하게 보증도 해준다. 중고차를 구매하기 전에 보증 내용을 확실하게 해두는 편이 좋다. 중고차엔 으레 트러블이 따르

기 마련이다. 특히 연식이 오래된 자동차라면 어딘가 상태가 좋지 않은 개소가 나오기 마련이다. 보증제도에 있어 반드시 전문점이 뒤떨어진다고는 말할 수 없다. 요즘엔 전문점들도 제대로 하고 있기 때문이다. 만약 계약 불이행 업자를 만났다면, 당신이 전문점을 잘못 선택했다는 얘기가 된다.

계열 대리점이 좋은 것은 이른바 '극악의 매물'은 두지 않는다고 보기 때문이다. 그들은 심한 고연식 자동차를 판매해서 트러블이 발생하는 것을 꺼린다. 그런 나쁜 물건들은 일괄해서 전문 업자에게 도매로 넘긴다. 누누이 말하지만

그렇다고 전문 업자에게 넘겨진 물건이 모두 형편없다고 오해해서는 안 된다. 그들도 완전히 쓸모없는 물건은 매입하지 않는다. 정성 들여 손질하고 훌륭한 상품으로 되살려 시장에 내놓고 있다. 만약 세컨카로 사용할 생각이라면 전문 업자의 물건 중에서 의외의 보물을 발견할 수도 있다.

마지막으로 주의할 것 한 가지는 계열 대리점이라고 해서 100% 믿어서는 안 된다는 것이다. 회사 이름 앞에 유명한 대기업 이름을 붙여서 메이커 행세를 하는 위법행위를 아무렇지도 않게 하는 대리점도 있기 때문이다.

4 중고차 판매의 얼렁뚱땅 속임수 기법

사람을 못 믿는 것은 슬픈 일이지만 중고차 매매에서도 얼렁뚱땅 속임수가 횡행하고 있으니 조심해서 나쁠 것은 없다. 이런 속임수는 프로들 사이에서는 통하지 않는다. 항상 전문가가 비전문가들을 대상으로 하는 법이다.

실감이 나지 않을 테니 예를 들어보겠다. 당신이 중고차를 구입한 후 부품을 교체했다고 생각해보라. 당연히 신품이라 여기겠지만 사실 구입가가 비싼 순정부품을 사용하지 않는 경우가 많다. 리빌트(재생품)나 이미테이션(유사품)으로 교체한 후, 소비자에게는 순정가격을 청구하는 것이다. 문제는 그렇게 당했다 해도 아는 사람이 거의 없다는 것이다. 이런 속임수를 저지르는 쪽은 절반 이상의 이익을 남긴다.

그런 악랄한 수법을 쓰는 업자가 많지는 않겠지만, 수많은 업자 중에 내가 만날 가능성은 언제나 존재한다. '이상한데?'라고 느껴지면 그 부품이 순정이라는 것을 증명할 것을 요구하면 된다. 즉 부품이 들어 있던 빈 상자를 보여 달라고 부탁해라. 양심적인 판매점들은 사용한 부품의 빈 상자나 포장재를 그대로 남겨두는 경우가 많다.

엔진오일의 경우도 마찬가지다. 등급이 높은 것을 사용한 것처럼 눈을 속이고 실제로는 싼 것을 사용하는 업소가 있다. 그렇다고 계속 옆에서 지킬 수도 없고, 엔진오일을 넣어 놓은 상태에서 구별하는 것도 어렵다. 믿을 수 있는 업소를 선택하는 것이 최선의 방법이다.

중고차 구입 시엔 반드시 세무사 사무실이 발행한 정식 영수증을 꼭 받아 두어야 한다. 영수증은 판매점이 아니라 구매자 본인 앞으로 발행되는 것이며, 판매점은 단순히 세금 납입을 대행하는 것뿐이다.

그런데 판매점이 영수증을 분실했다면서, 자사의 임시 영수증으로 안 되겠냐고 한다면 의심해봐야 한다. 삥땅을 치는 것이라 생각해도 거의 틀리지 않다. 그 금액은 수만 원부터 수십만 원에 이른다. 그리고 이런 행동을 하는 업소라면 뭔가 다른 것도 속이고 있을지 모른다. 중고차의 차력_{자동차의 이력}을 어디까지 믿어야 할지도 알 수 없다.

❺ 사고차 속아 사지 않는 감별 노하우

불법 호객꾼에게 속아 중고차를 사면 경제적 손실은 물론 생명까지 위협받을 수 있다. 사고차를 완벽하게 가려내기란 쉽지 않지만, 몇 가지 요령은 알고 있으면 큰 도움이 된다. 또 사고차를 감별하려는 시늉만 해도 소비자를 속이려는 호객꾼들의 접근을 피할 수 있다.

지금부터 전문가들이 알려주는 사고차 감별 노하우 중 소비자들이 쉽게 활용할 수 있는 방법을 소개하려고 한다. 단, 사고차라고 모두 나쁜 것은 아니라는 사실을 알아두기 바란다. 도어나 범퍼 등이 교체된 단순 사고차는 구입비도 절약할 수 있고 성능에도 별다른 문제가 없다. 사고 사실을 정직하게 밝힌다면 저렴한 값에 구입한 뒤 수리해서 타면 된다. 문제는 사고 사실을 숨기는 것이다.

아울러 보험개발원의 자동차 사고 이력을 검색해보고 계약서에 '사고차가 아니다'라는 문구를 넣어두면 후일의 분쟁 시 도움이 된다.

(1) 계기판 조작

기계식 계기판을 조작하다 보면 숫자 배열이 일치하지 않을 수 있으니 그 부분을 유심히 살펴보자. 또 계기판과 차체를 연결하는 볼트에 빛을 비추어 흠집이 있다면 사고 차량일 가능성이 크다. 조작이나 수리를 위해서는 필히 볼트를 풀어야 하기 때문이다.

전자식 계기판은 주행거리보다 짧은 중고품으로 교환하는 수법이 자주 사용된다. 따라서 1년에 2만 km를 기준으로 지나치게 주행거리가 짧은 차는 조작을 의심해봐야 한다.

(2) 정면 추돌사고

보닛은 엔진룸을 감싸고 있는 덮개라 할 수 있다. 보닛을 열면 지지 패널라디에이터를 받치고 있는 가로로 된 철제 빔이 보이는데, 사고로 차체에 가해진 충격의 정도를 알려주는 바로미터다.

전조등이 양옆으로 꺾어지는 부분에 마주보고 있는 철제 빔 연결 부위의 볼트를 집중적으로 살펴보자. 풀었던 흔적이 있다면 사고차일 가능성이 크다. 철제 빔을 편 자국은 없는지도 점검해야 한다.

앞바퀴를 감싸고 있는 펜더의 교환 여부는 보닛 안쪽에 있는 펜더 연결 볼트로 알 수 있다. 볼트 전체에 페인트가 칠해져 있어야 정상이다. 또한 펜더를 잡아주는 볼트 역시 페인트칠이 되어 있어야 정상이다.

(3) 측면 및 후면사고

차체 앞부분은 꼼꼼히 살피면서 뒷부분은 무심히 넘어가는 경우가 많다. 하지만 주유구가 있는 펜더나 트렁크 부분에 사고가 났던 차는 차체 균형이 깨져 주행 시 심한 잡음을 내거나 잔 고장의 원인이 된다.

트렁크를 열면 나타나는 고무 패킹의 안쪽을 벗기고, 철판 모서리를 살펴보자. 매끄럽다면 교체되지 않은 것이다. 측면 도어의 교체 여부는 실리콘으로 알 수 있다. 다른 도어 실리콘과 모양과 색깔이 비슷한지 확인하면 된다.

(4) 판금 및 도색

사고가 났는데 도어, 펜더, 보닛 등을 교환하지 않았다면 판금이나 도색을 했다고 판단할 수 있다. 차체를 도색했다면 미세하게나마 페인트 방울이 묻어 있기 마련이다. 펜더는 바퀴를 덮고 있는 부위, 도어는 유리 근처에 있는 고무 패킹 부분을 유심히 살펴보자. 판금한 차는 햇빛을 마주보는 위치에서 차의 표면을 45도 각도로 비슷하게 보았을 때 빗살무늬들이 관찰된다. 기계로 판금한 경우에는 원형의 자국이 남기도 한다.

수입 중고차 전문점 100% 활용하기

요즘 젊은 층 사이에서 수입 중고차의 인기가 치솟고 있다. 중고차 전문 잡지들도 앞다퉈 수입 중고차 특집을 싣고 있다. 특별히 젊은 층이라고 한정할 필요도 없겠다. 중년층에서도 국산차에 질린 사람들이 수입 중고차 쪽으로 움직이고 있다. 수입차의 기세는 쉽게 꺾이지 않을 듯하다.

사람들은 일반적으로 수입차의 '리세일 밸류재판매 가치'가 높을 것이라 생각한다. 확실히 독일차, 그중에서도 벤츠나 BMW의 가치는 높다. 아마 쉽게 손이 가지 않는 가격대의 물건이 많을 것이다. 하지만 미국, 프랑스, 때로는 이탈리아제 중고차는 차종에 따라 상당히 가격이 떨어진 물건들이 있다. 3년 된 물건이 거의 공짜에 가까운 가격에 수입되는 경우도 있다. 잘만 고르면 적당한 가격에 외제차 드라이버가 될 수 있는 것이다.

수입차를 살 때는 사고 이력이나 수리 이력이 확실하지 않은 물건은 피하는 것이 좋다. 단점을 모르는 물건보다 단점이 드러난 물건을 선택하는 것이 현명하다. 외관에 심하게 상처가 있어도 200~300만 원만 들여 수리하면 새 차로 태어나기 때문이다. 차대와 동력, 구동 계통이 튼튼하고 실내가 깔끔하다면 수리를 한 후, 10년은 더 탈 수 있다. 한 가지 주의할 것은 수입 중고차의 경우, 연식과 초기 등록년도가 일치하지 않는 경우가 많다는 점이다. 판매점에 물어서 미리 확인하는 편이 좋다.

그렇다면 수입차 판매점은 어떻게 선택해야 할까? 잡지와 인터넷을 보면 넘칠 정도로 광고 기사가 실려 있어 전문점을 찾기는 어렵지 않다. 하지만 혼자서 전문점을 들어가기에는 꽤나 용기와 배짱이 필요하다. 많은 지식과 정보를 가지고 있는 사람은 예외지만, 일반인이라면 그런 행동을 하지 않는 것이 현명하다. 가능하면 몇 명의 친구와 함께 가거나, 이런저런 네트워크를 이용해 정보를 분석한 후에 방문하는 것이 좋다. 외제차란 외국에서 만들어지고, 외국인이 타던 자동차다. 속사정을 알기가 그만큼 어렵다. 아무리 마음에 들어도 충동구매는 하지 않는 것이 좋다.

04

중 고 차 매 매 의 모 든 것

중고차 구입 고객의 자세

① 대기업 대리점에서는 작정하고 깎아라

대기업 계열의 중고차 대리점은 대부분 자사의 차를 매입한다. 현대기아에서 현대기아로, GM대우에서 GM대우로 갈아타는 사람들이 많기 때문이다. 계열 대리점이라고 해서 완벽한 중고차만 있는 것은 아니다. 이전 주인이 험하게 다뤄서 못 쓰게 된 물건이 있을 수 있다. 상당히 닳거나 휘어 있는 부분도 있을 수 있다. 계열 대리점이니까 너무 믿은 나머지 시승도 해보지 않고 구매해버리면, 나중에 고생하게 된다.

그렇다면 대리점에 가서 '자사 상표와 타 제조사 상표의 자동차 중 어느 쪽을 고르는 게 좋을까'라는 문제가 있다. 이 점에 관해 필자의 지인이자 중고차 회사 부장은 이렇게 말한다. "가능하면 우리 회사 계열의 상품이 좋습니다. 타사 상품이라고 해서 의도적으로 부실하게 하는 것은 아닙니다만, 자사 계열은 순정부품을 사용하고 정비도 열심히 합니다. 그리고 무엇보다 작업에 익숙해져 있습니다."

충분히 이해되는 얘기다. 하지만 그렇다고 해서 자사 계열의 자동차가 타사 계열과 비교해서 비싸서는 안 된다. 인기 차종이라면 조금 비싼 것을 이해할 수 있지만, 인기 없는 차종인데도 별로 저렴하지 않다면 문제가 있는 것이다. 평소 안면이 있던 S중고차 부장에게 이 문제에 대해 물어 보았더니 솔직하게 속사정을 털어놓았다. "물론 그럴 수 있습니다. 자사 계열 상품에 너무 저렴한 가격을 붙이면 시장에서의 가격 붕괴가 촉진되고, 더 나아가서 이미지도 안 좋아질 테니까요."

그러니 어떤 메이커의 물건이든, 인기가 없는 차종을 사려면 굳이 자사 계열 대리점에 갈 필요가 없다. 타사 대리점 혹은 전문점이 낫다. 인기 따위에 전혀 신경을 쓰지 않는 사람이라면 더욱더 그렇다. 내가 이런 의견을 피력하자 S중고차 부장은 다급히 이렇게 덧붙였다.

"전시장의 표시가격이 비싸더라도 꼭 한 번 들러주시기 바랍니다. 이거다 싶은 물건이 있으면 가격 절충을 해보세요. 시장에서 인기가 없다는 것은 우리도 잘 알고 있으니까요." 물건에 따라서는 할인도 가능하다는 속마음을 내비친 것이다.

> **명장의 특급 advice**
>
> 어떤 메이커든 비인기 차종을 사려면 자사 계열 대리점보다 타사 대리점 혹은 전문점의 가격이 낮다. 자사 계열 대리점이라면 표시가격에서 어느 정도 가격 절충이 가능하니 시도해보기 바란다.

❷ 째려봐도 괜찮으니 몇 번이라도 둘러봐라

'뭐야 이 사람! 또 왔네'라는 의미의 시선쯤은 무시해도 좋다. 자신에게 딱 맞는 차를 구입하기 위해 둘러보는 일은 부끄러운 것이 아니다. 오히려 그러는 동안 자신이 단순히 아이쇼핑을 하는 것이 아니라 진심으로 차를 사려고 하는 고객임을 확실하게 전달할 수 있다. 단지 결정을 못해 망설이고 있다는 것쯤을 꿰뚫어 보지 못한다면 장사꾼이 아니다.

고객이 둘러본다고 전시 상품이 상하지 않는다. 만지거나 살펴보는 정도로 싫은 내색을 하는 판매점이라면 지체 없이 대상에서 제외하는 편이 좋다. 몇 번을 말하지만 세상에 같은 중고차는 없다. 그 차 딱 한 대뿐이다. 그러니 부지런히 비교하고 돌아다닐 필요가 있다.

딱 한 군데 판매점에 가서 '이 놈이 좋겠어'라고 결정을 해 버리면 나중에 더 좋은 물건을 보고 절망하게 된다. 사람들은 이상하게도 자신이 타는 것과 같은 타입의 중고차 가격을 끝없이 궁금해 한다. 높은 가격이 매겨져 있으면 자신이 싸게 산 것 같아 회심의 미소를 짓고, 저렴한 가격이 눈에 들어오면 자신이 손해 본 것 같아 기분이 좋지 않다. 그런 후회를 남기지 않으려면 다리가 아플 정도로 발품을 팔아야 한다.

그렇게 돌아다니는 동안 많은 정보를 얻게 되고 안목도 높아질 것이다. 먼저 점찍어둔 물건의 결점이 보이기 시작한다. 중고차의 결점은 그 차 한 대만 봐서는 절대 보이지 않는다. 비슷한 다른 물건과 비교해봐야 비로소 그 물건의 흠 잡기가 가능하다는 것이 필자의 지론이다.

파는 쪽은 결점을 숨기는 입장이고, 구매자는 그것을 찾아내는 입장이다. 완전히 정반대의 이해관계다. 필자가 알고 있는 한 판매점의 사장은 이렇게 말했다. "서투른 속임수를 쓰는 등 신용과 관계된 나쁜 짓은 절대 하지 않습니다. 무엇보다 손님들의 안목이 만만치 않습니다. 반대로 쉽게 사주는 분들은 우리에겐 고마운 고객이죠." 만만치 않은 고객이 되기 위해서는 한 대라도 더 많이 봐야 한다. 결코 시간과 노력을 아까워해서는 안 된다.

③ '노 땡큐'인 고객이 되면 손해다

앞쪽에서 끈질기게 보고 비교하는 것이 중고차 선택의 기본이라고 했다. 판매점 직원이 냉담한 눈으로 봐도 상관없다고도 했다. 하지만 그것이 '이제 그만 왔으면' 하는 정도가 되어서는 안 된다. '이 손님은 가능성이 있으니 조금 더 참고 응대해야겠군' 정도가 딱 좋다.

판매점 입장에서 진심으로 '노 땡큐'인 고객들이란 어떤 부류일까?

(1) 뭐든지 의심하는 고객

대놓고 자신을 의심하는 고객을 좋아할 영업사원은 없다. 잘못하다가는 두 번 다시 오지 말라고 쫓겨나거나, 정말로 속아서 흠뻑 바가지를 쓰는 것이 다음 수순이다. 한동안 우리나라 중고차 업자 중 일부는 미터 되감기를 하거나 희귀한 외제차라면서 연식을 속여서 파는 경우가 있었다. 지금도 있을지 모르겠지만, 있다 하더라도 매우 극소수의 악덕업자일 것이다.

'거짓말하지 마세요'라면서 영업사원의 말에 사사건건 시비를 걸지 말기를 바란다. 그 정도 의심이 된다면 굳이 중고차를 타지 말고 신차를 타면 된다. 안 그래도 중고차 영업사원들은 신차 영업사원들에 비해 훨씬 더 신용을 중시한다.

(2) 허세 부리는 고객

과장되게 말하는 고객도 영업사원들이 싫어한다. 이 바닥을 많이 아는 것처럼 얘기한들 곧바로 정체가 드러나게 된다. 상대는 1년 365일 자동차만 주무르는 사람이고, 다양한 고객들을 응대하며 그야말로 산전수전 다 겪은 사람들이다. 그런 프로들에게 허세 따위는 통하지 않는다. 마치 갓난아기의 팔을 비틀듯 쉽게 제압할 수 있다는 뜻이다.

그러니 정말 중고차에 관한 지식을 많이 갖고 있더라도 숨기는 편이 좋다. 드러내기보다는 칼집에 넣어두자. 그리고 만에 하나, 상대가 속이려 들면 그때 칼을 빼면 된다.

가끔 '내가 시세를 뻔히 아는데 왜 이렇게 비싸게 부르냐?'고 항의하는 고객들이 있다. 필자가 몇 번을 말한 것처럼 세상에 똑같은 중고차는 없다. 다른 판매점에서 오백만 원이었으니 여기서도 오백만 원을 받으라는 말은 서투른 교섭 방법이다. 다른 판매점의 가격과 비교하는 것보다, 그 물건의 흠을 잡아 가격을 협상하는 편이 훨씬 낫다. 아픈 곳을 찔린 상대는 한걸음 물러나게 되어 있다.

또 영업사원 입장에서 '기분 나쁜 고객에겐 한 푼도 밑지고 싶지 않다'란 심리가 있다. 반대로 자신을 신뢰해주고 말 한마디라도 예쁘게 하는 고객, 앞으로 다른 고객을 많이 소개해 줄 것이라 기대되는 고객에겐 아무래도 잘해주게 되는 것이다.

그들은 본능적 감각으로 '당장은 손해지만, 길게 보면 이득인' 고객을 알아본다. 무턱대고 야비하게 가격을 깎는 고객은 앞으로도 이득이 되지 않을 것이라 생각한다. 가격을 깎는 데도 방법이 있음을 마음에 새겨두자.

중고차는 외관부터 둘러봐라

아무리 체크포인트를 알려줘도 기계치라서 도움이 안 된다고 포기하는 사람들이 많다. 그러나 걱정할 필요가 없다. 초심자에겐 초심자 나름의 방법이 있으니까. 여성 운전자들도 쉽게 이해할 수 있도록, 앞에서 설명한 내용을 다시 한 번 복습해보겠다.

(1) 거리 두고 바라보기

오른쪽에서, 다음엔 왼쪽에서 자동차를 빙글빙글 돌면서 몇 번이라도 살펴보자. 정면, 후방, 좌우 비스듬히 앞뒤로, 모든 각도에서 보는 것이 포인트다. 그리고 3미터 혹은 5미터 거리에서 차분히 바라본다.

흠집과 칠이 벗겨진 것은 가까이 다가가야 보이지만, 전체의 밸런스는 3~5미터 거리에서 관찰해야 한다. 가능하면 같은 모델의 신차를 미리 봐두고 카탈로그를 손에 들고 다닐 정도의 열성이 있어야 한다. 가끔 앞이 기울거나 뒤가 주저앉은 차도 있으니 주의해서 보자.

(2) 도장의 빛깔과 광택 살펴보기

한눈에 흠집도 없고 칠이 벗겨진 곳도 없고, 전체가 반지르르 빛이 나는 중고차를 만났다면 마음에 쏙 들 것이다. 그러나 대충 보는 정도로는 미심쩍다. 보닛, 트렁크, 루프 등에 어렴풋이 지도 같은 흔적이 있는지도 자세히 봐야 한다. 순광으로도 보고 역광으로도 관찰하자.

자동차 도장 기술이 아무리 좋아졌다 해도, 한 번 색이 바래면 왁스를 칠해도 표시가 난다. 재도장 하지 않는 이상 되돌아갈 수 없다는 말이다. 그런데 어중간한 신차보다 반짝반짝 광이 나는 차라면 의심해봐야 한다. 흠집을 숨기기 위해 다시 칠한 것일지도 모르기 때문이다. 사람도 나이가 들면 자연스럽게 주름이 생기듯 차도 자신의 나이에 맞는 윤기를 가지고 있는 것이 자연스럽다.

또한 도어 한 판만 특별히 새 도장이거나, 특정 부분만 전체의 색상과 어울리지 않는다면 사고를 숨기려는 의도를 의심해봐야 한다. 그 부분만 사고가 났다면 다행이지만 자동차의 골격이라 할 수 있는 섀시까지 영향을 미쳤다면 그런 차는 절대 구입해서는 안 된다. 척추가 좋지 않은 자동차에게 매끄러운 주행을 기대하는 것은 무리이기 때문이다.

(3) 바디의 울렁임 확인하기

자동차 바디에 남아 있는 희미한 울렁임은 야간에 발견하기 어렵다. 밤늦은 시간까지 휘황찬란한 불빛을 밝히고 영업 중인 전문점들이 많지만, 중고차는 날씨가 좋은 날 낮 시간에 보라는 것이 필자의 지론이다.

그렇다면 바디의 울렁임(물결침)은 왜 생기는 걸까? 판금 가공은 했지만, 프레스 가공한 원래의 형태로 완전히 복원되지 않았기 때문이다. 아마도 마주 오는 차에 받히거나 무언가에 부딪혔을 때 발생한 일그러짐의 흔적일 것이다. 일단 울렁임을 발견했다면 사고 이력에 관해 꼼꼼히 알아보고, 혹시 사고차라면 사고 정도에 관해서도 끝까지 조사해야 한다. 만약 이 과정에서 판매점이 얼렁뚱땅 넘어가려 하거나 거짓말하는 모습을 보인다면 마음을 접도록 한다. 가격을 대폭 깎을 수 있지 않겠냐고 생각하는 사람들도 있겠지만, 과거를 알 수 없는 물건은 피하는 것이 상책이다.

그런데 사고차들 중에는 펜더, 도어, 보닛 등의 손상이 너무 커서 몽땅 교체하는 경우가 있다. 이른바 '어셈블리 교환'이라는 것이다. 이런 차를 분간하는 것은 의외로 쉽다. 교환한 부분이 다른 곳과 조화되지 않기 때문이다. 자세히 보면 색상도 윤기도 광택도 다르다. 간혹 그중에는 성능에 아무 문제가 없는 좋은 물건이 있을 수 있다. 중요한 것은 사고 유무가 아니라 사고의 내용과 정도다.

(4) 단차나 빈틈 점검하기

보닛은 잘 닫히는지, 틈새가 균일한지, 단차에 차이가 없는지, 문짝이 잘 닫히는지 살펴봐야 한다. 4도어의 경우 센터 필러가 들떠 있거나 앞뒤 도어 사이가 어긋나지 않았는지도 유심히 관찰하자. 아무리 세게 닫아도 바깥쪽에서 보면 반만 닫힌 상태가 되는 물건은 아마도 과거에 무슨 일이 있었던 차량으로 봐야 한다.

> **단차란?**
>
> 부품이 붙어 있는 접합부를 말한다. 부분들의 높이가 같아야 하는데 한쪽이 위로 올라와 있으면 단차가 있다고 표현한다.

(5) 간과하기 쉬운 유리 흠집

특별히 주의해서 살펴봐야 할 것이 전면 유리다. 주행하는 동안 운전자도 모르게 작은 흠집들이 생기기 때문이다. 앞 자동차가 튕겨낸 작은 돌이나 반대 차선을 달리는 덤프트럭이 흩뿌린 모래가 그 원인이다. 성냥개비 머리 크기의 흠집이 있더라도 불안하다. 대개의 경우 전면 유리는 두 장의 유리를 서로 겹쳐 붙이는 방법으로 강화되어 있지만, 흠집 부위에 물이 스며들면 접착력이 떨어진다. 험로를 주행하거나 울퉁불퉁한 노면을 달릴 때 한순간에 거미줄이 처지듯 새하얗게 유리가 깨지는 경우도 있다.

안전에 관련된 문제이니 만큼 작은 흠집이라도 주의를 기울여야 한다. 일단 흠집이 있다면 언제 깨져도 이상하지 않다. 만약 중고차를 구입한 후에 이런 흠집을 발견하고 항의한다면, 판매자는 분명 구입한 사람의 과실이라 우길 것이 분명하다. 자동차 전면 유리는 깜짝 놀랄 만큼 비싸므로 세심하게 관찰하도록 하자.

또한 뒤쪽 유리를 썬팅한 차는 뒤쪽 열선의 고장이 많으므로 꼭 확인해봐야 한다. 썬팅 접착제가 강해 붙였다 떼는 과정에서 고장이 발생할 가능성이 많기 때문이다.

다음으로 봐야 할 것이 도어 유리다. 자세히 보면 유리의 모서리에 제조사의 마크나 숫자가 적혀 있다. 만약 4개 도어 중 하나라도 다른 것이 섞여 있다면 유리만 교체했거나 도어를 통째로 교환했다고 보면 된다. 여기까지는 그래도 가까이 다가가서 관찰할 수 있는 부분이고, 지금부터는 조금 고생스럽더라도 기어 들어가고 만져보고 허리를 구부려서 관찰해야 할 필수 항목들을 소개하겠다.

❺ 자동차도 다리부터 노화된다

인간은 다리부터 노화된다는 말이 있다. 두뇌나 상체보다는 다리 쪽에 먼저 문제가 생기는 사람들이 많은 게 사실이다. 그런데 이 말은 자동차에도 썩 잘 들어맞는다. 차량의 다리 부분에 해당하는 것이 서스펜션, 쇽업쇼버, 그리고 타이어라 할 수 있다. 사실 초심자들이 서스펜션이나 쇽업쇼버의 손상 유무를 판단하기는 어렵다. 그러나 아무리 질 나쁜 업자라 해도 그런 안전과 관련된 중요 부품이 손상된 차를 그대로 파는 경우는 거의 없다고 본다. 그래서 여기서는 타이어만 살펴보겠다.

타이어에서 가장 먼저 봐야 할 것이 트레드 마모도다. 트레드가 거의 닳은 경우, 즉 흔히 말하듯 대머리가 되었는데도 주행거리가 2만 km 전후라면 도대체 수긍이 되지 않는다. 미터기가 고장났거나 악질적인 미터 되감기가 자행되었다고 밖에 생각할 수 없다. 타이어가 맨둥맨둥해지려면 적어도 4만~5만 km 이상은 달려야 하기 때문이다.

다음으로 봐야 할 것이 타이어의 한쪽만 닳는 편마모 현상이다. 전 주인이 거칠게 운전했거나 자동차 자체의 밸런스가 나빠서 생기는 문제다. 타이어에서 끽끽 소리가 나도록 타던 사람의 차는 가급적 구입하지 않는 것이 좋다.

아울러 타이어 4개의 트레드 상태가 균일한지도 살펴보자. 육안으로 봐도 들쭉날쭉하다면 주인이 차량을 제대로 관리하지 않았다고 봐야 한다. 자동차 취급설명서의 지시대로 타이어를 제때 로테이션 했다면 그런 일은 없을 것이다. 차량의 다른 부분도 소중하게 다루지 않았다고 봐도 무방하다.

타이어를 보는 김에 자동차의 복부에 해당하는 부분도 들여다보자. 배에 큰 찰과상은 없는지, 머플러는 괜찮은지, 미션과 오일팬 등에 오일이 샌 흔적은 없는지 살펴보고 얼룩이 보인다면 손으로 닦아서 확인하자. 절대 별것 아니라고 간과해서는 안 된다. 작은 문제라도 지적하는 편이 좋다. 의심되는 것, 불안을 느끼는 부분은 거래가 성사되기 전에 결말을 내도록 하자.

6
중고차 성능 점검은 계통 별로 하라

"중고차가 중고차다운 것은 잘못된 것이 아니다."

오해하지 말기 바란다. 이 말은 중고차는 당연히 지저분하고 문제가 있다는 뜻이 아니다. 어느 정도는 자연스런 오염과 열화가 눈에 띄는 것이 당연하다는 말이다. 그것을 인정할 수 없다면 아예 중고차를 살 생각을 말아야 한다.

엔진룸을 예로 들어보겠다. 아무리 번쩍번쩍하게 닦아 놓아도 주저앉을 것은 주저앉고 일정한 오염이나 금속 피로, 품질 저하는 필연적이다. 중고차를 사려고 하는 사람들은 대부분 보닛을 열어보는데, 체계 있게 살펴보는 것이 아니라 이것저것 두서없이 보다가 중요한 것을 빠뜨리는 경우가 많다. 차량의 상태는 계통 별로 살펴보는 것이 바람직하다. 지금부터 그 순서를 알려주겠다.

(1) 냉각 계통은 호스와 벨트 중심으로

일단 라디에이터에서 물이 새지 않았는지 캡을 열어보자. 냉각수에 심한 녹 같은 것이 떠 있지 않는지, 호스 류가 노화되어 있지 않은지도 확인하자. 호스가 거의 망가진 중고차가 의외로 많다. 잘 모르겠으면 손가락 끝으로 호스를 집어보자. 노화된 부분은 구불구불해지니 쉽게 알아볼 수 있다.

다음은 팬벨트다. 벨트의 팽팽한 정도와 마모

도를 점검하면 된다. 벨트는 장기간 가혹한 노동을 견뎌야 하는 부품이다. 중고차 팬벨트 중에는 파손 직전인 것도 있을 것이다. 펜벨트가 끊어지면 아무리 좋은 차도 달릴 수 없으니 유의해 살펴보도록 한다.

(2) 전기 계통은 초심자도 알 수 있는 범위에서

배터리를 점검할 때는 용량과 비중을 모두 봐야 하는데, 판매점에 측정해 달라고 요청하면 된다. 배터리 용량이 정상이더라도 수명이 거의 다 된 것도 있으니 주의하자. 뚜껑 주변에 황산이 하얗게 꽃처럼 뿜어져 있다면 슬슬 망가지고 있다는 징표다. 약간의 차이는 있겠지만 배터리의 수명은 3년에서 4년이다. 특히 겨울이 치명적이다. 4~5년 된 중고차인데 배터리를 한 번도 교환한 흔적이 없다면 올 겨울을 넘길 수 없을지도 모른다. 어느 추운 날 아침, 시동을 거는 순간 돌연사할 확률이 높다.

배터리 점검이 끝났다면, 커버를 벗겨서 터미널 접촉 부분도 살펴보는 것이 좋다. 디스트리뷰터도 점검하는 것이 좋겠지만, 최근 자동차들의 전기 계통은 예전처럼 간단하지가 않아 초심자들에겐 무리다.

마지막으로 고연식의 자동차라면 플러그 접점이 지나치게 그을리지 않았는지, 플러그에 비정상적인 카본이 붙어 있지 않는지 판매점에 점검을 요구해야 한다.

(3) 연료 계통은 엔진오일 체크까지

정말 드문 일이지만 가솔린이 샌다면 어떻게 될까? 낡은 중고차 중에서 그런 물건을 만나지 않는다고 장담할 수는 없다. 벌써 20년이 넘은 얘기지만, 실제로 필자는 카브레이터가 파손된 것을 모른 채 집까지 운전한 적이 있다. 지금 생각해도 등골이 서늘해지는 일화다.

연료 계통 자체는 아니지만 엔진오일 상태도 조사하는 것이 좋다. 오일 레벨 게이지를 뽑아서 오일 량이 충분한지 확인하고, 아울러 오일의 질과 상태까지 점검하자. 콜타르 같이 검게 변한 오일은 좋지 않다. 오일이 아주 오래 되면 엿처럼 끈적끈적해진다. 그렇게까지 된 차는 없겠지만 오염도가 심한 경우라면 협상을 통해 서비스로 교환받도록 하면 된다. 이때 무상이냐, 유상이냐는 여러분이 하기에 달렸다. 엔진오일을 교환할 때는 이왕이면 품질이 좋은 것을 넣는 것이 좋다. 만약 특정 부품만 신품이라서 눈에 띈다면 그것만 교환한 것이라 봐도 좋다. 정비기록부에 적힌 고장 이력과 대조해서 살펴본다면 금상첨화일 것이다.

명장의 특급 advice

중고차가 중고차다운 것은 절대 잘못이 아니다. 어느 정도는 자연스러운 오염과 상처가 눈에 띄는 것이 당연하다. 중고차인데도 신차 못지않게 번쩍거린다면 오히려 의심해봐야 한다. 중고차의 흠이 신경 쓰인다면 애초에 중고차가 아닌 신차를 선택하는 것이 낫다.

7 실내 상태도 깐깐하게 점검하자

중고차의 실내가 어수선하고 지저분하다면 왠지 기분이 나빠진다. 차 안에서 나는 냄새만으로도 전 주인이 어떻게 타고 다녔는지 상상할 수 있다. 대형 판매점이라면 소독액을 뿌리고 클리너로 세차한 후에 전시하겠지만, 중소 업자들은 웬만하면 그대로 진열한다. 중고차의 실내에 들어가 무엇을 중점적으로 봐야 할지 알아보자.

(1) 드라이빙 포지션에서

우선 운전석에 앉아 발 주변을 차분히 관찰하자. 바닥 매트의 상태는 어떤가? 만약 매트가 후줄근하고 때가 지워지지 않을 정도로 손상되어 있다면 주행거리가 상당할 것이라 판단해야 한다.

다음으로 브레이크, 클러치, 액셀 등 각 페달의 상태를 점검한다. 페달 표면의 고무가 닳은 것만 봐도 어느 정도는 주행거리가 보인다. 페달 표면의 닳은 부분에서 당장이라도 금속이 보일 것 같은 지경인데도 주행거리가 4만 km라 한다면 미터 되감기가 행해졌을지도 모른다.

중고차 전문가들은 운전석에서 한 바퀴 빙 둘러보는 것만으로도 자동차의 연식과 낡은 정도를 안다고 한다. 연식은 최근 것인데 지나치게 낡아 보이는 물건도 있다. 반대로 연식에 비해 훨씬 젊고 활기찬 물건들도 있다. 하지만 주행거리와 연식의 밸런스가 표준 범위 이내이고, 자연스러운 모습으로 조화를 이룬 물건들을 구입하는 것이 가장 안심이 된다.

(2) 냄새로 점검하기

천정이나 내장재 부분에 끈적한 느낌이 있고 헤어크림 냄새, 담배 냄새, 땀과 향수 냄새가 뒤섞인 차라면 아무리 좋아도 살 마음이 생기지 않을 것이다. 중고차를 구입한 후에 냄새를 빼겠다고 다짐하겠지만 그게 그렇게 쉽게 해결되는 문제가 아니다. 코를 막고 싶은 차를 사는 사람들은 자신도 강렬한 체취를 가졌거나, 아니면 후각에 지독히도 무딘 사람들일 것이다.

(3) 카펫과 벨트 확인하기

차량 바닥에 깔린 카펫도 젖혀보는 것이 좋다. 실내의 다른 부분은 멀쩡한데 바닥에 녹이 스는 경우도 있기 때문이다. 진흙이 묻은 신발이나 물에 흠뻑 젖은 고무장화를 신고 타거나 심지어 바닷물을 묻혀 오는 경우도 있다. 해산물과 관련된 사업을 하는 사람들이라면 일일이 염분을 제거하고 탈 여유가 없을 것이다. 시간이 흐름에 따라 카펫 아래에 바닷물이 쌓이는 셈이므로 당연히 부식이 생기게 된다.

다음은 시트다. 담뱃불 구멍이 있는 것은 그렇다 쳐도 커피나 주스를 쏟은 흔적이 있는 물건도 많다. 다음엔 양쪽 프런트 시트를 뒤로 젖히면서, 앞뒤 슬라이드가 부드럽게 움직이는지 점검한다. 각 좌석의 시트 벨트가 말을 잘 듣는지, 운전석 시트 벨트가 자신에게 딱 맞는지 수차례 바꿔가며 테스트해봐야 한다. 몇 번을 반복해도 잘 맞지 않고 딱딱한 느낌이 든다면 다시 생각해봐야 한다.

자동차 설계는 인간공학을 가장 중요시하지만, 운전자 중에는 키가 155cm도 안 되는 사람이 있고 2미터가 넘는 사람도 있다. 앉은키가 큰 사람도 있고 다리가 짧은 사람도 있다. 그러니 운전할 사람이 자신의 체형과 잘 맞는지 살펴보는 것은 매우 중요한 일이다.

(4) 2인 1조로 점검하라

자동차 계기판도 주의 깊게 살펴야 할 부분이다. 계기판을 점검하려면 일단 엔진 시동을 걸어야 한다. 대시보드의 바늘이 착실하게 작동하고 있는지, 각 미터의 조명 램프가 정상적으로 점멸하는지 살펴본다. 전조등, 미등, 브레이크등은 2인 1조로 점검하는 것이 좋다. 라이트의 상향, 하향도 체크하고 와이퍼와 혼도 작동해보자.

전 주인이 거칠게 다룬 차라면 스위치 한두 개 정도는 파손되어 있을지 모른다. 라디오 스위치가 망가졌거나 시계가 작동하지 않거나 시거 라이터가 없는 경우는 비일비재하다. 도어 록 손잡이가 끊어지거나 실내등 램프가 켜지지 않는 물건도 있다. 비흡연자에게 재떨이는 작은 물건을 담는 상자로 활용되므로 없는 것보다는 있는 편이 좋다.

다음으로 중요하게 봐야 할 것이 에어컨과 히터다. 오래된 차들은 특히 에어컨 고장이 많다. 바람은 나오는데 냉난방 효과가 없는지 세심하게 점검한다.

운전석과 주변, 실내 점검이 얼추 끝나면 뒤로 돌아가서 트렁크를 열어보자. 램프는 들어오는지, 표준 공구는 갖추고 있는지, 잭과 깃발, 로프, 타이어 제동 쐐기, 삼각대가 있는지 점검한다. 고속도로에서의 고장에 대비해 삼각대를 휴대하는 것이 의무화되어 있는데 트렁크에 삼각대가 없는 차들이 의외로 많다.

트렁크에 스페어타이어가 없는 중고차를 사는 사람은 없겠지만, 가끔 펑크 난 타이어가 들어 있으므로 확인하자. 마지막으로 트렁크 바닥에 비가 샌 흔적은 없는지 살펴보도록 한다. 최근엔 드문 일이지만 예전 자동차는 그런 경우가 아주 많았다.

8 닥치는 대로 작동시켜봐라

눈으로 점검하는 작업이 끝났으면, 작동되는 부분을 점검해야 한다. 만약 움직여보는 것을 싫어하는 판매점이라면 처음부터 가지 않는 것이 좋다.

(1) 도어의 소리에도 귀를 기울이자

4개의 도어를 빠짐없이 열었다 닫았다 해보자. 그중 하나 정도는 상태가 좋지 않을 수도 있다. '딱' 하고 빨려 들어가듯 맑은 소리가 나면서 닫힌다면 불평할 것이 없다. 도어 하나하나가 모두 같은 소리로 닫히는 것이 가장 좋다. 굳이 그렇게까지 확인할 필요가 있냐고 생각하면 안 된다.

제조사마다 도어가 닫히는 소리가 다르다는 것을 느낀 적이 있다. 자동차 디자이너들은 도어가 닫히는 소리 하나에도 신경을 쓴다고 한다. 음악가가 음악을 만드는 것과 마찬가지다. 좋은 자동차는 도어의 소리까지 고심해서 만든 것이다.

도어를 확인했으면 창문 유리도 올렸다 내렸다 해보자. 특히 수동의 경우는 핸들 손잡이가 쉽게 빠지는 물건이 있으니 찬찬히 살펴본다.

브레이크 페달, 클러치 페달을 밟아보고 스티어링의 유격, 핸드 브레이크의 상태 등도 테스트해보자. 자동차에 따라, 혹은 제조사에 따라 특징이 있다. 조금 이상하거나 도무지 익숙해지지 않을 것 같은 문제가 있다면 반드시 물어보고, 조정이 필요한 부분은 요청하는 것이 좋다.

(2) 그저 달리는 게 다가 아니다

눈으로 확인할 것은 다 확인하고, 만질 것은 다 만져봤다면 이제 달려볼 차례다. 판매점 직원에게 30분만 빌려 달라고 요청하라. 만약 싫은 기색을 보인다면 그 판매점에서 사지 않으면 된다. 자동차는 달리면서 몸 전체로, 또 오감으로 기계의 상태를 확인해야 한다. 말하자면 '느낌'을 점검하는 것이다.

시험 주행을 할 때는 복잡한 도로를 느릿느릿 달리기보다는 가능하면 고속도로를 시속 100km로 주행하면서 삐걱거림, 바람 소리와 진동이 생기지 않는지 확인한다.

또 일정한 순항 속도를 내면서 스티어링에서 손을 떼거나 가볍게 올려놓는다. 직진성을 시험해보는 것이다. 만약 앞쪽이 좌우 한쪽으로 치우친다면, 섀시가 비뚤어졌거나 타이어에 원인이 있다.

급커브, 험로 주행, 급브레이크 등도 시험해보라. 브레이크는 특별히 꼼꼼하게 테스트해야 한다. 중고차에서 가장 중요한 것이 브레이크라고 단언하는 전문가도 있을 정도다. 브레이크의 필링은 모든 차가 제각각인데, 중고차 중에는 브레이크가 불충분하게 작동하는 것들이 있다. 납득이 되지 않는다면 재조정을 요청하도록 한다.

또한 브레이크를 밟을 때 페달이 달달 떠는 것은 브레이크 디스크의 런아웃 현상 때문이므로 앞의 좌우 디스크를 교환해야 한다.

시승 시에 영업사원이나 정비사가 동승해준다면 고마운 일이다. 이상한 것이 있으면 그때마다 질문을 퍼부어서 의문을 해결할 수 있기 때문이다. 이렇게까지 꼼꼼하게 점검하고 구입을 결정한 자동차라면 후회할 일이 거의 없을 것이다.

05

중 고 차　매 매 의　모 든　것

중고차 매매의
함정 피해가기

① 광고를 조심하라

현대사회를 한마디로 표현하자면 정보의 홍수 시대라 할 수 있다. 우리가 원하든 원치 않든 넘쳐나는 정보를 접하고 있다. 중고차 전문 잡지도 수종이나 된다. 모 잡지는 매월 400페이지가 넘는 정보를 담아내는데 무게를 재어보니 750g이나 되었다. 게다가 매 호마다 매물 광고가 빽빽하게 실려 있다.

시험 삼아 전문 잡지를 주르륵 넘겨보라. 처음부터 끝까지 중고차 관련 정보뿐이다. '가을 빅 페어!, 올 가을 최대의 황금 시장'과 같은 시즌 광고 이외에도 명함보다 작은 사진을 잔뜩 넣은 광고들이 즐비하다.

어차피 구매자 입장에서는 선택의 폭이 넓은 것이니 나쁠 것도 없다. 그런데 개인이 게시한 '팝니다' 광고들은 아무래도 고개가 갸웃거려진다. 광고 내용만 보면 정말 환상적인데 쉽게 믿기지가 않는 것이다. 실제로 개인간 매매에는 상당한 배짱이 필요하고 노력과 시간을 더 많이 투여해야 한다.

2 개인 간의 매매에서 조심해야 할 것들

이제 판매자 입장에 서서 생각해보자. 일반적인 경우라면 대리점의 중고차 부문이나 전문점에 파는 것이 가장 손쉽다. 바로 그날 안에 현금을 만질 수도 있다.

그런데 왜 일부러 성가신 개인 매매 방법을 택하는 것일까? 두말할 필요 없이 단돈 10만 원이라도 더 받기 위해서다.

전문가들에게 가지고 가면 백발백중 예상했던 것보다 낮은 가격을 제시한다. 차를 팔고 새로운 차를 사려던 예산 계획이 어그러질 뿐 아니라, 무엇보다 자신의 차가 그렇게 후려쳐 깎을 만큼 나쁜 물건이 아니란 생각에 개인간 거래를 선택하는 것이다. 그런데 어쩌면 팔려는 쪽 역시 구매자 못지않게 불안한 것이 개인간 거래일지 모른다. 광고를 실은 잡지사나 인터넷 사이트가 수수료를 받고 중개라도 해준다면 다행이지만, 개인 대 개인으로 만나 상담을 한다는 것은 상당히 부담스럽기 때문이다.

그렇다면 개인간 거래에는 어떤 장점이 있을까? 딱 한 가지 있기는 하다. 양측 사이에 끼어드는 업자가 중간 마진을 챙길 일이 없으므로 거래 손실이 발생하지 않는다는 점이다. 다시 말해 파는 쪽은 조금 비싸게, 사는 쪽은 조금 싸게 살 수 있다. 이외에는 장점을 찾기가 힘들다.

반면 개인간 거래의 문제점은 아주 많으니 꼭 짚고 넘어가야 한다.

(1) 속일 가능성이 다분하다

팔려는 사람은 차의 결점을 가능한 한 숨기려고 할 것이므로 초심자라면 알아차리기 어렵다. 계약이 성사되고 차량 인도가 끝난 후에도 말썽이 생기는 일이 비일비재하다. 그러므로 의심스러운 것이 있다면 계약 시 특약으로 기록해 놓아야 보상을 받을 수 있다.

(2) '애프터서비스'라는 것이 없다

차를 산 이후에 여기저기 안 좋은 부분이 드러나도 구매자 입장에서는 자신이 돈을 들여 수리하는 것 외에는 방법이 없다. 만약 정비공장에서 '사고 이력이 있는 자동차'라는 얘기를 듣더라도 이미 엎질러진 물이다.

(3) 반드시 현금과 현물을 교환해야 한다

서로 모르는 개인간 거래에서는 현금과 현물을 교환하는 것이 원칙이다. 만약 상대가 잔금은 나중에 주겠다든지, 현물은 조만간에 건네겠다는 얘기를 한다면 처음부터 도망가는 것이 현명하다.

(4) 여러 가지 절차가 성가시다

자동차라는 물건은 소유자가 바뀌면 관할 관

청에 신고하도록 되어 있다. 대리점이나 판매점을 이용할 때와는 달리, 개인이 직접 소유권 이전 등록을 해야 한다는 의미다. 보험의 명의 변경도 직접 해야 한다. 이런 것들을 제대로 챙기지 않은 상태에서 사고라도 난다면, 성가실 뿐만 아니라 두고두고 화근이 된다.

일반적인 경우, 소유권 이전 등록을 끝냈더라도 당월 세금은 예전 소유자 쪽에서 부담하게 된다. 고작 1개월분이라도 막상 내려면 속이 쓰린 법이니 처음부터 어느 쪽이 부담할지 확실히 해두는 것이 좋다.

개인간 거래를 처음 해보는 입장에서는 이런 절차 자체가 생소하고 번거롭다. 그럴 때는 관할 관청 주변에 있는 대행사에 맡기도록 하자. 비용을 지불해야 하지만 그 편이 마음 편하다. 대행사 수수료 역시 어떻게 부담할지 쌍방간에 미리 이야기해 두자.

> **명장의 특급 advice**
>
> 개인간 거래는 장점보다는 단점이 많고, 특히 초심자의 경우는 손해 볼 확률이 높다. 중고차를 구입할 때는 반드시 수입인지가 붙은 영수증을 받아두어야 한다.

❸ 친구와 매매할 때 가격은 어떻게 결정하나?

친구나 친척, 지인, 직장동료로부터 중고차를 사는 경우도 많다. 생판 모르는 사람에게 살 때보다 훨씬 메리트가 많고 무엇보다 속을 염려가 없다. 업자가 하는 말을 의심의 눈초리로 들을 필요도 없고, 혹시 속지 않을까 불안해하지 않아도 된다.

또한 상대가 친구라면 불확실성이 상당히 경감된다. 전 소유자가 누구인지, 사고 이력은 없는지 등을 전부 알고 있는 까닭이다. 당신은 그 친구의 차에 이미 여러 번 동승했을 수도 있다. 가벼운 흠집 하나도 다 알려줄 것이고 상태가 나쁜 부분, 연비 같은 것까지 상세하게 설명해줄 것이다.

문제는 가격이다. 자칫하면 가격을 흥정하다 친구 사이가 틀어질 우려도 있다. 업자나 판매점처럼 '두 번 다시 보지 않겠다'는 심정으로 절교할 수는 없지 않는가?

친구 A와 B 사이의 거래에서 일어나는 일을 가정해보자.

A가 타던 자동차를 B가 구입하려고 한다. 그런데 막상 가격을 정하려고 하니 여간 어려운 문제가 아니다. 중고차 판매점 몇 군데를 둘러보고 연식과 주행거리, 손상 정도 등을 비교해보면 대강의 가이드라인은 잡힌다. 하지만 친구 사이에 자기 실속만 차릴 수 없기에 막상 말을 꺼내기가 어렵다.

레드북_{중고차 시세 안내책자}을 뒤져봐도 마찬가지다. 고민 끝에 두 사람은 대리점 영업소에 가서 물어보기로 한다. "한 대 한 대가 다 다르니, 실제 물건을 보지 않고는 섣불리 말할 수 없습니다." 대부분의 업자들이 하는 말이고 사실 정답에 가깝다. 정확하지 않아도 좋으니 대략적인 가격을 말해 달라고 통사정을 하니 상대는 마지못해 이렇게 대답한다. "물건 상태가 보통 수준이라면……, 한 천만 원쯤 될까요?"

중고차 담당자의 말을 들은 후, 구매자인 B가 먼저 천만 원이면 좋다고 말한다. 판매자인 A는 친구니까 50만 원 깎아주겠다고 한다. 기분 좋게 9백 5십만 원에 거래가 성사됐다. 의심도 없고, 밀당도 없고, 불안도 없는 아주 훌륭한 거래다.

그런데 거래가 끝난 후, A는 자신이 판 중고차가 1천 1백만 원 이상 가는 좋은 물건이었다는 사실을 알게 된다. 반대의 경우도 가능하다. 그 차는 9백 5십만 원에 훨씬 못 미치는 8백만 원짜리 물건이었을 수도 있다. 실제 개인간 거래에서는 사는 사람이 손해를 보는 후자의 경우가 더 흔하다. 특히 연식이 오래된 물건일수록 그렇다.

좀 비싸게 팔았다고 해서 A에게 악의가 있었던 것은 아니다. 억지로 사라고 떠넘긴 것도 아니지 않은가? 거래 당사자들이 표준가격이라는 것을 제대로 이해하지 못했던 것뿐이다. 누누이 강조하지만 중고차는 세상에 '그것 한 대'밖에 없는 것이다. 그리고 표준가격, 사정(査定)가격, 대차 매입가격, 이 3가지는 내용과 성격이 다르다는 것을 이해하고 있어야 손해도 보지 않고 친구도 잃지 않을 수 있다.

> **명장의 특급 advice**
>
> 중고차는 세상에 '그것 한 대뿐'이다. 똑같은 중고차는 없으므로 다른 자동차와 비교하는 것은 큰 의미가 없다. 오히려 그 차의 흠을 잡아 가격을 흥정하는 편이 훨씬 낫다.

자동차 평론가의 기사는 신뢰할 수 있을까?

신차, 중고차, 국산차, 외제차, 레이스와 랠리, 그리고 정비에서 용품까지 각 분야를 다루는 수많은 잡지들이 널려 있다. 모든 서점에 자동차 코너가 있고 편의점에도 상당한 종류의 잡지가 구비되어 있다. 그만큼 많은 잡지가 발행된다는 것은 읽는 사람이 많다는 방증이며 기사의 영향력이 크다는 얘기가 된다.

필자가 보기에 잡지의 기사들은 대개 무난한 소개 글이나 해설 기사가 많다. 특히 기자의 이름이 나오지 않는 편집부 명의의 기사들이 그렇다. 사실 잡지사를 먹여 살리는 광고주들이 자동차 메이커들인데, 이들을 깎아내리는 기사를 쓰기는 어렵지 않겠는가?

오히려 문제가 되는 것은 자동차 평론가라는 직함을 가진 사람들이 쓰는 기사다. 필자에겐 오랫동안 대형 메이커의 홍보 파트에서 일했던 친구가 있는데, 그 친구의 현역 시절을 지켜보면서 참 힘들겠다는 생각을 했다. 인쇄매체나 전파매체에도 신경을 쓰지만, 무엇보다 자동차 평론가라는 사람들에게 엄청나게 공을 들이는 모습을 본 것이다. 자사의 좋은 점을 홍보해 달라는 것이 아니라 악담을 하지 않도록 하기 위해서였다.

신차가 출시되면 자동차 평론가들에겐 시승용 자동차가 무상으로 대여되고, 주유비에 저녁식사와 2차와 3차의 술자리, 그리고 간단한 선물과 택시비까지 제공된다. 이렇게 극진한 대접을 받은 후 쓰는 기사가 어떨지는 쉽게 짐작이 된다. 메이커 색이 강한 시승 기사는 거꾸로 읽든지, 절반으로 깎아서 읽든지 해야 될 것이다. 모든 평론가, 모든 기사가 그렇다는 것은 아니지만 잡지 기사는 전적으로 신용하며 읽지 않는 편이 낫다. 오히려 쓰인 내용보다 쓰이지 않은 내용이 무엇인지 의문을 품는 것이 현명하다.

무재고 점포에서 중고차를 살 날이 올 것이다

앞으로는 자동차를 직접 보거나 만져보지 않은 상태에서 매매가 이루어지는 시대가 올 것이다. 물론 그렇게 되기 위해서는 조건의 정비, 시장환경의 정비라는 대전제가 필요하다. 여기서 '정비'라 함은 업계의 윤리 향상과 시장의 투명성 제고를 말한다.

중고차는 마음만 먹으면 사는 쪽이나 파는 쪽이나 얼마든지 악덕 수법을 쓸 여지가 있다. 거짓말, 갈취, 속임수, 무엇이든 가능하다. 최근 중고차 매매를 위한 인터넷이나 전문 잡지가 전성기를 맞고 있다. 구매자는 인터넷과 잡지를 보고 사고 싶은 물건 대상을 압축하고, 실제 물건을 보거나 시승하는 경우가 많다. 잡지나 인터넷에 올라오는 매물에 일정 부분 과장이나 허위가 섞여 있다 하더라도, 그 역할은 절대 작은 것이 아니다.

그런데 지금 성업 중인 중고차 잡지나 인터넷을 위협할 존재가 바로 온라인으로 연결된 무재고 점포다. 이런 점포는 장소를 가리지 않는다. 예를 들면 지역의 마트 같은 곳을 거점으로 영업이 가능하다. 마치 게임 하듯 자신이 원하는 조건을 컴퓨터에 입력하고, 거기에 등장하는 여러 중고차 중에 하나를 선택하는 세상이 오는 셈이다.

사실 대규모 우량 판매점들도 이런 트렌드를 예측하고 차근차근 새로운 사업을 모색하고 있다. 물론 그렇게 될 때까지는 업계의 자정 노력이 필요하다. 무재고 점포는 정확한 데이터, 적정 가격, 양심적인 애프터서비스 등이 전제되어야 가능하기 때문이다. 그래도 사는 물건이 자동차인 만큼 최종 단계에서는 역시 직접 확인하고, 또 시승해보고 결정할 것이라 본다.

6

어디까지를 사고차로 부를 것일까?

한 번 사고가 났던 차는 절대 구입해서는 안 된다고 철석같이 믿는 사람들이 많다. 과연 그럴까? 사고 정도, 수리된 부분에 따라 안전에 아무런 지장이 없을 수도 있다. 아니, 판매되는 물건의 대부분이 완벽하게 수리되어 무사고차와 차이가 없다 해도 과언이 아니다.

사실 업계가 사고차에 대한 불안감을 심어준 측면이 없지 않다. 오로지 사고 이력을 숨기기에 급급한 근시안적 상술이 그 주범이다. 또한 업계가 사고차에 대한 소비자 계몽에 소홀했던 측면도 있다. 중고자동차 판매 연합회, 자동차 사정협회 등이 공동으로 만든 사고차 기준이 있다는 것을 아는 소비자는 거의 없다. 이번 기회에 어떤 차를 사고차라 부르는지 확실히 알고 넘어가자.

사고차의 기준

다음 9개소 중 하나라도 수리 또는 교환된 경우에는 사고차라 정의한다.
1. 프레임(차대)
2. 프런트 크로스멤버
3. 프런트 인사이드 패널
4. 필러(기둥)
5. 대시 패널
6. 루프 패널
7. 룸 플로어 패널
8. 트렁크 플로어 패널
9. 라디에이터 코어 서포트

사고차나 수리 이력이 있는 자동차는 당연하게도 무사고차에 비해 저렴하다. 매입한 물건이든 대차 매입 물건이든 상당히 후려쳐 깎았을 확률이 높다. 그중에는 거의 공짜에 가까운 물건도 있다. 업자가 손질하여 부가가치를 더한 다음에 판매하는 것이므로 저렴한 것이 당연하다. 수리했다는 사실을 숨기고 무사고차 행세를 하는 것이 문제일 뿐이다.

사고차를 정의하는 기준 9개소 중, 가장 흔한 것이 프런트 부분이다. 정면충돌, 추돌, 장애물에 부딪치는 사고들이 다 여기에 해당되기 때문이다. 추돌 당하거나 측면에 부딪치는 사고들 또한 마찬가지다. 차대 프레임이 휠 정도의 사고라면 문제지만, 대부분은 그렇게까지 되지 않는다. 무엇보다 프레임까지 비틀린 사고차는 수리한다 해도 중고차로서 수지타산이 맞지 않는다. 따라서 솔직하게 '하자 있음'을 알리고 전시하는 차라면 별로 걱정할 것이 없다. 성능 면에서, 특히 안전 면에서 충분한 대책을 세웠다는 의미이기 때문이다.

그래도 걱정이 되는 사람이라면 중요한 부분을 스스로 체크하면 된다. 수리한 부분을 찾아내고, 벗길 수 있는 부분은 벗겨서 직접 확인하는 것이다. 교환한 부분은 뒷면에서 들여다보면 확인이 쉽다. 신품은 아무래도 색상이 다르기 마련이다. 수리를 위해 분해를 했다면 볼트, 너트만 봐도 알 수 있다. 스패너가 한 번 닿은 볼트는 각진 부분이 둥글어지기 때문이다.

7. 중고차 사정가격은 왜 그렇게 낮을까?

"말도 안 돼! 이런 어처구니없는 가격이라니!" 중고차를 팔기 위해 사정가격을 받아본 사람 열이면 열, 다 하는 소리다. 거짓말 같다면 시험 삼아 직접 사정을 받아보기 바란다. 자신의 예상가에서 조금 빠지는 정도가 아니라 예상가에 훨씬 못 미치는 가격표를 받아든다면 누구나 자신의 귀를 의심하게 된다.

업계는 가점제도를 적용해 사정가격을 산출한다고 하는데, 중고차를 팔려는 사람 입장에서는 무턱대고 감점한 것만 눈에 띈다. 예를 들어보자. 유리 흠집 수리한 것에서 몇 점, 바디 오염으로 몇 점이 감점되고 그것도 모자라 '옵션이 있었으면 좋았을 텐데'라고 트집을 잡는 식이다. 어쨌든 그들은 파는 사람에게 유리한 이야기는 절대 하지 않는다.

불리한 점은 후벼 파서라도 끄집어내고 작은 트집이라도 잡으려고 한다. 이해관계가 상반되는 입장이니 참을 수밖에 없다. 하지만 그렇게 일방적으로 당하고 있자면 인내심의 한계를 느끼게 된다. 소비자로서 무언가 대항할 방법을 강구해야 한다.

8. 어떤 업자에게 파는 것이 이득일까?

(1) 중고차 판매점의 매입 부문

이곳의 최대 강점은 매입한 물건을 바로 진열하고 바로 팔아치운다는 것이다. 그래서 바로 팔 수 있는 물건인지 아닌지 귀신같이 알아내는 능력을 가지고 있다. 빨리 판다는 말은 어떤 의미일까? 첫째, 물건의 상태가 양호하다는 것이고 둘째, 인기 차종이라는 것이다. 이 두 가지 조건을 갖추고 있다면 대리점 따위보다 훨씬 좋은 조건으로 매입해줄 것이다.

반면 연식에 안 맞게 지저분하거나, 여기저기 상처투성이거나, 인기 없는 차종이라면 매입하더라도 장기 재고가 될 우려가 크므로 엄격

하게 사정을 할 수밖에 없다. 그중엔 대리점과 비슷한 가격을 제시하는 곳도 있다.

(2) 매입 전문점

여기서는 매입한 물건 대부분을 경매에 붙인다. 쉽게 말해 업자간 매매 전문가라 할 수 있다. 옥석을 가리지 않고 대부분의 물건을 매입한다는 것이 특징이다. 물론 여기서도 경매에서 쉽게 팔릴 만한 물건에는 사정 기준을 넘어서 호기 있게 돈을 쓰지만, 상태가 나쁜 물건은 평가에 인색하다.

다만 이런 전문점들은 독자적인 사정 기준을 가지고 있어 연식과 주행거리만으로 단정하는 일은 없다. 그러므로 자신의 차 성능에 자신이 있는 사람이라면 망설이지 말고 전문점을 노크해보기 바란다. 한 군데만 가지 말고 반드시 몇 군데 들러서 시장 조사를 해보는 것이 좋다.

전문점에 판매 의뢰 시, 준비해야 할 서류

1. 인감(인감도장)
2. 인감증명(발행 3개월 이내)
3. 주민등록증
4. 차량검사증
5. 자동차손해배상책임보험증
6. 자동차 체납입증명서

(3) 외제차 전문 매입점

중고차 전문 잡지를 보면 다음과 같은 광고를 흔하게 볼 수 있다.

'고가 매입, 매입 전용 전화 24시간 접수 중, 전국 어디서나 출장 매입 가능, 현장에서 현금 지불!'

외제차 전문 매입점은 업자만 상대하는 곳, 개인만 상대하는 곳, 모두 상대하는 곳 등 형태가 다양하다. 또 독일 차, 프랑스 차, 미국 차 등 특기 분야를 내세우는 곳도 있다. 더 세분화해서 벤츠, 아우디 식으로 메이커를 전면에 내세운 전문점도 있다.

만약 이런 전문점을 통해 차량을 판매하려면 가장 먼저 자신의 차를 청소하고 닦는 일부터 해야 한다. 조금이라도 높은 견적을 받기 위해서 꼭 필요한 작업이다. 그리고 출장 매입을 의뢰하기보다는 자신이 직접 가지고 가는 것이 좋다. 만약 가격 절충이 잘 되지 않을 경우 그냥 돌아 나오면 되기 때문이다.

중고차 사이트에서 제값 받는 방법

고유가에 경기침체가 계속되면서 중고차 가격이 약세다. 가계 부담을 줄이기 위해 차를 내놓거나 유지비가 적은 차로 교체하려는 사람이 많은 반면 수요는 적기 때문이다. 시세가 떨어졌을 때 차를 팔려고 중고차 시장을 찾았다가는 터무니없는 가격을 부르는 딜러를 만나 감정만 상한 채 돌아오기 십상이다. 이럴 땐 중고차 사이트를 이용하는 것이 낫다.

(1) 가격 결정하기

중고차 사이트에 차를 내놓을 때는 가격 결정이 매우 중요하다. 우선 생활정보지나 인터넷 사이트에서 매매업체 3~4곳을 선정한 뒤, 전화로 매입가와 판매가를 알아보자. 같은 모델, 같은 연식의 차를 중심으로 검색하다 보면 대충 감이 온다. 판매가를 결정하기 어려우면 사이트에 나오는 매입 시세와 판매 시세의 중간 정도로 하면 된다.

다음으로 차의 상태는 가급적 자세하게 기록하도록 한다. 중고차 사이트를 이용한다고 해도 결국은 상대가 차를 직접 보고 결정하기 때문이다. 차의 상태를 속였다가는 계약이 취소되어 시간과 비용만 낭비하게 된다. 차계부가 있다면 그 내용을 공개하자. 구입 희망자에게 신뢰를 줄 수 있고 가격도 좋게 받을 수 있다. 차계부가 있다는 것은 차를 그만큼 잘 관리했다는 증거가 되기 때문이다. 딜러에 따라서는 차계부가 있으면 10~30만 원 가격을 올려주는 경우도 있다. 또한 단골 정비업체에서 정비 및 점검 내역서를 받아두면 더욱 좋다.

> **명장의 특급 advice**
>
> 중고차 사이트에 내놓을 때 판매가를 결정하기 어려우면 사이트에 나오는 매입 시세와 판매 시세의 중간 정도로 책정하면 된다.

(2) 차 사진 올리기

사이트에 차 사진을 게재할 때도 신경을 쓰는 것이 좋다. 대부분의 판매자들이 차 사진을 올리기 때문에 그냥 평범하게 찍어서는 효과가 없다. 이왕 촬영을 하려면 공원처럼 배경이 좋은 곳을 선택하고 전후좌우, 실내를 모두 찍어서 여러 장 올리는 것이 좋다. 간단한 포토샵 기능을 사용하는 것까지는 괜찮지만 지나치면 역효과다. 포장이 지나쳐 왜곡 수준이 된다면 곧바로 계약 취소를 당할 수 있다.

(3) 가격 협상

거래의 백미는 역시 가격 협상이다. 사이트에 매물을 올리면 시간을 가리지 않고 연락이 온다. 그중엔 깎아달라는 요구가 가장 많다. 따라서 차를 내놓을 때는 판매가에서 어느 정도까지 할인해줄 것인지 미리 기준을 세워둬야 한다. 판매가를 고집하면서 우물쭈물하다가는 시간이 지날수록 가격이 떨어지는 중고차의 속성상 오히려 손해를 볼 수 있다.

⑩ 인기 없는 차종 제값 받기

자신이 지금 비인기 차종을 타고 있다고 가정해보자. 사실 리세일 밸류재판매 가치는 전혀 머릿속에 없는 사람일지라도 막상 중고차로 팔려고 하면 걱정이 될 것이다. 어차피 인기 없는 차종이니 제값을 받기 어렵다고 체념하는 분위기다. 하지만 반드시 그렇다고 단언할 수는 없다.

믿기 어렵겠지만 비인기 차종을 저렴하게 사서 높은 가격에 팔 수 있는 방법도 있다. 어떤 조건을 갖춰야 되는지 자세히 알아보자.

(1) 주행거리

연간 1만 km 이상 주행한 차와 그렇지 않은 차는 하늘과 땅 차이다. 특히 출시된 지 3~5년 된 자동차까지는 연간 1만 km 이상 주행한 것이 큰 감점 요인이 된다. 주행거리가 짧다면 비인기 차종도 높은 가치를 인정받을 수 있다.

(2) 등급

같은 형식의 자동차라도 등급이 높으면 높게 평가된다. 구입할 때부터 비쌌기 때문에 당연한 일이지만, 등급은 자동차의 일생 내내 붙어 다니는 가격 요소가 된다. 특히 고급차일수록 그런 경향이 두드러진다.

(3) 옵션

최근에는 내비게이션이 인기 있는 옵션이다. 또 안전을 중시하는 중장년층들에겐 ABS가 인기 있다. 일반적인 세단이라면 AT, 스포츠카나 스포티카라면 MT가 인기다. 만약 이것이 반대라면 그것만으로도 사정가격이 떨어진다. 스포티한 드라이빙을 원하는데 AT라니 말이 안 되지 않는가? 또한 바디 색상이 너무 튄다면 그것도 감점 요인이다. 신차 구입할 때 이 정도는 염두에 두어야 적어도 손해는 안 본다.

06

중 고 차 매 매 의 모 든 것

알면 돈 되는 중고차 상식

❶ 올드카 풍의 중고차 가격이 그저 그런 이유

동서양을 막론하고 사람들은 오래된 물건, 옛 것에 대한 향수를 갖고 있다. 자동차도 마찬가지인지 최근 유럽에서는 올드카 붐이 일고 있다. 독일의 폭스바겐 사는 한 세기를 풍미한 비틀을 복원할 계획을 갖고 있고 프랑스의 르노 사도 비슷한 움직임을 보이고 있다.

그렇다면 중고차 시장에서 개성 넘치는 올드카들이 비싸게 사정 받을 수 있을까? 두세 곳의 판매점에 들러 물어보았다. 역시 물건의 상태에 따라 다르며, 보통 세단보다는 약간 더

인심을 써줄 수 있다는 교과서적인 답변이 돌아왔다. 높은 사정가격을 기대하고 올드카를 구입했던 사람들 대부분은 실망할 것이 확실하다.

재미있는 올드카 풍의 자동차를 전문으로 만들고 있는 메이커들도 있다. 아는 사람은 안다지만 일반인들에게는 아직 지명도가 낮다. 대부분의 사람들은 도로를 달리는 갤로퍼를 보고 '어느 나라 자동차지?'라고 의문을 갖는다. 현대자동차가 만든 갤로퍼는 대수가 적어 아

마도 희소가치가 있을 것이다.

어떻게 보면 '올드카'라는 새로운 마켓이 형성되고 있는 중인지도 모르겠다. 하지만 올드카는 분명 클래식카와는 다르다. 저렴한 앤틱 가구처럼 생김새만 올드카를 흉내 낸 차들도 많고, 가짜 위조품이라고까지는 할 수 없지만 올드카라는 이름을 붙이기엔 부족한 차들도 있다. 올드카가 보통 사람들은 엄두를 내기 힘든 클래식카의 대체품으로 자리 잡을 수 있을지는 지켜봐야 하겠다.

최근에는 올드카 풍의 경차도 등장해, 귀여운 이미지로 젊은 여성들에게 호평 받고 있다. 하지만 경차 규제 완화에 따라 차체가 한 단계 커진 것이 변수다. 규제 완화를 계기로 각 제조사는 풀 모델 체인지를 했다. 신 모델은 전장 10cm, 폭이 8cm 커진 상황이라, 그 이전의 경차 중고차들은 가격이 떨어질 가능성이 높아졌다.

❷ 4~5년 후에 비싸게 팔 수 있는 자동차

솔직히 4~5년 후에 인기 있을 자동차를 점찍기는 어렵다. 시대는 격변하고 자동차 기술은 하루가 다르게 진보하기에 전문가들의 예측조차 빗나가는 경우가 많다. 사실 몇 년 전만 해도 RV 차가 이렇게까지 약진할 줄 몰랐다. 물론 RV 차가 앞으로 4~5년 후에도 지금과 같은 인기를 유지할지는 아무도 모른다. 너나 할 것 없이 RV를 타는데 도대체 무엇이 메리트인지 딱히 집어내기가 어렵다.

자동차 사용자들도 변덕이 많다. '옆집이 샀으니까 우리도 사자'는 심리가 강하다. 1년에 한 번도 아웃도어에 나가지 않는 사람들도 RV를 산다. 필자가 보기에 이제 슬슬 RV 유행이 지나가고 있는 느낌이다. RV의 진정한 즐거움을 만끽하지 않는다면 큰 덩치와 높은 연료비를 감당할 이유가 없지 않는가? 5년 후엔 지금의 RV 중고차를 아무도 거들떠보지 않는 상황이 벌어질 수도 있다.

미래를 예측하긴 어렵지만, 미래의 자동차들은 환경 기술로 승부할 것이란 사실은 거의 확실하다. 하이브리드카, 전기자동차, 압축천연가스차 등이 그 주인공이 될 것이다. 하지만 중고차로 팔 것에 대비해 지금 하이브리드카를 사라는 얘기는 아니다. 현재의 기술 개발 속도로 봐서는 그 어떤 것도 단언하기 어렵다. 4~5년 뒤에 올드카로 인기 있을 신차를 구입하려면 기본과 상식에 충실한 것이 최선이라고 조언해주고 싶다. 유행에 따라 리세일 밸류가 변하지 않는 조건을 가진 물건을 선택하라는 것이다. 그렇다면 리세일 밸류를 좌우하는 조건은 어떤 것일까?

(1) ABS와 전 좌석 에어백 장착
아마도 4~5년 후의 신차에는 ABS와 전 좌석 에어백이 기본으로 장착될 것이므로, 지금 그런 차를 구입하면 유리할 것이다. '환경' 요인은 지금 현재로서는 돈이 되지 않지만, '안전'은 시간을 넘어서 언제라도 돈이 된다.

메이커 옵션으로 인기가 높은 것에는 선루프도 있다. 선루프가 있는 중고차는 신차 구입 시의 옵션 차액과 비슷할 정도로 사정되기도 한다.

(2) 기묘한 드레스업
차량 드레스업을 할 때 가장 강력한 효과를 내는 것이 '에어로파츠'다. 처음엔 자동차 마니아들만 장착했는데 지금은 젊은 여성들까지 에어로파츠에 열광하고 있다. 그런데 이것도 4~5년 뒤에는 한물가게 될지 아무도 모른다. 어쨌든 액세서리 파츠도 자동차의 개성과 잘 어울리지 않으면 평가가 낮아진다. 전체적인 밸런스가 맞지 않으면 오히려 처음부터 장착하지 않는 편이 나을 수도 있다는 얘기다. 아무튼 에어로파츠 역시 메이커 순정품이 높게 사정 받을 수 있다는 것쯤은 알아두자.

에어로파츠란?
차의 외형을 더욱 돋보이게 하고, 차량의 공기저항을 줄임으로써 스피드를 올려주기 위해 장착되는 부품을 말한다.

(3) 튀는 바디 색상
세단은 세단에 어울리는 색이 있고 스포츠카는 스포츠카에 어울리는 색이 있다. 자동차의 사양과 등급에 어울리지 않거나 지나치게 튀는 색상은 중고차의 리테일 밸류를 떨어뜨린다.

3. 카탈로그 사진보다 제원표를 봐라

자동차만큼 상품 카탈로그에 공을 들이는 제품도 없을 것이다. 카탈로그의 멋진 사진을 보고 구매를 결심하거나 마음을 바꾸는 경우가 있기 때문이다. 확실히 마천루가 뻗어 있는 도심이나 산과 바다를 배경으로 찍은 사진들은 아름답다. 테스트 코스를 질주하는 스포츠카 역시 매력적이다. 미사여구를 구사한 카피도 구매자의 마음을 흔든다.

그러나 자동차 카탈로그에서 가장 신경 써서 봐야 할 것은 멋진 사진이나 카피가 아니라, 제일 뒤에 있는 '주요장비 일람표'와 '주요 제원표'다. 대부분의 사람들은 제원표를 보지 않는다. 봐도 모르기 때문이다. 소비자들이 자동차 딜러에게 휘둘리는 이유도 여기에 있다. 결코 제원표 전부를 해독하라고는 말하지 않겠다. 적어도 필자가 집어주는 항목만큼은 검토하고 다른 대안들과 비교해보라는 말이다. 신차를 사든 중고차를 사든 마찬가지다.

(1) 치수를 알고 분수를 알아라

전장, 전폭, 전고는 외관 치수이고 이것으로 차량의 크기가 결정된다. 차고 사이즈만 생각하고 차량을 구입했는데 승하차할 여유가 없어 불편할 수도 있고, 반대로 '더 큰 차를 살 걸'이라고 후회하기도 한다. 차량의 크기를 짐작할 수 있는 다양한 개념들에 대해 소개해보겠다.

'휠베이스'는 전륜 축과 후륜 축과의 거리를 말하는데 전문용어로는 '전후륜 축간거리'라고 한다. 이 거리가 길수록 승차감이 좋은 것으로 알려져 있다. '트레드'는 좌우 타이어의 중심간 거리이고, '최저지상고'는 자동차와 지면 간 최저 거리다. 요즘 자동차들은 하부 커버를 갖추고 있지만, 예전엔 최저지상고가 낮아 오일팬이나 트랜스미션 또는 머플러가 긁히는 일이 많았다. 설령 커버가 있더라도 내 차의 최저지상고 정도는 알고 있어야 한다.

(2) 체중은 건강의 바로미터

차량의 '중량'이란 출고된 상태 그대로, 즉 아무것도 싣지 않았을 때의 무게를 말한다. 동급 자동차와 비교해 가벼운 것이 좋다. 자동차를 얼마나 가볍게 만드는가는 자동차 메이커들의 과제 중 하나다. 견고성과 내구성만 떨어지지 않는다면 자동차는 가벼울수록 좋다. 무엇보다 연비 면에서 그렇다.

만약 동급 자동차인데 100kg 이상 중량이 많이 나간다면 문제가 있다. '차량총중량'이란 차량의 중량에 정원 5명의 체중을 더한 것이다. 국토부는 1인당 체중을 60kg으로 계산하고 있다는 것도 알아두자.

(3) 작게 돌 수 있고 적게 먹는 것이 좋다

이제 기능을 나타내는 항목으로 눈을 돌리자. 우선 '최소회전반경'이다. 이 항목엔 5.2m라든가 5.6m라는 숫자가 적혀 있을 것이다. 이는 핸들을 끝까지 돌려서 자동차가 한 바퀴 도는 데 필요한 반경을 말한다. 최소회전반경은 당연히 숫자가 작을수록 좋다. 작게 돌 수 있는 자동차란 조작성이 좋다는 의미인데 앞에서 말한 휠베이스, 트레드와도 관련이 깊다.

'연료소모율'이란 '1리터의 연료로 몇 킬로미터를 주행할 수 있느냐'를 의미하는데 메이커가 신고한 수치를 곧이곧대로 믿어서는 안 된다. 어디까지나 참고 수치다. 예를 들어 22.5km라고 적혀 있다 해도, 그 자동차가 1리터의 기름으로 22.4km를 달릴 수 있다는 얘기는 아니다. 최상의 운행조건을 가정할 때 나온 수치이기 때문이다. 일반 도로를 보통 속도로 달릴 경우, 메이커가 말한 연비의 절반만 나와도 좋을 지경이다. 이 수치는 다른 자동차와의 비교 자료로만 생각해야 한다.

(4) 자동차의 심장은 엔진

실린더의 수와 총배기량 정도를 모르고 자동차를 구입하는 사람은 없을 것이다. 문제는 엔진의 성능곡선인데, 안타깝게도 이 도표를 읽을 수 있는 사람은 극소수에 불과하다. 최고출력이 180PS/8,000RPM, 최대토크가 19.9kgm/6,000RPM인 자동차가 있다고 해보자. 이 자동차는 최고출력이 180마력인데 그때 엔진은 분당 8,000회를 회전한다는 의미다. 또한 엔진이 분당 6,000회 회전할 때, 최대토크인 19.9kgm를 발휘한다는 것이다. 토크는 견인력, 인내력의 개념으로 이해하면 된다.

---

4. 좋은 말만 하는 영업사원을 멀리하라

영업사원이란 본래 상품의 좋은 점만 강조하고 싶은 사람들이다. 이것도 좋고 저것도 좋다는 영업사원의 말을 전적으로 신뢰할 고객은 없다. 이 세상에 모두 다 좋은 물건은 존재하지 않기 때문이다. 고객이 신뢰하는 영업사원은 어떤 사람일까? 두 가지 사례를 살펴보자.

"이렇게 싼 물건은 다시없을 겁니다. 이건 사는 순간 돈 버는 겁니다."

"이 물건은 상태가 별로 좋지 않지만 가격이 저렴합니다. 가격 정도의 가치는 충분히 있는 물건이니 용도에 따라 선택하시면 됩니다."

전자의 영업사원보다는 후자에게 믿음이 가는 것은 당연지사다. 상호 신뢰감이 없는 상태에서 자동차와 같은 고가의 상품을 거래하기는 어렵다. 중고차 구입은 판매점이나 영업사원과의 신뢰 관계가 형성된 이후로 미루는 것이 좋다. '구매자가 믿어줄 때 이 일을 하는 보람을 느낀다'고 말하는 업자들이 많은데 이는 진실에 가깝다.

영업사원에도 여러 유형이 있다. 일방적으로 말을 많이 하는 사람이 있는가 하면 질문에 대한 답만 하는 사람도 있다. 빈틈 하나 없이 야무진 사람이 있는가 하면 어리숙한 사람도 있다. 가끔 동문서답을 하는 영업사원을 만나는데, 이는 상품에 대한 지식이 없다는 증거이므로 피하는 것이 좋다. 또한 노골적으로 구매자가 살지 말지 떠보려는 태도를 보이는 영업사원도 있다. 그럴 경우 필자는 당장 발길을 돌려 그 가게를 나온다. 요즘 젊은 층의 고객들은 영업사원이 귀찮게 따라다니는 것 역시 싫어한다.

⑤ 잘못 길든 차, 선천적으로 문제 있는 차

자동차에도 양육이 잘 된 것과 안 된 것이 있다. 외관상으로는 멀쩡한데 실제로는 관리가 제대로 안 된 자동차들이 있는 것이다. 여기서 '관리'란 환경과 조건을 말한다. 자동차는 달리는 물건이므로 어떤 장소를 달렸느냐가 문제가 된다. 가장 안 좋은 것이 바닷가 주변을 달린 자동차들이다. 자동차는 철로 만들어진 물건인데 철에 염분이 묻으면 어떻게 되는지는 잘 알 것이다. 바닷가 주변 주택의 창틀이 금방 녹슬어 버리는 것과 같은 이치다.

'요즘 자동차 도장기술이 얼마나 좋은데 녹스는 걸 걱정하느냐'는 사람들도 있는데 너무 안이한 생각이다. 녹은 주로 접합 부분과 살짝 스친 흠집과 같이, 눈에 띄지 않는 곳에서 시작된다. 마치 세포가 번식하듯 긴 시간에 걸쳐 깊숙이 침식해서, 철을 부스럼 딱지 형태로 들뜨게 하는 것이다. 그러니 해안이나 섬을 달리던 중고차는 피하는 것이 좋다.

폭풍이나 해일 등 거친 날씨엔 염분을 머금은 물보라가 먼 거리까지 흩날린다. 꼼꼼하게 민물로 세차를 하더라도 안심할 수가 없다. 해안에 있는 골프장에서 벙커샷을 연습했는데, 한 달 후 골프백 안을 들여다보니 벙커 전용 클럽인 샌드웨지의 머리 부분이 녹슬기 시작했다는 지인의 말을 들은 적이 있다. 그만큼 철은 염분에 취약하다.

다음으로 안 좋은 것이 급한 산비탈이 많은 벽지를 달린 자동차, 거기다 강제로 험로 주행을 한 경우다. 여기 저기 헐고 피로도가 쌓여 있을 것이 분명하다. 중고차의 과거 이력을 엄격하게 물어야 할 이유가 여기에 있다.

환경은 좋은데 운전자의 주행 습관 때문에 차가 망가지는 경우도 있다. 자녀를 키울 때는 과보호가 좋지 않지만, 자동차는 과보호해도 지나칠 것이 없다. 급가속, 급브레이크, 급커브 등 '급' 자가 붙은 행위를 당했던 자동차는 피해야 한다.

마지막으로 '선천적으로 만듦새가 나쁜' 자동차에 관해 얘기해보겠다. 외관이나 스타일을 중시한 나머지 운전 조작성이나 거주성을 크게 희생한 자동차, 차량의 중량에 걸맞은 출력이 부족한 자동차 등이 대표적이다.

명장의 특급 advice

바닷가나 섬을 운행한 차량은 가급적 피하도록 한다. 염분에 의해 눈에 보이지 않는 접합 부분, 하체 등에 부식이 생겼을 가능성이 크기 때문이다. 또한 태풍이나 물난리를 겪었던 침수 지역의 자동차를 조심해야 된다.

예를 들어 2016년 울산 공단지역에서 침수되었던 4,000여 대의 자동차가 거의 중고 매매업자나 정비 사업자들에게 팔렸다고 추정된다. 이 차들이 중고차 시장으로 들어올 가능성이 매우 높으므로, 최초 등록지가 울산이었던 차는 다시 한 번 확인하는 것이 좋다.

07

중고차 매매의 모든 것

중고차 핵심 점검사항

① 엔진룸 점검하기

(1) 패널 교환 여부
- 후드와 패널의 틈새 간격이 일정한지 살펴본다.
- 사이드미러 근처 후드의 경첩이 붙어 있는 틈새가 다르다면 패널 교환 가능성이 있다.
- 패널을 교환하기 위해서는 필히 볼트를 풀어야 하므로 볼트 머리 흠집, 좌우 볼트의 형태와 색상을 비교한다.

(2) 프레임 변형이나 수리 흔적
- 내부 프레임의 접속부에 실리콘 실링 자국이 있는 것이 정상이다.
- 해당 부위의 페인트 색상이 약간 다르거나 좌우 프레임 모양이 조금 다르다면 사고로 프레임이 변형되어 수리한 것이다.
- 전조등, 미등 어셈블리는 신품이어도 사고로 교환했을 가능성이 있다.
- 프레임 용접 흔적, 접속부에 때가 끼거나 먼지가 있는 것은 정상이다.
- 전조등의 고정볼트가 제대로 있고, 패널 색상에도 문제가 없고 볼트를 푼 흔적이 없으면 정상으로 봐도 좋다.

(3) 스로틀 조작음

- 시동을 걸고 기어를 P에 놓고 스로틀바디를 조작해본다. RPM이 높을 때 엔진 소리가 매끄러운지 확인한 후, 천천히 조작하면서 전체적으로 음이 크게 변하지 않는지 점검한다. 이상이 없으면 급가속해서 엔진 노킹 소리가 나는지 확인한다.
- 시동을 건 상태에서 창문을 열고 가속 페달을 밟아 소리를 들어본다.
- 기어를 N에 놓고 주차 브레이크를 당긴 후 RPM을 1천~4천까지 서서히 올리며 음이 고르게 높아지는지 들어본다. 갑자기 소리가 변하거나 시동이 꺼진다면 문제가 있는 것이다.

(4) 오일이 샌 흔적

실린더와 헤드 사이, 크랭크풀리 주변부, 엔진과 미션 사이를 점검한다. 누유 차량은 수리비가 많이 나오므로 세심하게 관찰한다.

(5) 배터리

- 배터리 확인창이 녹색인지 확인한다.
- 겉면 스티커의 제조일자를 살펴본다.
- 단자 주위에 흰색 가루가 있다면 100% 점검 교환이 필요하다.

(6) 냉각 장치

- 시동을 걸고 10~20분이 지난 후, 라디에이터 호스를 두 손가락으로 눌러 팽팽한 압력이 느껴지지 않는다면 냉각 계통에 큰 문제가 있는 것이다.
- 엔진 온도 계기판 눈금이 2분의 1 이상 넘어갈 때 팬모터가 돌아야 정상이다.

(7) 자동변속기 오일

- 오일 레벨 게이지에 묻어 나온 오일이 맑은 포도주색이면 정상이다.
- 오일이 갈색이거나 검은 부유물이 떠 있거나 타는 냄새가 난다면 기본적인 관리 부실이다. 특히 디스크 가루, 알루미늄 가루가 관찰되는 차는 주의해야 한다.

(8) 브레이크 오일과 파워스티어링 오일

- 브레이크 오일의 양과 색을 확인한다. 맑은 식용유와 비교해 검을수록 문제가 있다.
- 파워스티어링 오일은 자동변속기 오일과 같이 쓰므로 맑은 포도주색이어야 정상이다.

부싱 bushing 이란?

금속관 부속품의 하나로 관 끝에 설치한다. 전선의 인입과 인출 시, 전선의 절연물질 손상을 막기 위해 사용된다. 용도에 따라 '금속제 부싱', '절연성 부싱' 등이 있다. 자동차 부싱은 보어(bore) 내에 끼워지는 일체형 슬리브로서, 소형 전원 마찰 베어링의 마찰면이 된다.

② 하체 확인하기

(1) 핸들을 끝까지 돌려 좌우를 비교한다.

(2) 바퀴 안쪽을 들여다보고 파손이 있는지 살펴본다.
- 핸들을 끝까지 돌려 바퀴 안쪽을 볼 수 있도록 해놓고 좌우 바퀴 안쪽을 점검하면 된다.
- 바퀴 안쪽에 주름 잡힌 부분, 즉 등속조인트 고무 부트는 자주 파손되는 부분이므로 찢어지지 않았는지 확인한다. 베어링의 소음 여부도 확인하고 검은색 액체그리스가 보이면 반드시 교환한다.

(3) 타이어의 마모 상태를 확인한다.
- 시승 시 시속 100km 이상에서 핸들이 떨리면 휠밸런스, 얼라인먼트에 문제가 있는 것이다.
- 차체 안에서 바깥쪽으로, 다시 바깥쪽에서 안쪽으로 손이 스치는 느낌을 확인한다. 두 방향의 느낌이 다르면 육안으로 확인되지 않는 편마모가 있을 수 있다.
- 타이어 중심부에 있는 마모한계선을 확인한다.
- 중고차에 새 타이어가 장착되어 있다면 문제를 숨기기 위한 것일 가능성이 크다.

(4) 차체 아래쪽을 들여다본다.
- 프레임 변형이나 돌 등에 받친 흔적이 있는지 확인한다. 만약 엔진 쪽에 흔적이 있다면 엔진의 배치 상태가 약간이라도 틀어졌을 수 있다.

③ 외부 패널 및 실내 살펴보기

(1) 도장 상태
- 새 차처럼 깨끗한 중고차는 가능한 한 피하는 것이 좋다.
- 도장면의 실리콘 처리 부위를 확인한다.
- 외부 도장에 층이 있거나 페인트의 맨 위 코팅이 벗겨진 곳이 있는지 점검한다.
- 약 45° 각도로 비스듬히 바라보면 사고 후 재도장한 부위는 색상의 농도, 광택의 정도가

미세하게 차이 난다.
- 도장을 제대로 하지 않아 흐르는 자국이 있는지 살펴본다.
- 몰딩 부위에 작업 흔적이 남아 있는지 확인한다.

> - 사고 사실을 은폐하기 위한 위조를 '무빵작업'이라고 한다.
> - LPG에서 가솔린으로 자동차 구조를 변경한 사실은 차량등록증에서 확인할 수 있다. 연료 장치를 개조 및 변경한 차는 가급적 피하는 것이 좋다.

(2) 도어

- 문의 여닫힘이 좋은지 확인한다.
- 인사이드 부분의 실링 상태를 점검한다.
- 도어와 차체 연결 부분한지의 볼트를 푼 흔적이 있는지 살펴본다. 도어에 사고가 날 경우 안전에 이상이 없기 때문에 사고차라 하지 않는다. 하지만 필러나 사이드실 손상 가능성이 높기 때문에 꼼꼼히 살펴야 한다.
- 도어 안쪽의 웨더 스트립빗물 유입 방지 고무을 살짝 당겨보면 접합부가 보이는데 여기에 최초 용접한 흔적이 그대로 있으면 정상이다.
- 도어 안쪽에 갈라진 흔적, 페인트칠을 다시 한 흔적, 용접 사이즈가 커진 경우라면 수리한 차다. 문 안쪽 바디에 그런 수리를 했다면 심각한 섀시 변형이 있다고 봐도 무방하다.

(3) 운전석

- 안테나, 오디오, 와이퍼가 작동하는지 살펴본다.
- 전조등, 미등 램프를 작동시켜본다.
- 에어컨이 잘 작동하는지 점검한다.
- 창문 여닫힘이 양호한지 살펴본다.
- 시트에 문제는 없는지, 악취나 특이한 냄새가 없는지 확인한다.
- 시동을 걸었을 때 모든 경고등이 꺼지는지 점검한다.

차대번호 위치란?

차대번호는 차량의 고유한 일련번호로 사람으로 치면 주민등록번호와 같다. 제조사마다 차이가 있지만 보통 창문에 붙은 라벨, 조수석 아래쪽, 운전석 대시보드, 운전석 문짝 등에 있다. 차대번호는 임의로 바꾸거나 수정하지 못하도록 차체에 각인(타각)되어 있는데, 도난 차량이나 사고 차량이 정상 차량으로 유통되는 것을 막기 위해서다.

(4) 트렁크

- 트렁크의 바닥을 젖히고 좌우에 수리한 흔적이 있는지 확인한다.
- 실링 자국이 있는지, 있다면 좌우가 같은지 본다. 좌우가 같아야 정상이다.
- 용접 흔적이나 녹물이 생긴 흔적이 있는지 본다.
- 스페어타이어를 보관하는 장소에 빗물이 들어온 흔적이 있는지 살펴본다. 트렁크 내에 약간의 이물질이 있는 정도는 정상으로 본다.

(5) 자동차 유리

유리에 KS 표시가 없으면 불량품으로 간주해야 한다.

> **실링이란?**
>
> 공기나 수분을 차단하고 부식을 방지하기 위해 차체 이음새 부분을 실리콘으로 마무리하는 작업으로 방음 및 진동 방지 효과도 있다. 정상적인 상태의 실링은 자연스럽고 고무처럼 탄력이 있어, 손톱으로 눌러도 곧바로 원형으로 복원된다. 반면 사고 차량은 실링이 아예 없거나 조잡하고 손톱으로 긁으면 쉽게 떨어져나간다. 간혹 실링이 아닌 퍼터(빠대)로 작업을 한 경우에는 아주 딱딱해 손톱으로 눌러도 들어가지 않는다.

4. 도로에서 주행 테스트하기

(1) 전부하 상태 점검

시동을 걸고 전부하 상태에서 차량 떨림이나 라이트, 에어컨, 라디오 등의 이상 유무를 점검한다. 일반 시동 시와 차이가 없어야 한다.

(2) 핸들을 한쪽으로 꺾은 후, 뚝뚝 소리가 나지 않아야 한다.

(3) 과속방지턱을 넘어갈 때 잡소리가 나지 않아야 한다.

(4) 기어를 변속할 때 충격이 없어야 한다. 또한 주행 중 브레이크를 밟아 정지 시점에서도 기어 충격이 없어야 한다.

(5) 급제동을 했을 때 브레이크에서 소리가 나거나 핸들이 흔들리지 않아야 한다.

(6) 주차 브레이크 점검

주차 브레이크를 5~7클릭 정도 당겨놓고, 기어를 D에 넣었을 때 앞으로 나가거나 더 많이 당겨야 한다면 점검할 필요가 있다. 이 경우 엔진이 약하게 부르르 떨면서 정지해야 정상이다.

⑤ 차량매입 시 문진하며 확인하기

(1) 이력사항에 대한 언급
- 개인, 법인, 기타 등 소유 주체는 누구인가?
- 판매자가 최초 소유자인가?
- 몇 명을 거친 차량인가?
- 원 주인이 몇 명인가?

(2) 사고 여부, 현재 상태
- 기본적인 장치와 부품 확인
- 변속기 오일, 엔진오일, 점화장치 점검 및 교환 확인
- 타이밍 벨트, 브레이크오일, 라이닝, 에어컨 등 점검
- 시트, 오디오, 내비게이션, 썬루프 등 각종 편의장치 점검

(3) 정기적인 점검과 정비 여부
전 소유주가 차를 어떻게 관리했는가는 아주 중요한 포인트다.

(4) 주행 중 시동이 꺼지는 일은 없는지 확인

6 중고차 구입 시 체크리스트

★ 외관 Exterior-Visual ★	A	B	C	D
앞 범퍼 결함 없음				
보닛 결함 없음				
앞 유리 결함 없음				
우측 헤드라이트 결함 없음				
좌측 헤드라이트 결함 없음				
앞 우측 펜더 결함 없음				
앞 좌측 펜더 결함 없음				
앞 바디 패널 정렬 확인				
운전석 앞 도어 스킨 결함 없음				
조수석 앞 도어 스킨 결함 없음				
운전석 뒤 도어 스킨 결함 없음				
조수석 뒤 도어 스킨 결함 없음				
좌측 사이드 실 패널 결함 없음				
우측 사이드 실 패널 결함 없음				
천장 결함 없음				
도어와 바디라인 정렬 확인				
필러 결함 없음				
우측 쿼터 패널 결함 없음				
좌측 쿼터 패널 결함 없음				
트렁크 문, 해치, 테일 게이트 결함 없음				
좌측 테일 라이트 결함 없음				
우측 테일 라이트 결함 없음				
뒤 창문 결함 없음				
뒤 바디 패널 정렬 확인				
모든 바디 패널 녹슨 자국 없음				
도장 상태(아주 좋음, 좋음, 보통, 나쁨, 아주 나쁨)				
사고 없음				

★ 외부 기능 Exterior-Functional ★	A	B	C	D
미러 작동 확인				
도어 핸들 확인				
트렁크 핸들 확인				
라이트 기능 확인				
헤드라이트 확인				
브레이크 등 확인				
방향 지시등 확인				
경고등 확인				
후미등 확인				
차량번호판 확인				
컨버터블 탑 작동 확인(컨버터블일 경우)				

★ 내부 Interior-Visual ★	A	B	C	D
도어 웨더 실 파손 및 건부 확인				
도어 패널 불량, 탈색, 손상 확인				
실내 매트 침수, 마모, 얼룩 등 손상 확인				
실내 트림 손상 확인-대시보드, 콘솔, 도어 트림				
대시보드, 환기구 청결도 확인				
글로브 박스, 콘솔 얼룩 및 손상 확인				
컵 홀더 얼룩 및 손상 확인				
시트와 안전벨트 얼룩 확인				
헤드라이너, 필러 얼룩 및 손상 확인				
트렁크 내부 얼룩, 손상 및 악취 확인				
트렁크 툴 확인				
트렁크 바닥 녹슨 것 및 기타 손상 확인				

★ 내부 기능 Interior-Functional ★	A	B	C	D
페달 작동 확인				
내부 라이트 작동 확인				
창문, 선루프 작동 확인				
중앙 잠금 제어장치 작동 확인				
미러 작동 확인				
기어 변속 확인				
파킹 브레이크 작동 확인				
보조 파워 소켓 작동 확인				
히터, 에어컨 작동 확인				
오디오, 내비게이션 작동 확인				
스피커 작동 확인				
스티어링 휠 작동 확인				
크랙션 작동 확인				
스틱 컨트롤 작동 확인				
계기판 및 백라이트 작동 확인				
와이퍼 작동 확인				
컵 홀더 작동 확인				
글로브 박스 작동 확인				
선바이저 작동 확인				
시트 작동 확인				
안전벨트 작동 확인				
진단 프로그램 및 에어백 코드 리셋 확인				
온보드 진단기 모니터 작동 확인				

★ 타이어와 브레이크 Tires & Brakes ★	A	B	C	D
타이어 브랜드 확인				
좌측 앞 압력				
좌측 앞 마모도				
좌측 앞 브레이크 패드				
좌측 뒤 압력				
좌측 뒤 마모도				
좌측 브레이크 패드				
우측 앞 압력				
우측 앞 마모도				
우측 앞 브레이크 패드				
우측 뒤 압력				
우측 뒤 마모도				
우측 뒤 브레이크 패드				
타이어 손상 없음				
동일 타이어 브랜드인지 확인				
휠 손상 없음				
러그, 볼트 다 있는지 확인				
휠 락, 키 있는지 확인				
스페어 타이어 있음				
브레이크 호스 손상 확인				
브레이크 라이닝–로터, 패드 컨디션 확인				
서스펜션 테스트				

★ 엔진 Engine ★	A	B	C	D
엔진 누액 확인–냉각수, 오일, 파워 스티어링, A/C				
냉각수 호스 손상 없음				
벨트, 풀리 손상 없으며 상태 양호				
배터리 녹슨 것, 팬윤, 손상 없음				
배터리 케이블 녹슨 것, 타이트함, 손상 없음				
냉각수 레벨과 상태 양호				
브레이크액 레벨과 상태 양호				
파워 스티어링액 레벨과 상태 양호				
오일 레벨과 상태 양호				
엔진 레일과 방화벽 손상 없고 양호				
몸체 먼지 없고 패널 정렬				
제조사 볼트와 힌지가 변경, 교체되지 않음				
엔진 작동 시 냄새 나지 않음				

★ 하부 Underbody ★	A	B	C	D
언더캐리지 누액, 녹슬거나 손상 없음				
엔진 누액, 녹슬거나 손상 없음				
트랜스미션 누액, 녹슬거나 손상 없음				
트랜스퍼케이스 누액, 녹슬거나 손상 없음				
디퍼런셜 기어 누액, 녹슬거나 손상 없음				
액슬 누액, 녹슬거나 손상 없음				
서스펜션 부속품 누액, 녹슬거나 손상 없음				
쇽업소버 누액, 녹슬거나 손상 없음				
컨트롤암 녹슬거나 손상, 지나친 소모 없음				
배기 시스템 누액, 녹슬거나 손상 없음				

★ 로드 테스트 Road Test ★	A	B	C	D
로크-투-로크 스티어링 정상 작동				
평면에서 직주행				
브레이크 적용 시 차가 옆으로 틀어지지 않음				
스티어링 휠 중앙 밸런스				
서스펜션 진동이나 소음 없음				
타이어 소음 없음				
차 내부의 작은 소음도 없음				
저온 시 엔진 정상 작동				
저온에서 스로틀 정상 작동				
웜 업 진행 중 정상 작동				
정상 온도에서 엔진 정상 작동				
엔진 팬 정상 작동				
비정상적인 엔진 소음과 진동 없음				
사륜구동 정상 작동(사륜구동 차일 경우)				
트랜스미션과 클러치, 미끄럼 없이 정상 작동				
저온 시 오토매틱 트랜스미션 정상 작동				
웜 업 중 오토매틱 트랜스미션 정상 작동				
정상 온도 시 오토매틱 트랜스미션 정상 작동				

부록 1
용어 설명

냉각수 cooling water
냉각수는 순도가 높은 증류수, 수돗물, 빗물 등을 사용한다. 물은 열을 잘 흡수하고 쉽게 얻을 수 있는 장점이 있으나 100℃에서 비등하고 0℃에서 동결하며 스케일 등이 발생한다는 단점이 있다.

대시 보드 dash board
프런트 보디와 차실을 나누는 격벽隔壁을 말한다. 마차 앞부분의 흙받이에서 온 용어이며 영국에서는 대시 패널dash panel 혹은 벌크 헤드bulk-head라고도 하고, 미국에서는 파이어 월fire wall이라고도 불린다. 인스트루먼트 패널계기판을 가리키기도 한다.

더블 위시본식 서스펜션 double wishbone type suspension
상하 한 쌍double의 암으로 바퀴를 현가懸架하는 형식의 서스펜션이다. 초기에는 암이 V형을 하고 있고 새의 가슴叉骨, wishbone 모양을 닮았다고 해서 붙여진 이름이다. 현재는 모양에 관계없이 상하 2개의 컨트롤 암을 가진 서스펜션을 일컬으며, 종래의 형식을 컨벤셔널 위시본식, 여기에 링크를 추가한 것을 멀티 링크식으로 구별하고 있다. 암의 형상이나 배치에 따라 얼라인먼트 변화나 가감속시 자동차의 자세를 비교적 자유롭게 컨트롤할 수 있으며, 강성剛性도 높기 때문에 조종성, 안정성을 중시하는 승용차에 널리 사용되고 있다. 구조가 복잡하고 넓은 부착 공간이 필요한 것이 단점이다.

디스크 브레이크 disc brake
차륜과 일체로 회전하는 원판형의 디스크에 마찰재를 부착한 브레이크 패드로 양쪽으로부터 압박해 제동력을 발생시키는 브레이크를 말한다. 디스크를 강하게 조이는 패드는 피스톤에 의해 눌러지는데 패드와 피스톤을 수용하고 있는 디스크 브레이크의 주요 부품을 캘리퍼라고 한다. 바퀴 한 개 당 두 개의 피스톤을 가지고 있어, 양쪽에서 디스크를 조이는 타입을 어포즈드 피스톤형대향 피스톤형이라 하고, 피스톤이 하나밖에 없어 반대편의 패드를 그 반발력으로 누르는 것을 플로팅형 캘리퍼부동 캘리퍼형라고 한다. 디스크 마찰면이 공기 중에 노출되어 있으므로 냉각이 양호하고, 고온이 되어도 드럼 브레이크처럼 제동력이 떨어지거나 페달 반응이 변하는 일이 없다.

라디에이터 radiator
① 수냉식 엔진에서 열을 공기 중에 방출하기 위한 장치로, 실린더 블록과 실린더 헤드의 냉각수 통로에서 열을 흡수한 냉각수를 냉각한

다. 엔진에서 뜨거워진 냉각수를 방열판에 통과시켜 공기와 접촉하게 하여 냉각시킨다. 단위 면적당 방열량이 크고 공기 및 냉각수의 흐름 저항이 적고 가벼우며 견고해야 한다. 보통 자동차 앞쪽에 설치되어 있으며, 바람에 의하여 열을 식히는 구조로 되어 있다. 열전도가 좋은 금속판에 틈새를 두어 겹치게 하고 물이 통하는 튜브를 설치하여 크기 비율로 냉각 효과를 높인다. 금속판을 상하에 배치하여 냉각수를 옆으로 흐르게 하는 크로스 플로식도 있다. 크로스 플로식은 라디에이터의 높이를 낮게 할 수 있다는 장점이 있으나 물의 흐름 저항이 크다. ② 차실 내 난방에 엔진의 냉각수를 이용하는 장치로서 열원이 되는 부분을 말한다.

라디에이터 압력식 캡 radiator pressure cap
자동차 냉각장치의 압력을 0.3~1.05kg/cm²가 되도록 하여 냉각수의 비점을 112℃로 높여 냉각 효율을 향상시키고 냉각수의 증발을 방지한다. 캡에 설치되어 있는 압력 밸브는 규정 압력 이상이 되면 대기 중으로 방출시켜 냉각 장치를 보호하고 진공 밸브는 압력이 대기압보다 낮을 경우 공기를 흡입한다.

마찰 계수 摩擦係數
접촉하고 있는 물체가 외력에 의하여 상대적으로 움직이는 힘, 혹은 움직이고 있을 때 접촉면에서 그의 움직임을 저지하려는 방향으로 작용하는 힘을 '마찰력'이라 한다. 그 힘이 접촉면에 수직으로 작용하는 힘에 비례할 때, 비례 정수를 마찰 계수 μ, 뮤라고 한다.

밀봉 작용 sealing up action
윤활유의 중요한 성질 중 하나로 피스톤링과 실린더 벽에 유막 oil film을 형성하여 압축 및 폭발 행정에서 혼합기 또는 연소가스의 누출을 방지하는 작용이다. 밀봉 작용에는 점도 지수, 점도, 유막의 형성력 등이 관계된다.

방청 작용 防錆作用
슬라이딩 면에 유막을 형성하여 수분 및 부식성 가스의 침투를 방지하고 침투한 것을 치환하는 작용을 한다. 방청 작용이 불량하면 슬라이딩 면에 녹이 슬고 부식이 발생된다.

배기가스 exhaust gas
실린더 내에서 연료가 연소한 후 대기 중으로 배출되는 가스다. 배기가스는 유해성 가스인 일산화탄소 CO, 탄화수소 HC, 질소산화물 NOx, 납산화물, 탄소 입자와 무해성 가스인 수증기 H_2O, 이산화탄소 CO_2가 혼합되어 배출된다. 따라서 인체에 해로운 유해 가스를 무해 가스로 정화시켜 배출하도록 의무화하고 있다.

부동액 antifreeze
물은 얼면 체적이 불어나 엔진이나 냉각 계통을 파괴하므로 겨울철에는 냉각수가 얼지 않도록 빙점을 낮추는 약품을 혼입한다. 부동액에는 퍼머넌트 permanent 형과 여기에 알코올을 섞은 세미퍼머넌트 형이 있으며 냉각액에는 30% 정도 혼입하여 사용한다.

브레이크 드럼 brake drum

브레이크 드럼은 휠 허브에 볼트로 설치되어 바퀴와 함께 회전하며, 라이닝과 접촉되어 제동력을 발생한다. 재질로는 알루미늄 합금, 강판, 특수 주철 등이 사용되며, 제동력 발생 시 600~700℃의 마찰열이 발생되어 제동력이 저하되므로 냉각성을 향상시키고 강성을 증대시키기 위하여 원 둘레 직각 방향에 냉각 핀 또는 리브rib가 설치되어 있다. 주철로 제작한 것이 많지만 바깥 둘레에는 알루미늄 합금을 접합한 알핀 드럼도 있다.

브레이크 라이닝 brake lining

브레이크 드럼과 직접 접촉하여 브레이크 드럼의 회전을 멈추고 운동 에너지를 열에너지로 바꾸는 마찰재다. 열에너지는 브레이크 드럼으로부터 발산하지만, 브레이크 라이닝의 온도도 매우 높아지기 때문에, 고온이 되어도 연소되지 않고 마찰계수미끄러지기 어려운 정도의 변화가 작은 것이 좋은 라이닝이라고 할 수 있다. 석면을 반죽하여 구운 것몰디드 아스베스토, 석면과 함께 금속 분말로 혼합한 것세미 메탈릭, 소결합금메탈릭 등의 라이닝이 있다.

브레이크 패드 brake pad

편평한 배킹 플레이트에 마찰재로서의 브레이크 라이닝을 첨부한 것으로 디스크 브레이크의 캘리퍼 내에 내장되어 있다. 드럼 브레이크의 브레이크슈와 같은 역할을 하지만, 그 면적은 브레이크슈보다 훨씬 작고, 역으로 디스크를 누르는 힘은 몇 배 크다. 브레이크슈보다 가혹한 일을 하므로 수명은 브레이크슈보다 짧다.

블로바이 가스 blow-by gas

엔진의 압축 행정과 팽창 행정에서 실린더와 피스톤의 간극으로부터 크랭크 케이스에 빠져나온 가스다. 압축 행정에서 새어나온 혼합기가 75~90%를 점유하며, 10~25%는 팽창 행정에서 발생하는 연소가스다. 엔진오일을 열화시켜 엔진 내부를 녹슬게 하는 원인이 되므로 예전에는 신속히 외부로 나오게 하였으나 대기오염의 문제로 흡기 계통으로 되돌려 보내게 되었다. 블로바이는 바람이 지나가는 것을 의미한다.

사이드 도어 빔 side door beam

측면 충돌에 대한 도어의 강도를 확보하기 위해 도어 내부에 설치된 보강재를 말한다. 줄여서 사이드 빔이라고 한다.

산화 oxidation

① 산소가 도장면과 결합하여 페인트 피니시에 초킹 및 덜니스dullness를 발생시키는 것을 말한다. ② 산소가 에나멜 페인트와 결합하여 페인트를 건조 및 경화시키는 현상을 말한다. ③ 물질이 산소와 결합하는 것, 녹스는 것

은 느린 산화이며 연소는 빠른 산화이다. 공기 중의 산소가 페인트에 흡수되어 페인트 특정 성분과의 사이에 일어나는 화확작용을 의미한다.

서모스탯 thermostat
냉각수 온도 조절기로 실린더 헤드의 냉각수 통로 출구에 설치되어 엔진 내부의 냉각수 온도 변화에 따라 자동적으로 통로를 개폐하여 냉각수 온도를 75~85℃가 되도록 조절한다. 냉각수 온도가 정상 이하이면 밸브를 닫아 냉각수가 라디에이터 쪽으로 흐르지 않도록 하고 냉각수는 바이패스 통로를 통하여 순환하도록 한다. 냉각수 온도가 76~83℃가 되면 서서히 열리기 시작하여 라디에이터 쪽으로 흐르게 하며 95℃가 되면 완전히 열린다. 종류로는 벨로즈형과 펠릿형이 있으나 현재는 펠릿형이 주로 사용된다.

서스펜션 suspension
현가장치, 즉 차체와 바퀴를 연결하는 장치로서 노면에서의 충격을 흡수하는 스프링, 스프링의 작동을 조정하는 쇽업소버, 바퀴의 작동을 제어하는 암이나 링크로 구성되어 있다. 크게 분류하면 좌우의 바퀴를 차축으로 연결한 리지드 액슬 서스펜션과 좌우 바퀴가 각각 작동하는 인디펜던트 서스펜션이 있다. 리지드 액슬 서스펜션에는 평행 리프 스프링식, 드디옹식, 링크식, 토크 튜브 드라이브식 등이 있다. 인디펜던트 서스펜션에서는 스윙 암식, 더블 위시본식, 맥퍼슨 스트럿식 등이 있다. 특수 서스펜션으로는 유체에 의하여 힘을 전달하는 공기 스프링식이나 유체 스프링식도 있다.

스로틀 밸브 throttle valve
① 스로틀은 '흐름을 막다. 감속하다'란 뜻이다. 랭기지나 와이어로 액셀 페달에 연결되어 있으며 엔진에 흡입되는 공기 또는 혼합기의 양을 컨트롤하는 밸브이다. 얇은 원판을 중앙에 설치한 축을 중심으로 회전시켜서 밸브를 개폐하는 버터플라이 밸브와 밸브가 슬라이드식으로 개폐되는 슬라이드 밸브가 있다. ② 자동변속기의 스로틀 밸브는 액셀러레이터 페달을 밟는 정도에 따라 엔진의 부하에 알맞은 유압으로 변화시키는 밸브이다.

스톨 테스트 stall test
자동변속기 차량의 경우, 브레이크를 작동시킨 상태에서 각 레인지별 엔진의 최고 회전속도를 측정하여 토크 컨버터, 프런트 및 리어 브레이크 밴드, 프런트 및 리어 클러치, 엔진 등의 전체 성능을 알아보기 위한 시험을 말한다.

스포일러 spoiler
자동차가 달리면 차체의 위아래에 각각 기류가 형성된다. 가끔 그 공기의 흐름은 차를 들어 올리는 듯한 양력을 발생시킨다. 그래서 고성능 차에는 공력 부품으로서 스포일러가 부착된다. 스포일러는 비행기 날개를 반대로 한 모양인데 차체를 지면에 달라붙게 하는 효과가 있다. 마찬가지로 바디 전체에 스포일러 같은 작용을 하도록 한 차도 있다.

아연 도금 강판 亞鉛塗金鋼板 galvanijed sheet iron

차체의 녹을 방지하기 위하여 아연 도금을 한 강판. 강판을 음극으로 하고 전기를 사용하여 도금하는 전기 아연 도금 강판, 아연을 녹인 상태에서 강판을 담가 만들어지는 용융溶融 아연 도금 강판, 아연 도금한 강판을 열처리하여 표면을 철과 아연의 합금으로 만든 합금화 아연 도금 강판 등이 있다.

아이들링 진동 idling vibration

아이들링 시에 플로, 시트, 핸들 등이 엔진의 진동과 공진하여 흔들리는 현상이다. 엔진의 팽창 행정마다 일어나는 4기통 차량의 20~35㎐ 진동, 6기통 차량의 30~50㎐ 진동, 실린더 사이 또는 사이클 사이의 연소가 일정치 않을 때 일어나는 진동이 있다. 엔진의 토크 변동이 일정하지 않으므로 발생하는 경우가 많다. 또한 엔진의 연소가 일정하지 않을 때 혹은 엔진이나 변속기의 회전 부분의 언밸런스로 발생하는 경우도 있다.

알루미늄 도금 강판 aluminium coated steel sheet

내열, 내식성이 뛰어난 강판으로 냉간 압연 강판에 알루미늄의 용융 도금을 한 것으로서 머플러나 배출가스 제어장치 등의 배기 계통에 쓰이고 있다.

언더 코팅 under coating

보디의 아랫부분휠 하우스 및 플로에 칠하는 도료로 유연성이 강한 페인팅을 형성하여 방청, 방음, 방진防振 기능을 한다. 소지 도료素地塗料 란 의미로 사용되기도 한다.

API 서비스 분류 API service classification

API미국석유협회가 만든 엔진오일과 기어 오일의 분류로서 용도나 과혹도過酷度 등 서비스 조건에 따라 분류한 것이다. 엔진오일의 경우는 가솔린 엔진이 SA~SE의 5종류, 디젤 엔진이 CA~CD의 4종류, 기어오일이 GL-1~GL-6의 6종류로 분류되어 있다. 이 분류는 1947년에 제정되어 그 후 여러 번 개정을 거쳐 1956년에 상기의 분류로 재편성되었다.

엔진 회전수 revolution per minute

크랭크샤프트의 1분간 회전수를 말한다. RPM으로 나타내는데 이것은 'revolution per minute'의 약자이다. 엔진 회전수가 높으면 그만큼 고성능이라는 것이며 그 열쇠를 쥐고 있는 것이 엔진의 동력 밸브 계통이라 할 수 있다.

LSD 오일 limited slip differential oil

LSD에 쓰이는 윤활유다. 극압제를 가한 하이

포이드 기어 오일에 기어의 스틱 슬립을 방지하는 마찰 조정제 등을 첨가한 것이다.

연료 소비율 specific fuel consumption
엔진의 경제성을 나타내는 척도로, 단위 시간에 단위 출력 당 얼마만큼의 연료를 소비하는가를 표시한 것이다. 실용 단위로는 엔진이 어느 회전수에서 1마력 당 1시간에 몇 그램의 연료를 소비하는가를 g/ps-h로, SI 단위에서는 출력에 킬로와트를 사용하여 g/kW-h로 표시한다. 연료 소비율은 엔진 출력으로 어떠한 수치를 사용하는가에 따라 도시 연료 소비율과 정미 연료 소비율로 나눠지고, 카탈로그 등에는 정미 연료 소비율이 표시되어 있다. 엔진 성능곡선에 축출력, 축토크와 함께 표시된다. 약칭 SFC라고도 한다.

오일 레벨 게이지 oil level gauge
엔진오일의 양이나 상태를 파악하기 위한 게이지를 말하며, 크랭크 케이스에서 오일 팬에 꽂혀져 있는 것이 보통이다. 게이지에는 오일량의 최대와 최저를 나타내는 표시가 새겨져 있으며 이 범위 내에 오일량이 유지되어야 한다. 최대와 최저 사이는 대략 1 l 로 되어 있는 것이 많다.

오일 쿨러 oil cooler
오일은 엔진 가동 부분을 윤활함과 동시에 냉각시키는 역할도 한다. 경주용 차량의 고출력 엔진이나 디젤 엔진에서는 오일 팬에 의한 냉각 효과만으로는 오일의 온도를 적당하게 유지할 수 없으므로 파이프나 팬으로 만들어진 오일 쿨러에 오일을 통과시켜 냉각한다. 오일 쿨러는 대부분 엔진오일을 냉각시키는 장치를 말하지만, 이외에도 토크 컨버터나 동력 전달 계통의 오일을 냉각시키는 것도 있다. 라디에이터를 사용하는 공랭식과 엔진의 냉각수로 식히는 수냉식이 있다.

오토 텐셔너 automatic tensioner
캠 샤프트 구동에 체인을 사용한 엔진에서 체인의 장력을 자동적으로 조정하는 장치로 체인 텐셔너라고도 부른다.

ECU electronic control unit
ECM electronic control module
ECU 또는 ECM은 각종 센서들로부터 정보를 받아 각종 회로와 시스템을 가동하도록 짜여진 전자 제어 유닛이다. 사람의 두뇌와 같은 기능을 하도록 IC 등의 전자 회로를 결합해 엔진 제어, 정속 주행, 브레이크 계통 제어, 변속기 제어 등에 사용된다.

인터 쿨러 inter cooler
과급기가 부착된 엔진으로 컴프레서와 흡기 매니폴드 사이에 설치되어 있는 공기를 냉각시키는 장치다. 가솔린 엔진은 공기를 압축하면 온도가 상승함과 동시에 노킹이 발생하기 쉬우므로 이것을 냉각_{인터쿨링}하여 온도를 낮추면 노킹을 방지할 수 있다. 디젤 엔진에서는 공기 밀도의 저하로 인한 출력 감소를 막기 위하여 냉각을 통해 밀도를 회복시킨다. 냉각 방법에 따라 공랭식과 수냉식이 있다.

자동차 공기저항계수 Cd

공기저항계수를 줄이는 것은 연비 향상에 직결된다. 단순히 최고속도를 향상시키기 위해서가 아니다. 차에 부딪치는 공기 중에서 중요한 것은 차체의 상하로 흐르는 기류이다. 이런 기류를 자연스럽게 전후방으로 흐르게 해주지 않으면 공기의 힘으로 제동력이 생긴다. 차체 후방의 기류에 회오리가 일어나면 자동차를 뒤쪽으로 잡아당기는 힘이 발생하기 때문이다.

적외선 赤外線 infrared rays

눈에 보이지 않으나 파장이 가시광선可視光線보다 긴 전자파로서 열선이라 불릴 만큼 열적 작용이 강하다. 일반적으로 공기 중에서 산란율散亂率이 작고 가시광선보다 투과력이 강하여 사진 작용, 형광 작용, 광전 작용을 한다.

전착 도장 電着塗裝

전류가 플러스로부터 마이너스로 흐르는 힘을 이용하여 도료를 도장물에 부착시키는 방법이다. 도장물은 도료층塗料層에 담근다diooing. 전류는 직류로서 도장물을 (+), 도료를 (−)로 하면 음이온이 전착되고, 그 반대는 양이온이 전착된다. 요즘은 방청력이 우수한 양이온 전착이 보편적이다. ED도장이라고도 한다.

촉매변환기 觸媒變換器 catalytic converter

촉매기는 배기가스 중에 포함된 일산화탄소CO, 탄화수소HC, 질소산화물NOx 같은 유해 성분을 물, 질소, 산소 등 인체에 무해한 성분으로 전환시켜준다. 촉매기는 알루미나에 백금Pt과 로듐Rh, 또는 팔라듐Pd을 입힌 벌집 모양이다. 5천 개 이상의 벌집 모양 통로에 배기가스를 통과시켜주면 산화와 환원작용을 통해 공해 물질을 줄여준다. 기존 촉매기는 배기가스의 온도 320℃ 이상에서 제 성능을 발휘한다. 반면 유해 배기가스는 온도가 높지 않은, 엔진 시동 후 3분 이내에 가장 많이 배출된다.

카울 cowl

프런트 윈도와 연결되는 앞부분의 패널을 말한다. 단 경주용 차량 등의 경우, 바디를 형성하고 있는 FRP제가 탈착脫着 가능하도록 되어 있으며, 이것들을 총칭해서 일컫는다. 카울링이라고도 부르는데, 오토바이나 프로펠러용 비행기 엔진 부분을 덮고 있는 것도 카울이다. 카울의 형태는 공기의 흐름, 특히 공기 저항을 적게 하기 위해서 만들어졌다.

카울 사이드 패널 cowl side panel

대시보드 양쪽에 있으며, 대시보드와 프런트 필러를 연결하는 패널이다.

킥 다운 kick down

AT차에서 일정한 속도로 달릴 때나 급가속을 하고 싶을 때 가속 페달을 힘껏 밟고 (킥) 기어를 한단 밑으로 내리는down 것을 말하며, 줄여서 KD라고도 한다. 추월을 위하여 기어를 넣는다고 해서 패싱 기어라고도 부른다.

타임 래그 time lag
엔진에서 연료가 점화되고 난 후부터 최고 압력이 될 때까지의 시간의 지연 현상을 일컫는다.

팽창 밸브 expansion valve
팽창 밸브는 리시버 드라이어에서 보내진 고압의 냉매를 증발기에 보내기 전에 증발하기 쉬운 상태의 저압으로 감압하는 작용과 냉매의 유량을 조절하는 역할을 한다. 팽창 밸브의 열림 정도는 증발기에 설치되어 있는 감온부가 열을 감지하여 조절한다.

페일 세이프 fail safe
① 시스템 일부의 고장이나 오조작誤製作이 있어도 안전하게 가동될 수 있는 구조로 설계하는 사고방식을 일컫는다. ② 센서, 액추에이터 등이 고장이 나더라도 시스템 자체는 안전하게 작동되도록 하는 기구를 갖추어 안정성을 확보하는 것으로 자동 조정 브레이크, 2계통 브레이크 등이 그 예이다.

하이드로 백 hydro-vac
미국 벤딕스Bendix 사에서 만든 진공식 배력장치의 상품명으로 진공식 배력장치의 대명사처럼 사용되고 있다. 유압식 브레이크 장치에 하이드로 백을 설치한 것으로 엔진 흡기 다기관의 진공과 대기압의 압력차 $0.7kg/cm^2$를 이용하여 브레이크 페달을 밟았을 때 마스터 실린더에서 발생되는 유압을 증대시켜 큰 제동력이 발생되도록 한다. 마스터 실린더와 일체로 구성된 직접 조작식이 있고, 주로 대형 자동차에 사용되는 원격 조작식이 있다.

헌팅 hunting
엔진의 아이들링 중 발생할 수 있는 진동을 의미한다. 아이들 회전이 수십 회전 주기로 증감하는 주기적인 진동으로, 특히 디젤 엔진에서 조속기 작용이 둔하여 회전수가 파상으로 변동하는 것이다. 엔진 회전의 자동제어 시스템에서 피드백 조정 기능이 주기적으로 변화하는 것이 그 원인이다.

헤드업 디스플레이 head-up-display
윈드실드에 속도계나 워닝 라이트 등의 표시를 하는 것이다. 시선視線의 이동이 적고 전방 시야와의 사이에 눈의 초점 거리 변화도 적으므로 안전하고 편리하다.

부록2
자동차 전개도

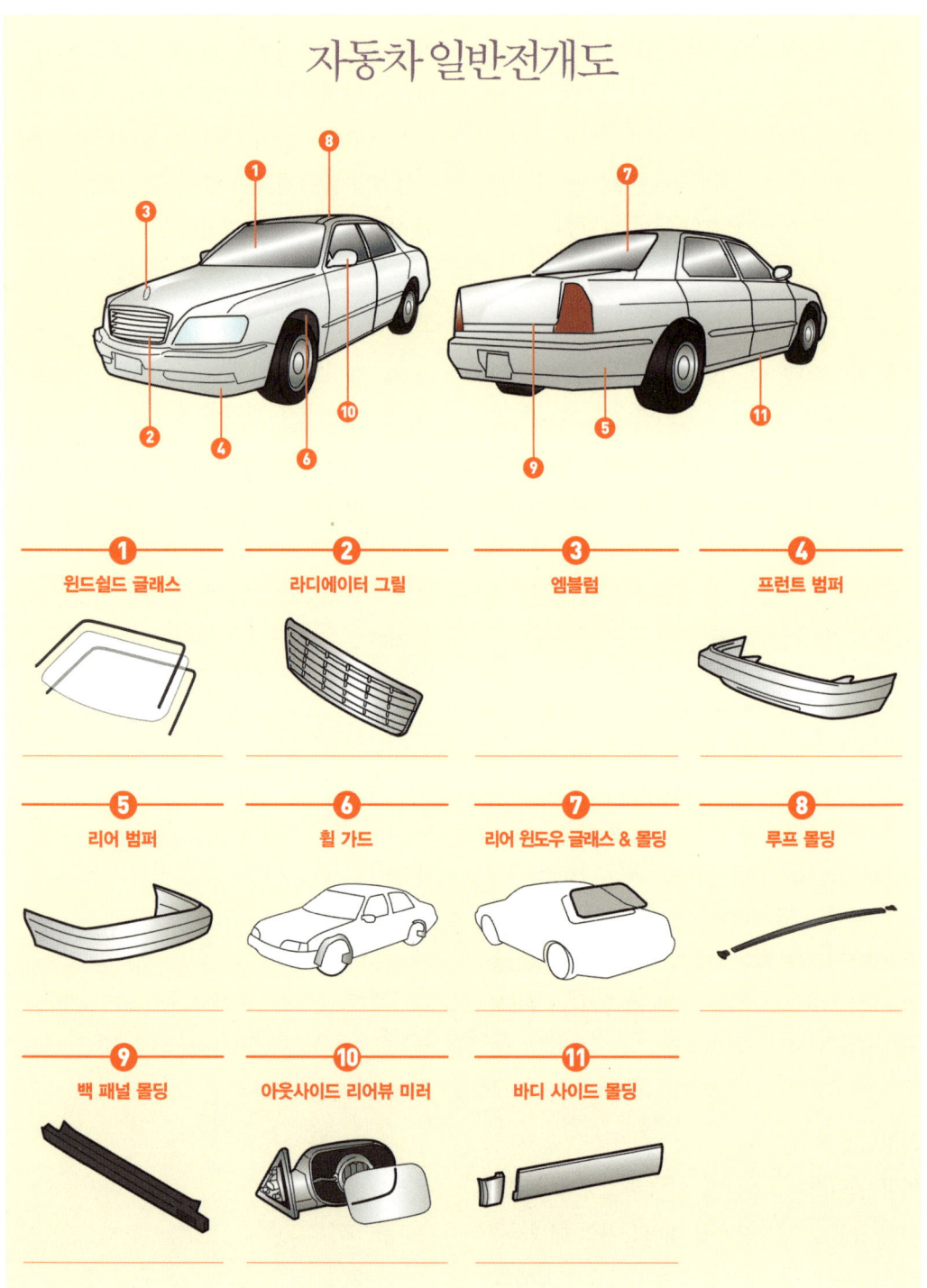

자동차 패널 전개도

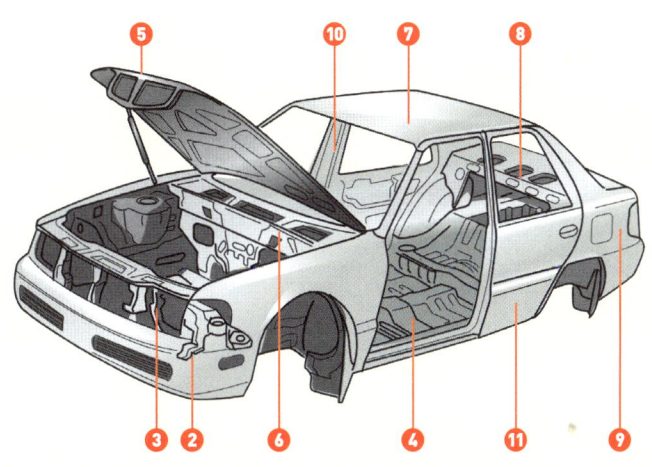

① 자기 인증 라벨 (자동차마다 위치 상이)

② 프런트 서스펜션 크로스멤버

③ 펜더 에이프런 & 라디에이터 서포트 패널

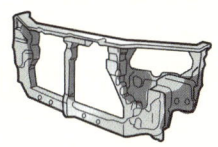

④ 플로어 패널

⑤ 펜더 & 후드 패널

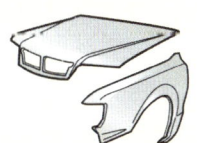

⑥ 카울 패널

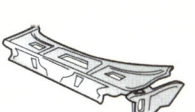

⑦ 루프 패널

⑧ 백 패널

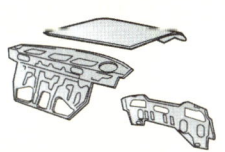

⑨ 사이드 바디 패널

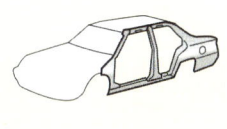

⑩ 프런트 도어 패널

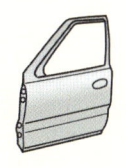

⑪ 리어 도어 패널

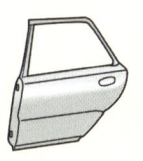

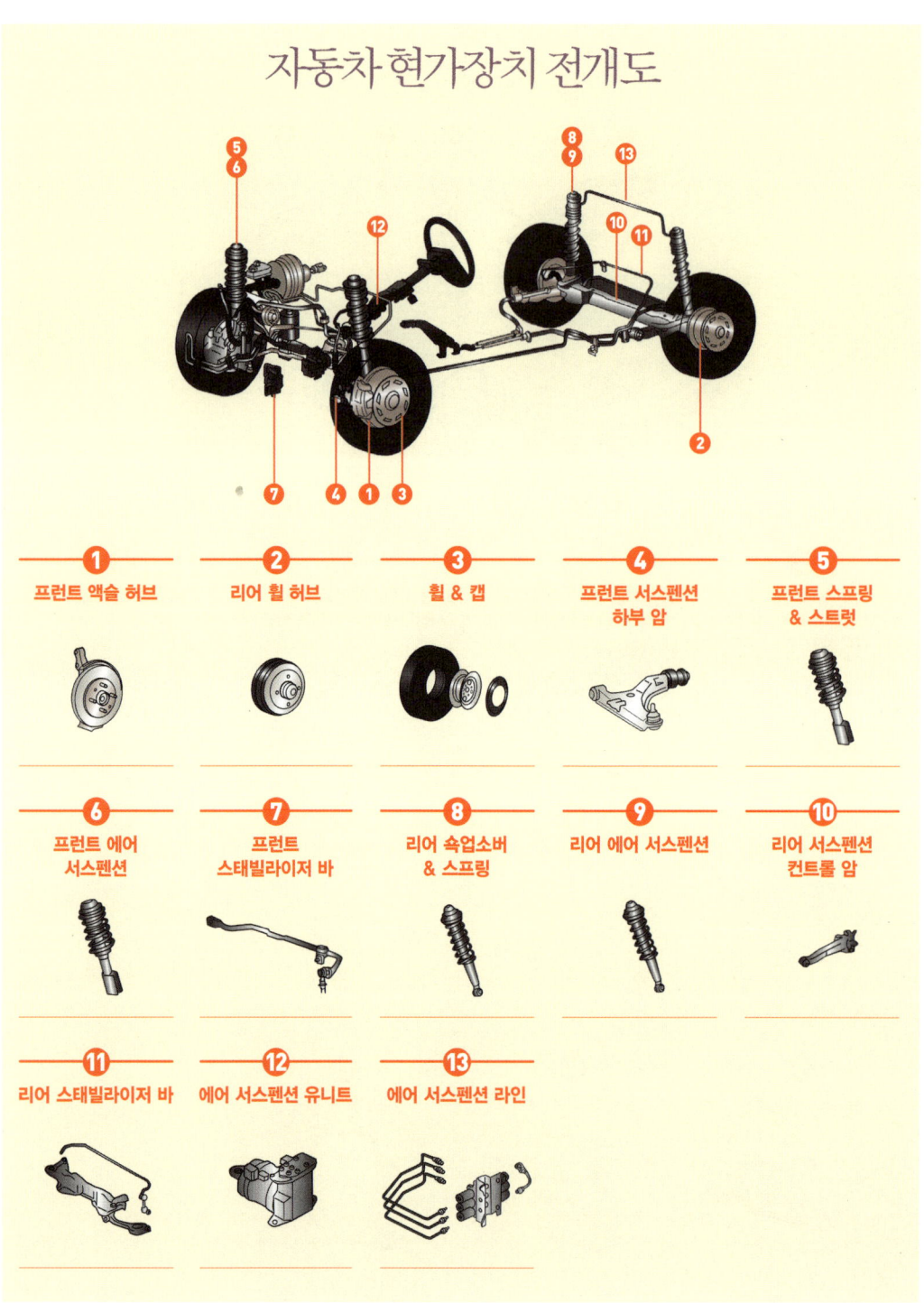

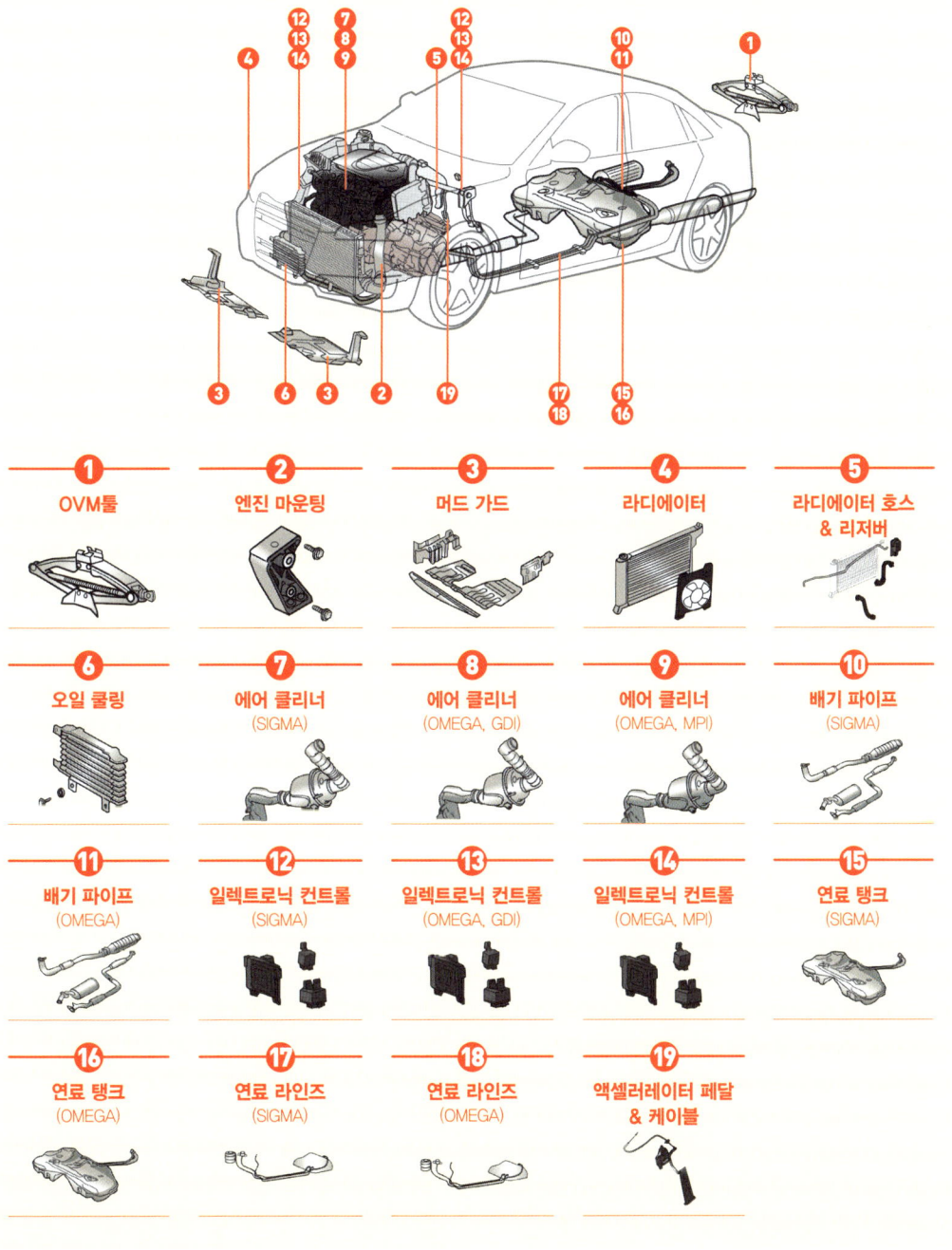

박병일 자동차 명장 경력

주요 이력 사항

- 1971년 자동차 정비 입문
- 1999년 세계최초 자동차 급발진 원인 분석
- 2002년 대한민국 자동차 명장 선정
- 2006년 기능한국인 선정(고용노동부)
- 2012년 대한민국 산업현장 교수 선정(고용노동부)
- 은탑산업훈장, 대통령산업포장 수상
- 고용노동부, 강원교육청, 인천시청 명예의 전당 헌액
- 20만 명의 현장실무자 대상 무료 교육 실시
- 차량기술사 외 국가기술자격 17개 보유
- 9건의 특허 보유
- 37종의 저서 출간

활동내역

- JPS KOREA 기술연구소장
- CAR123TEC 대표
- 비영리법인 한국마이스터연합회 이사장
- 신성대학교, 국민대학교 자동차공학부 겸임교수
- 국가기술자격 정책심의위원(노동부)
- 대한민국 인재상 중앙심사위원
- 초중고 진로지도 전문강사(한국산업인력공단)
- 인천광역시 기능경기대회 기술위원장
- 박병일 명장 아카데미 운영
- 자가운전자 순회교육
- 도서지역 정비 봉사활동
- '박병일명장.kr' 홈페이지 운영

각종 미디어 활동

- TV(KBS, SBS, 채널A, TV조선, JTBC, YTN)의 자동차 관련 프로그램 출연 중
- 라디오(KBS 97.3, 서울TBS 95.1, 경기방송 99.9, TBN 인천교통방송 100.5, TBN 대전교통방송 102.9) 자동차 관련 프로그램 출연 중
- 월간 카테크 칼럼니스트

대표 저서

- 디젤 엔진 이론과 실무(전자제어)
- 자동차 정비사례백과 1, 2, 3, 4
- 자동차 오토매틱 1, 2
- 자동차 정비와 실무- 자동차 전자제어
- 휠얼라인먼트
- LPG자동차 외